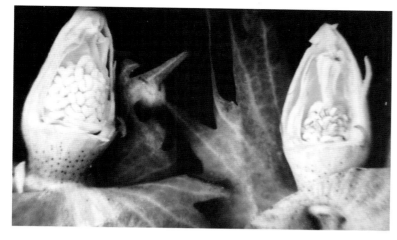

陆地棉雄性不育花
蕾（右）、雄性可育花
蕾（左）

陆地棉正常可育花雌
雄蕊、柱头低陷、花丝长、
花药饱满、充满花粉

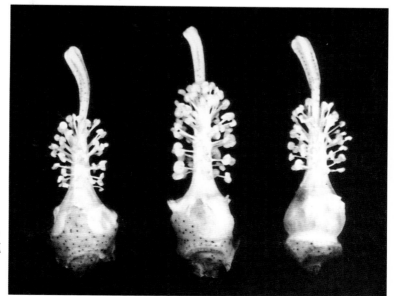

陆地棉不育花雌雄蕊、
柱头高出、花丝缩短、花
药空瘪、无花粉

核雄性不育完全保持系ＭＢ，自花辅助授粉成铃

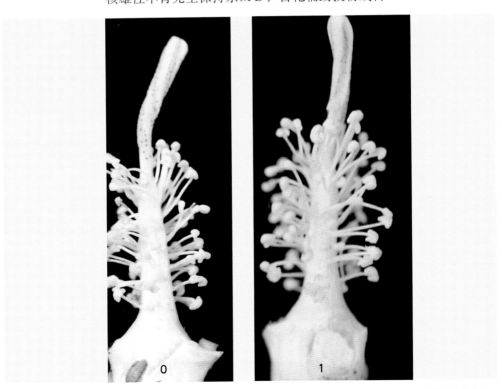

核雄性不育完全保持系ＭＢ，不同散粉等级的花器官，"0"级，无花药散粉（左）、"1"级，25％以下花药散粉（右）

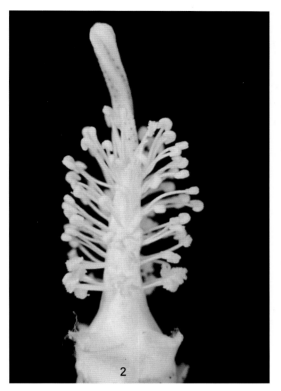 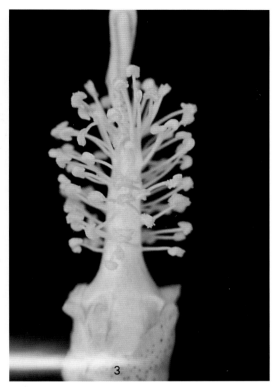

" 2 " 级，25.1%～50% 花药开裂散粉（左），" 3 " 级，50.1%～75% 的花药开裂散粉（右）

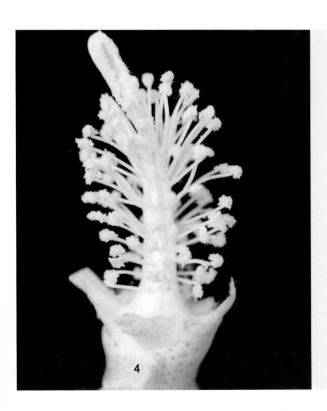

" 4 " 级，75.1%～100% 的
花药开裂散粉

早熟矮秆海陆种间杂交种(左上、右)与品种间杂交种（左下）收获期比较

1.结铃性：早播种间杂种，单株成铃44.04个，比品种间杂交种川杂6号（单株成铃42.07个）增加7.18%；晚播种间杂种单株成铃52.73个，比川杂6号（早播）增加25.3%

2.产量：早播种间杂种（左上）单株籽棉产量162.35克，晚播种间杂种（右）籽棉产量215.05克、比品种间杂种川杂6号（早播）（左下）增产3.8%和27.5%。因衣分差异较大，早播的种间杂交种（左上）衣分稍低，皮棉比品种间杂种（左下）减产，迟播种间杂种（右）与品种间杂种（左下）皮棉产量相当

早熟矮秆海陆种间杂交种（ＭΓ）F₁、苗、蕾期生长快，已见 3cm 大小花蕾

陆地棉对照种川棉 56，同期与海陆种间杂交 F₁ 植株相似，但未见花蕾

抗枯萎病核雄性不育杂
交种——川杂4号(473A×
川73-27),(左上、下),川
杂4号亲本(♂)抗病品种
川73-27)(右上)

抗枯萎病核雄性不育两用系抗 A1
（左上），核雄性不育完全保持系 MB
（右上），核雄性不育完全不育系 MA
（左下）

　　用核雄性不育两用系抗 A1
（♀）（白絮）配制的彩色棉杂
交种 $F_1$（左上）。彩色棉亲本
（♂）（棕絮）（右上），对照种
川棉 55（白絮）（左下）

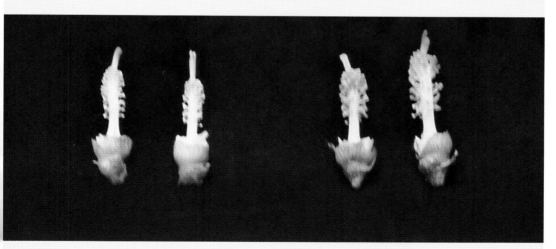

新海 A₁ 不育株　　　　　　　　　新海 A₁ 可育株

　　海岛棉类型新海 A₁ 的核雄性不育株（右上），可育株（左上），雌雄花器官（下）。可见海岛棉类型可育株，不育株柱头均较高，但可育株花药可开裂散粉，不育株则不能

核雄性不育两用系 473A（左），川杂 3 号亲本（♂）江苏 203（右）

抗病种川 73-27（左），杂交种川杂 3 号（右）

中间叶型高纤强核
雄性不能杂交种

鸡足叶型，高纤强核雄
性不育两用系，1355A

生长整齐一致的核雄性
不育杂交种

棉花父本 2069

棉花父本 R168

棉花父本ZR5

棉花父本中12

棉花母本抗 A1

棉花母本抗 A3

棉花母本抗 A2

川杂 9 号

川杂 11

川杂 12

川杂 15

# 中国棉花杂交种与杂种优势利用

黄滋康　黄观武　主编

中国农业出版社

主　编　黄滋康　黄观武
副主编　袁有禄　杨付新
审　稿　承泓良　祝水金

## 各 章 撰 稿 者

# 序　言

　　农作物的杂种优势利用，是一条增产的重要途径，世界各国在许多作物上已广泛采用。我国在杂交水稻方面的突破，为我国的粮食增产做出了重大贡献。棉花是常异交作物，长期以来被列为低杂种优势作物而被忽视。但我国的农业科学家和广大农业技术工作者，不被传统认识所束缚，解放思想，大胆实践，终于为我国棉花杂种优势的广泛应用找到了一条可行的技术路线。中国农业科学院和四川省农业科学院两位资深研究员及棉花专家主编的这本《中国棉花杂交种与杂种优势利用》，较系统地反映了我国在棉花杂种优势利用方面所取得的成果和经验，同时也客观地介绍了国外该领域的研究进展。此书的出版、发行，为我国农业科学技术的进步和推广做了一件有益的工作。我敬佩我国老一代农业科学家尽职尽责的奉献精神，希望农业科技战线的专业人员、专家、学者，发挥优势、勇于开拓、创新，为实现我国农业的现代化做出的更大贡献。

刘中一

2007 年 5 月

# 前　言

　　中国棉花杂交种的研究与利用，历经几代人近百年的努力，从无到有，从小到大，在 21 世纪初叶，终于迎来高速发展的势头。作为这个发展历程的参与者，我们试图将该领域的变化介绍于世人。我们编著这本《中国棉花杂交种与杂种优势利用》的初衷，并不想写成一本教科书，只想对我国棉花杂交种的研究和利用所取得的进展和成果做一个比较全面的、客观的介绍。与此同时，对国外相关领域的研究也一并介绍给读者，以便对此做出比较全面的分析和评价。

　　20 世纪以来，我国以陆地棉为主的育种工作经历了：50～60 年代以系统选育丰产性状与纤维长度为主，70 年代转入以丰产、抗病为主的品种间杂交育种，到 80 年代把丰产、优质、抗病列为综合育种目标，随即我国棉花品种的丰产性与抗病性进入了世界先进行列，纤维品质也达到世界中上水平。尤其进入 90 年代以后，包括转基因抗虫及不同性状棉花杂交种的育成和在生产上的大面积推广利用，单产皮棉增加了 7％以上，从而把我国的棉花育种工作提高到了一个更高水平。其中杂交种的制种技术由人工去雄杂交到三系蜜蜂授粉试验成功。

　　科技创新始终是科研工作的精髓。我们希望这种白描式的写法，对后来的研究者能提供参考、启发和帮助，不束缚于前人研究的结果与论断，并从前人留下的论点中找出新的发展方向。为了对实际应用者有所帮助，本书用较多的篇幅介绍了棉

花杂种优势的终端成果——形形色色、多种多样的棉花杂交种，供使用者根据不同生态环境、生产条件进行选择。

棉花杂交种大规模应用于生产，关键在于：是否能成功育成高优势的杂种组合，制种技术是否能达到高效、高质量、低成本的目的。

本书的出版，得到中国农业科学院棉花研究所及喻树迅所长、四川省农业科学院及李跃建院长的资助，以及各位撰审稿专家的鼎立帮助。特别是农业部原部长、国务院发展研究中心原副主任刘中一先生为本书题写书名并撰写序言，对此表示衷心的感谢。

本书由中国农业科学院棉花研究所、南京农业大学、浙江大学及江苏省农业厅等科研、教学、行政单位的专家、教授共同参加编审，提供了宝贵意见。对以上单位与个人，谨表示衷心感谢。

由于我国幅员辽阔，棉种类型复杂，各地育种工作各有所长，本书有些资料未能收集齐全，错误和缺点在所难免，谨望广大读者不吝赐教指正。

编著者

2008 年 3 月

# 编 辑 说 明

1. 本书收集了从 20 世纪 30 年代开始我国育成棉花新品种以来至 2008 年 4 月，包括由《中国棉花》杂志及育种单位印发的棉花新杂交种为内容。

2. 本书对棉花品种、杂交种及组合的含义：①凡通过系统育种或杂交育种育成的新品种，其种子通过良种繁育可连续多代利用的，统称为"品种"。②凡两个或多个亲本均为品种（系）通过杂交育成的杂种 $F_1$ 代，其种子可利用到杂种 $F_2$ 代的；或亲本的一方为不育系，生产的杂种种子只能利用一代的，均称为"杂交种"（俗称杂交棉）。尤其是"杂交种"不宜称为"杂交品种"，否则会与系统育种和常规杂交育种育成的新"品种"相混淆。③所谓"组合"，仅指两个或多个亲本在杂交育种过程中的组配而已，它不能代表且也不可作为"杂交种"的代用名称；"杂交种"与"组合"两者的名称需要区分清楚。

3. 本书约有不足 1/3 早期育成的杂交种注明了亲本品种名称，而以后育成的多数杂交种为查不到亲本来源的品系或代号或未注明其亲本来源。

4. 本书叙述的"抗虫"性，是根据有关杂志已发表及在生产上表现抗棉铃虫的，其中包括获安全证书及未提及安全证书的品种或杂交种。

5. 品种的纤维品质指标，由农业部棉花品质监督检验测试中心测定。纤维强度，20 世纪 50～80 年代按断裂长度（km）

表示，90 年代按 ICC 比强度（cN/tex）及马克隆值表示，从 2001 年开始按 HVICC 比强度（cN/tex）及马克隆值表示。本书为便于比较方便起见，均按现行的 HVICC（cN/tex）表示。凡原测单位为 g/tex 者，按×0.98 折算为 ICC（cN/tex）；陆地棉按×1.29，海岛棉按×1.4 折算为 HVICC（cN/tex）标准。

6. 品种的生育期，以区域试验的记载为准。从育成材料看，生育期的长短只能在同一棉区、同一年份及同样的栽培条件下比较；而在不同棉区、不同年份及不同栽培条件下则可比性较差。如棉区与年度间的不同热量条件，育苗移栽、露地直播或地膜覆盖等不同条件造成了不同的温度差别，有的试验前期蕾铃脱落严重的，生育期长短也不一致。北部特早熟棉区由于常年温度相对较低，则同样成熟度的棉花品种的生育期比在较高温度条件下的为长。所以，"熟性"的描述，不可绝对按生育期的长短划分，而按某品种在它种植棉区的实际成熟程度相互比较的描述表达，虽不如生育期天数具体，而概念比较清楚，可供参考。

7. 棉花品种种植面积主要根据全国农业推广总站 1983—2006 年农作物种植面积的统计，在这以前推广品种、杂交种的种植面积参照发表的统计数字或育种单位的材料介绍。

# 棉花杂交种目录

## 一、陆地棉品种间杂交种

### （一）人工去雄制种

#### 1. 抗病杂交种

(1) 豫杂 74

(2) 渤优 1 号

(3) 渤优 2 号

(4) 中杂 019

(5) 中棉所 28（中杂 028）

(6) 冀杂 29（冀棉 18）

(7) 开棉 5 号

(8) 鲁杂 H28

(9) 农大棉 6 号（农大 KZ01）

(10) 南农 8 号

(11) 南农 9 号

(12) 南抗 9 号

(13) 苏杂 16

(14) 苏杂 26

(15) 泗杂 3 号

(16) 泗阳 329

(17) 皖棉 13（皖杂 40）

(18) 皖棉 16

(19) 皖棉 18（淮杂 2 号）

(20) 皖棉 19（九杂 4 号）

(21) 皖棉 21（淮杂 3 号）

(22) 皖棉 24（皖杂 3 号）

(23) 皖棉 27

(24) 鄂杂棉 1 号（荆杂 96 - 1）

(25) 鄂杂棉 2 号（荆杂 2 号）

(26) 鄂杂棉 3 号（A - 92）

(27) 鄂杂棉 4 号（荆杂 1029）

(28) 鄂杂棉 5 号（D180）

(29) 鄂杂棉 6 号（SH01 - 1）

(30) 鄂杂棉 18

(31) 楚杂 180

(32) 湘杂棉 1 号

(33) 湘杂棉 2 号

(34) 湘杂棉 6 号

(35) 农研 1 号

(36) 赣杂 106

(37) 新陆早 14

#### 2. 优质棉杂交种

(1) 中棉所 48（中杂 3 号）

(2) 标杂 A2

(3) 南农优 3 号

(4) 泗杂 2 号

(5) 苏棉 2186

(6) 鄂杂棉 7 号

(7) 鄂杂棉 9 号

(8) 鄂杂棉 13

(9) 鄂杂棉 14

(10) 鄂杂棉 15

(11) 华杂棉 1 号　　　　　　　　　　　(13) 赣棉杂 1 号
(12) 三杂棉 4 号 （SH01 - 3）

### 3. 强纤维杂交种

(1) 湘杂棉 4 号　　　　　　　　　　　(2) 湘杂棉 5 号

### 4. 抗棉铃虫杂交种

(1) 中棉所 39　　　　　　　　　　　(17) 国抗杂 1 号 （GKz1）
(2) 中棉所 47（中抗杂7号，SGKz4）　(18) 国抗杂 2 号 （GKz2）
(3) 中棉所 52 （中抗杂 5 号）　　　 (19) 徐杂 3 号
(4) 中棉所 57　　　　　　　　　　　(20) 南抗 3 号 （GKz 8）
(5) GKZ19　　　　　　　　　　　　(21) 宁杂棉 3 号
(6) 豫杂 35　　　　　　　　　　　 (22) 苏杂棉 66
(7) 冀杂 66　　　　　　　　　　　 (23) 泗抗 3 号
(8) 冀杂 3268　　　　　　　　　　 (24) 慈抗杂 3 号
(9) 标记杂交棉 1 号 （标杂 A1）　　(25) 皖棉 25 （灵璧 1 号）
(10) 邯杂 306　　　　　　　　　　 (26) 鄂杂 10 号
(11) 衡棉 4 号　　　　　　　　　　 (27) 华抗棉 1 号
(12) 鲁棉研 15 （GKz10）　　　　　(28) 湘杂棉 3 号
(13) 鲁棉研 20 （鲁 7H1）　　　　　(29) 湘杂棉 7 号
(14) 鲁棉研 23 （鲁 1H33）　　　　 (30) 湘杂棉 8 号
(15) 鲁棉研 25 （鲁 8H7）　　　　　(31) 湘杂棉 11
(16) W - 8225

### 5. 抗棉铃虫优质纤维杂交种

(1) 中棉所 46 （中 980）　　　　　 (3) 苏杂 3 号
(2) 科棉 3 号　　　　　　　　　　　(4) 渝杂 1 号 （科棉 1 号）

### 6. 父母本均为转基因抗虫的杂交种

中抗杂 5 号

### 7. 彩棉杂交种

彩棉棕絮杂交种
(1) 中棉所 51 （中 BZ12）　　　　　(3) 鄂棕杂 A - 98
(2) 皖棉 38 （淮杂棕）　　　　　　 (4) 湘棕杂 16 （H - 16）
绿絮杂交种
(1) 皖棉 39 （淮杂绿）　　　　　　 (2) 湘绿杂 18 （H - 18）

### 8. 以代号或无来源的杂交种

(1) 中棉所 55　　　　　　　　　　　(6) 鄂杂棉 11
(2) 豫杂 37　　　　　　　　　　　 (7) 鄂杂棉 12
(3) 豫杂 0568　　　　　　　　　　 (8) 皖棉 28
(4) 银山 1 号　　　　　　　　　　　(9) 皖棉 33 （爱杂 9 号）
(5) 银山 2 号

（二）核雄性不育系制种

1. 抗耐病杂交种

   （1）鲁棉 13

   （2）苏棉 17（宁杂 307）

   （3）南农 6 号

   （4）宁字棉 R2

   （5）大丰杂 312

   （6）鄂杂棉 8 号

   （7）川杂 4 号

   （8）川杂 5 号

   （9）川杂 6 号

   （10）川杂 7 号

   （11）川杂 8 号

   （12）川杂 9 号

   （13）川杂 11

   （14）川优 1 号

2. 优质纤维杂交种

   川 HB3

3. 抗棉铃虫杂交种

   （1）中棉所 38（中抗杂 A）

   （2）鲁 RH - 1（GKz1）

   （3）鲁棉研 24（GKz25）

   （4）丰杂棉 1 号（皖棉 20）

   （5）川杂 12

   （6）川杂 13（VH3）

   （7）川杂 14（GA5×R27）

   （8）川杂 16

4. 抗棉铃虫优质纤维杂交种

   川杂棉 15（GKz34）

（三）胞质雄性不育系制种

1. 新（307H×36211R）

2. 新杂棉 2 号

3. 豫棉杂 1 号

4. 银棉 2 号（sGKz8）

5. 邯杂 98 - 1（GKzll）

6. 新彩棉 9 号

7. 浙杂 2 号

# 二、陆地棉与海岛棉种间杂交种

## （人工去雄制种）

1. 宁杂 1 号

2. （彭泽 4 号×跃进 1 号）

3. （中棉所 2 号×长 4923）

4. （澧 7017－8×长 4923）

5. （5476 依×司 1470）

6. （长绒 3 号×短福）

7. （彭泽 1 号×米 10）

8. 浙长 1 号（保加利亚 2362×米努非）

# 目 录

中国棉花杂交种与杂种优势利用

目
录

中国棉花杂交种与杂种优势利用

# 第一章 绪 论

棉花杂种优势的发现至今已有 100 多年的历史，杂种具有优势是生物界存在的普遍现象，主要表现在生活力、产量、品质和抗逆性等方面的提高，对发展农业生产具有重要意义；因而利用杂种优势是现代农业提高农产品产量和品质的有效途径。

杂种优势是指杂交种的棉株在营养生长、皮棉产量、纤维品质及抗逆性等方面优于双亲的均数或双亲的最好亲本，这些性状的表现又必须优于当地的推广品种或杂交种才可在生产上利用。商业化棉花杂交种是通过两个具有较高配合力、且经济效益较高亲本的杂交过程中（包括品种间及种间杂交）获得的种子所长成的杂种 $F_1$ 代及部分杂种 $F_2$ 代植株。

由于我国历史上习惯的直播棉花用种量大，而利用杂种优势又需要年年制种，种子生产成本较高，从而棉花杂种优势的生产利用一度受到限制。随着精细播种、育苗移栽与地膜覆盖技术的推广，以及制种技术的改进，使棉花杂种优势在大面积生产上利用成为可能。

## 一、我国棉花杂种优势研究史略

20 世纪初叶 Shull（1914）首次提出"杂种优势"（heterosis）后，我国冯泽芳（1925）以浦东紫花与青茎鸡脚棉杂交，其杂种 $F_1$ 代的株高及抗病性均表现了杂种优势。过探先（1928）研究常阴沙棉与北京长绒棉的杂交种，纤维长度的优势表现显著。曹诚英（1932）以印度棉（株高123cm）与孝感棉（株高 63cm）杂交，杂种 $F_1$ 代株高达 134cm。奚元龄（1936）以印度鸡脚棉与江阴白籽杂交，发现杂种 $F_1$ 代的株高、衣指、铃重、纤维长度均呈现显著优势；中国鸡脚棉与江阴白籽杂交，其杂种 $F_1$ 代呈中间型。杜春培（1947）以鸿系 265 与斯字棉 2B 杂交，杂种 $F_1$ 代的多数性状表现有明显优势，纤维长度、衣分、铃重介于双亲之间，生育期偏向于早熟亲本。

20 世纪 50 年代以来，云南省开远木棉试验场（1957）陆海杂种 $F_1$ 代籽棉单产 $2\,310\,kg/hm^2$，并利用宿根保持杂种优势。华兴鼐（1958，

1963）研制的陆海杂种 $F_1$ 代，籽棉单产 3 000 kg/hm²，认为陆地棉应采用早熟品种，以提早杂交种的早熟性；利用芽黄隐性指示性状，以提高制种效率；还研究了海陆杂种 $F_1$ 代的纤维品质远超过陆地棉，好的组合纤维长度 40mm，单强 4.5g，细度达到 7 500 m/g，甚至有的超过海岛棉；其中以埃及海岛棉作亲本为最好。潘家驹等（1961）认为陆海杂种 $F_1$ 代的主要经济性状一般呈显性，生育期及产量接近陆地棉，以早熟陆地棉为母本，优质海岛棉为父本，可获得成熟早、品质好和产量高的杂种 $F_1$ 代。黄滋康（1961）试验陆海杂种长绒棉，杂种 $F_1$ 代的生长发育明显早于双亲，且现蕾结铃多；以中早熟丰产陆地棉为母本，优质海岛棉为父本，杂种 $F_1$ 代经育苗移栽，籽棉单产 4 215 kg/hm²，霜前花率 60％以上，接近陆地棉亲本；纤维长度 37～38mm，与海岛棉亲本相当。新疆巴音郭楞州农业科学研究所（1961）获得早熟、丰产、优质杂交种，认为陆地棉与海岛棉的种间杂种优势表现纤维品质好，而由于绝对产量不如陆地棉主栽品种，未被大面积种植。

自 20 世纪 70 年代以后，河南、河北、山东、江苏、安徽、湖南、湖北、四川、新疆等省（自治区）农业科学院的棉花（经济作物）研究所及中国农业科学院棉花研究所等单位都进行了大量包括人工去雄杂交、核不育系、胞质不育系制种的杂交种的选配工作，首先是选拔产量优势高的组合，然后结合纤维品质和抗逆性状选择了一批较好的杂交种在生产上种植。张凤鑫等（1987）根据 31 个杂交组合统计，纤维 2.5％跨距长度提高 10％（3mm），比强度增加 10％～20％（2.6cN/tex）。张金发等（1994）统计在 33 个陆海种间杂种中，大多数纤维长度 ＞34mm，比强度 ＞31.6cN/tex，马克隆值 ＜3.7，中亲优势均超过10％。

20 世纪 80 年代育成的棉花杂交种为数不多，1996 年前育成杂交种 24 个，占全部陆地棉品种和杂交种 321 个中的 7.5％，到 90 年代末期棉花杂交种的种植面积为全国棉田面积的 17％；而最近 10 年全国育成棉花新杂交种，占同期育成新品种和新杂交种总数 352 个的 34.9％，增加了 4 倍，棉花杂交种的种植面积得到空前发展，原因在于高优势杂交种的不断育成和相应配套栽培技术的改进。

## 二、我国棉花杂种优势利用的演变

随着生产、生态环境的不断变化，我国在不同时期育成和利用的杂交棉，具有鲜明的时代特点，主要追求的性状由简到繁，育种难度不断提高，初期以高产为主，翌后又增加了抗病性，再后又增加了优质和抗虫等性状。由于科技的不断进步，今日的棉花杂交种集诸多优良性状于一体，日益受到种植者的青睐，展现出良好的发展前景。

**（一）20 世纪 70 年代利用丰产杂交种**

（岱字棉 16×中棉所 7 号）组合在河南南阳、商丘、周口等地种植杂种 $F_1$、$F_2$、$F_3$ 代 7 000hm²，比岱字棉 16 增产皮棉 20％上下。

渤优 1 号杂种 $F_1$ 代比对照增产皮棉 27.1％，杂种 $F_2$ 代增产皮棉 15.4％，纤维长度 31.4mm，断裂长度 22.5km。在山东省邹平县明集村和北镇农业学校单产皮棉 2 010 kg/hm² 及 2 060 kg/hm²，1979 年示范 1 300 hm²。

渤优 2 号杂种 $F_1$、$F_2$ 代比对照鲁棉 1 号增产皮棉 23.4％及 13.9％，纤维长度 31.5mm，断裂长度 21.9km。1980 年在惠民县段刘村丰产田皮棉单产 2 031kg/hm²，1982 年杂种 $F_2$ 代示范 1 700hm²。

**（二）20 世纪 80～90 年代利用抗病、优质杂交种**

**1. 抗病杂交种**　中棉所 28 杂种 $F_1$ 代比对照增产皮棉 21.3％，杂种 $F_2$ 代增产皮棉 6.3％。纤维长度 31mm，断裂长度 22.1km。1994 年在山东种植 9 万 hm²。

苏杂 16 比对照杂种 $F_1$ 代增产皮棉 12.8％，杂种 $F_2$ 代增产皮棉 6.7％，1995 年种植 4 万 hm²。

皖杂 40 比对照增产皮棉 16.5％，纤维长度 30.2mm，比强度 28.8cN/tex，最大年面积 36 万 hm²。

湘杂棉 1 号比对照增产皮棉 15.6％，纤维长度 30.5mm，比强度 27.5cN/tex，1998 年种植 16 万 hm²。

湘杂棉 2 号比对照增产皮棉 21.2％，纤维长度 30.2mm，比强度 27.0cN/tex，最大年面积 43 万 hm²。

鄂杂棉 1 号比对照增产皮棉 6.8％，纤维长度 30.8mm，比强度 29.5cN/tex，最大年面积 14 万 hm²。

川杂 4 号比对照增产皮棉 18.1％，纤维长度 30.9mm，单强 4.8g，1995 年种植 4 万 hm²。

标杂 A2 比对照中棉所 19 增产皮棉 30.7％，纤维长度 31.6mm，比强度 32.0cN/tex。

**2. 优质纤维杂交种**　湘杂棉 4 号产量略高于对照湘杂棉 2 号，纤维长度 31mm，比强度 36.6cN/tex，试纺 60 支精梳达国际优等品质。

湘杂棉 5 号比对照品种泗棉 3 号增产皮棉 8.3%，纤维长度 32.6mm，比强度 39.2cN/tex。

### （三）20 世纪 90 年代至 2006 年利用转 Bt 抗虫基因杂交种

**1. 抗棉铃虫杂交种**　中棉所 29 比对照增产皮棉 27.8%，纤维长度 29.4mm，比强度 30.6cN/tex，最大年面积 26 万 hm²。

鲁棉研 15 比对照增产皮棉 9.2%，纤维长度 30.7mm，比强度 30.7cN/tex，最大年面积 26 万 hm²。

冀杂 66 比对照增产皮棉 13.1%，纤维长度 28.9mm，比强度 28.8cN/tex，2001 年种植 3.3 万 hm²。

标记杂 1 号比对照增产皮棉 21%，纤维长度 29.9mm，比强度 26.7cN/tex，2003 年种植 10 万 hm²。

**2. 抗棉铃虫优质杂交种**　中棉所 46 比对照增产皮棉 12.4%，纤维长度 32.4mm，比强度 34.7cN/tex。

科棉 3 号比对照增产皮棉 8.7%，纤维长度 31.3mm，比强度 33.2cN/tex。

苏杂 3 号比对照增产皮棉 0.4%，纤维长度 30.3mm，比强度 34.3cN/tex。

渝杂 1 号比对照增产皮棉 1.9%，纤维长度 31.8mm，比强度 35.1cN/tex。

从 20 世纪 70 年代开始至 2006 年初的 30 年中，我国共育成棉花杂交种 110 个，其中品种间杂交种 84 个，核雄性不育系杂交种 22 个，细胞质雄性不育系杂交种 4 个；按性状分，包括抗病杂交种（其中 4/5 抗枯萎病）50 个，优质纤维杂交种 13 个，强纤维杂交种 4 个，抗棉铃虫杂交种 32 个，抗虫强纤维杂交种 5 个，以及低酚杂交种 2 个与彩絮杂交种 4 个；而自 2001—2005 的 5 年中即育成新杂交种 71 个，占最近 30 余年育成全部 110 个杂交种的 64%；同时也占最近 5 年中育成全部新品种和新杂交种总数 153 个的 46%。其中，育成皮棉产量超过对照 20% 以上的杂交种 19 个，包括品种间杂交种 15 个，核不育系（两系）及胞质不育系（三系）各 2 个，占同期全部育成陆地棉杂交种总数 110 个的 17.3%；其中以抗虫为主的杂交种占 22.3%。

棉花杂交种的种植在长江流域的安徽、江苏、湖北、湖南、江西、四川、浙江等省为主，约占棉田面积的 23%。

### 三、棉花生产上种植杂交种比种植常规品种的优点

棉花生产上种植杂交种比种植常规品种除产量高、纤维品质好外，还具备如下优点。

**1. 杂交亲本种子用量少，容易获得高质量的种子作亲本**　1亩亲本繁殖田可生产100kg亲本种子，采用地膜覆盖可供100亩制种田用种，可生产1万kg杂种$F_1$代种子，供1万亩人工去雄杂交的杂种$F_1$代繁殖田的用种，下年可生产100万kg杂种$F_2$代种子，供100万亩杂种$F_2$代大田的用种。也即一个有20万亩棉田的县，全部种植杂种$F_2$代，每年只需200亩制种田、2亩亲本提纯复壮田和600个劳动力，就可以完成制种和亲本的繁殖；高质量亲本的种子应由育种单位或种子部门统一供种，以防止棉种混杂退化。

**2. 杂交棉的选育周期短、应变能力强**　新杂交种推广见效快、容易做到一地一种。即第一年制种，第二年在生产上繁殖并利用杂种一代；在一个利用杂种二代的县，第三年即可普及全县。棉花杂交种迅速发展的原因在于高优势杂交种的育成，其中较多数具有超常的杂种优势，增产幅度达18%～22%。

综上所述，我国在20世纪70年代育成的陆地棉品种间丰产杂交种，比对照品种增产皮棉15%～20%，纤维长度30mm上下，纤维比强度较低，且不抗病。进入80～90年代育成的陆地棉杂交种，随着亲本抗病性能和纤维品质的提高，抗枯萎病性状从原来的感病级提高到了抗级标准（病指在10上下），抗黄萎病性能提高到耐级水平（病指在20～25之间）；纤维比强度，由原来的24.5cN/tex提高到90年代初的27.5cN/tex（ICC）[1]，增产皮棉在15%上下。1996年后的10年全国育成棉花新杂交种，约占同期育成新品种和新杂交种总数352个的1/3，棉花杂交种的种植面积得到了较大发展，原因在于包括产量和抗病虫性能杂种优势水平的提高。

---

注：[1] 纤维内在品质20世纪90年代按比强度cN/tex（ICC）表示，2001年以后按cN/tex（HVICC）表示，凡原ICC（cN/tex）×1.29可折算为（HVICC）。

　＊亩为非法定计量单位，1公顷（hm²）＝15亩，下同。

# 第二章　棉花杂种优势的
# 遗传基础

　　20 世纪初叶以来，经典遗传学及在此基础上发展起来的数量遗传学为发展棉花育种技术和促进品种改良起了重要作用。20～30 年代，我国研究了中棉（亚洲棉）的黄苗、叶蜜腺、花冠色等性状遗传，并揭示了中棉（亚洲棉）花青素遗传的基本规律。60 年代以来，研究了陆地棉产量、纤维品质和抗性等主要性状，积累了大量资料，对制定育种方案，进行有效的选种工作起一定作用。如明确了纤维性状具有较高的一般配合力和狭义遗传力，适于低世代的选择；铃重、单株铃数、皮棉产量属低到中等遗传力，适于在较高世代选择。棉花抗枯黄萎病遗传，多数研究表明属不完全显性遗传，有认为属显性单基因控制，但也不排除基因互作及微效多基因作用的可能性。实验表明，感枯萎病品种在病地病原体入侵 3～5 年后，能定向转化为抗病品种，对选育抗病品种提供了一个新途径。含油率与含蛋白质率为显著负相关，但这两者对棉酚、纤维品质及产量无相关关系，从而有利于高蛋白育种。在抗病、有油腺与感病、无油腺的杂种后代中出现的频率较高的重组新类型，有利于选育低酚抗病新品种。

　　棉花杂种优势的基础研究，一般配合力和特殊配合力均与杂种一代的表现有关，根据亲本的表现型可预测杂种一代的优势表现，纤维断裂长度（强力）在杂种一代有超高亲值表现，而细度则起负作用；因此，在选择亲本时着眼于强力比细度有效。对显性和隐性雄性不育基因的遗传分析，明确我国隐性雄性不育基因具有四个不同的位点。

　　我国的棉属种间杂交，早在 20 世纪 30～40 年代进行了亚洲棉与陆地棉的杂交，育成江苏 1 号及长绒 2 号；60～70 年代进行了陆地棉与海岛棉的杂交，选出苏长 1 号、山农 3 号及莘棉 5 号等。

# 第一节　棉花杂种优势的遗传

杂种优势利用涉及的性状大多为数量性状，其优势大小一般用中亲优势、超亲优势和竞争优势来表达。具体计算公式为：

中亲优势（%）＝（$F_1$－$\bar{p}$）/$\bar{p}$×100

超亲优势（%）＝（$F_1$－$P_H$）/$P_H$×100

竞争优势（%）＝（$F_1$－CK）/CK×100

其中，$\bar{p}$为双亲平均值，$P_H$为高亲值，CK为推广的标准对照品种。

杂种优势的存在一般认为是基于显性基因的积累和超显性效应的存在。产生杂种优势的主要原因可归纳为：①杂合体抑制不良的隐性基因的有害效应，②各种显性等位基因的互补作用，③超显性效应或杂合体对纯合体的优势。这是由于不同等位基因的作用，或在不同条件下体现出的作用，适应性优势是指加强了的自我调节能力。

## 一、显性基因互补——有利显性基因说

生长有利的数量性状由许多显性基因控制，而它们的相对隐性基因对生长则不利。在杂种 $F_1$ 代内许多基因位点上的显性基因：①可以遮盖其相对的有害隐性等位基因，达到取长补短的效果。②累加效应，双亲带有显性基因的位点不同，使杂种具有更多的显性基因位点。③非等位基因的互作（上位性），互作对性状发育的良好影响能超过累加效应。特别是互补基因的互作，在杂种优势效应上起实质性作用。

| aBcDe | AbCdE | aBcDe |
|-------|-------|-------|
| ……… | ……… | ……… |
| 亲本甲　× | 亲本乙　→ | $F_1$ |
| ……… | ……… | ……… |
| aBcDe | AbCdE | AbCdE |
| （1＋2＋1＋2＋1＝7） | （2＋1＋2＋1＋2＝8） | （2＋2＋2＋2＋2＝10） |

## 二、等位基因互作——超显性说

同一基因位点可分化出许多效应较小而影响生理作用不同的等位基因，这些基因间不存在显隐性关系，如由 a 分化成 a1 a2 a3…，而 a1 a2 杂合将优于 a1a1，a2a2 纯合体，同一位点内基因间的互作产生的杂合性

刺激，能表现明显的杂种优势，最好的证据是，在遗传上差别很大的自交系间杂交能得到最丰产的杂种。

| a1 b1 c1 d1 e1 | a2 b2 c2 d2 e2 | a1 b1 c1 d1 e1 |
|:---:|:---:|:---:|
| ......... | ......... | ......... |
| 亲本甲 × | 亲本乙 → | F₁ |
| ......... | ......... | ......... |
| a1 b1 c1 d1 e1 | a2 b2 c2 d2 e2 | a2 b2 c2 d2 e2 |
| (1+1+1+1+1=5) | (1+1+1+1+1=5) | (2+2+2+2+2=10) |

对于农作物的杂种优势的遗传学原因，多数学者倾向于显性假说，一般配合力的遗传基础是建筑在基因加性效应上的，但也有认为上述两种现象同时发生作用。如可能受显性的作用、基因累加的作用（加性作用）、非等位基因的互作（上位性作用）、同一基因位点上分化出的微效基因的杂合性作用的支配等；但在不同的条件中各种作用的效果不同，在有些杂种类型中基因的加性作用起决定作用，而在另一些杂种类型中上位性或杂合性起主要作用，甚至在某些情况下，细胞质起显著作用。对棉花而言，多数学者趋向于互作和超显性的效果比抑制隐性基因的效果起着更重要的作用（因为自交群体可不受致死和半致死基因对它的生活力的有害影响）。

辛霍 S.K. 对幼苗活力、株高、叶面积、根系生长、物质生产、开花早晚、产量、光合率、呼吸速率等性状的杂种优势表现进行分析后指出：杂种优势通常是将其亲本相对互补的性状结合在一起，并且有多种效应，也就是说互补效应的产物还能反复地相互作用，最终使杂种 F₁ 代明显地超过亲本。所以亲本配合力依赖于生长好和生产潜力高所需的性状数，由于性状的差异，而产生互补的基因效应及多重的基因效果。我国研究棉花杂种优势的学者对杂种亲本的选配和杂种优势的表现也表示类似的看法。

## 第二节　棉花核雄性不育系研究

作物的雄性不育根据遗传机理的差别，划分为两种类型；其中一类称为细胞核雄性不育〔简称核不育 GMS〕，它的育性遗传受细胞核内染色体上的基因控制，而与细胞质基因无关；另一类称为细胞质雄性不育〔简称胞质不育 CMS〕，它的育性遗传同时受到细胞核基因与细胞质内线粒体和

质体等细胞器上的基因共同控制。核雄性不育主要由基因突变产生，而胞质不育主要由远缘杂交导致的染色体组与细胞质结合不协调产生，在极少有的情况下，胞质不育也有由胞质内基因突变产生。核雄性不育的遗传表现符合孟德尔遗传定律，而胞质不育的遗传表现则不完全符合孟德尔遗传定律。两类雄性不育由于具有这些遗传上的差异，在应用于作物杂种优势时，其方法也有很大不同。雄性不育应用于杂种优势一般需要形成三个系统，即不育系［A 系］、保持系［B 系］和恢复系［R 系］。核不育长期以来找不到完全的保持系，只能依靠杂合体［AB 系］充当保持系，但这种效果只能维持后代出现 50％左右的不育株群体。这种方法被简单称为"二系法"或"一系两用法"，因为实质上它只有 AB 系和 R 系两个系统。胞质不育则具备完整的三个系统［A，B，R 系］，它的不育系繁殖相对比较简单，而且后代都能出现 100％的不育株群体，所以长期以来，胞质不育都被认为是作物杂种优势利用的主要方法。但是随着实践的不断检验，也发现胞质不育存在恢复系资源少，恢复程度不充分，更新筛选高优势组合的难度较大等实际问题。

棉花的雄性不育同其他作物一样，也有核不育和胞质不育两类。我国在棉花杂种优势利用上，将这两类雄性不育都加以利用，并取得了较大成绩，这是我国利用棉花杂种优势的特点。应用棉花核不育的方法通常也被称为"二系法"或"一系两用法"，应用棉花胞质不育的方法通常被称为"三系法"。但是我国在棉花核雄性不育上还应用了一种被称为"二级法"的更新方法；它的突出之处在育成了核雄性不育的完全保持系，利用核不育"AB 系"中的不育植株同这种保持系杂交，其后代可出现 100％的不育株群体；但按花朵计算的不育度仅在 95％左右，用于杂种制种，可免去像利用"AB 系"制种时需拔除 50％可育植株的工作，从而使杂种制种更加简捷方便。这种类似的不育系统在水稻、油菜等作物上又称为"温度敏感系"。这种核不育系在一个特定的环境温度下可以表现为不育，而在另一个特定的环境温度下又表现为可育。因此，可以通过改变环境温度的不同，使一种不育系分别承担繁殖｛可育｝和制种｛不育｝的功能，这种方法也被称为核不育的"两系法"；但是这种"两系法"与传统的"二系法"在遗传机制上是完全不同的。传统的"二系法"是依靠育性杂合基因来实现不育性的遗传，而"温度敏感系"是依靠育性基因与环境的互作来实现不育性的遗传。黄观武等（1995）在棉花上的研究发现，核不育的"温度敏感系"是一种不育主基因和育性修饰微效

多基因互作，并受环境温度影响的一种核雄性不育遗传系统。为了区分于原有的核不育系（GMS），将这种核不育系称为"多基因互作不育系（MMS）"，同时将这种不育系用于杂种优势的方法称为"核不育的'二级法'"。

棉花雄性不育类型在各种染色体组间的远缘杂交后代中能够发现。如J. B. Hutchinson& P. D. Gadkavi（1935）发现有可遗传的雄性不育株。比斯利（1940）在（中棉×瑟伯氏棉4倍体）的后代中发现不育株。自美国 N. Justus，C. L. Leinwebev（1955），J. B. Weaver（1968），E. L. Tur-cotte（1976）发现有雄性不育系以来，共研究了 $MS_1 \sim MS_{12}$ 等 12 个雄性不育材料，其中由基因突变产生的有：ms1，MS4，MS7，ms8，ms9，MS10，MS11，MS12；通过杂交获得的核不育材料有：ms2、ms3、ms5、ms6（突变产生的核雄性不育材料由于基因突变位点的数量不一或突变的性质各异，已发现有隐性不育、显性不育、单基因不育和双基因不育几种，但核雄性不育的遗传表现均符合 Mendel‐Morgen 遗传的基本规律）。

## 一、我国棉花核雄性不育基因的发现与利用

### （一）核雄性不育基因资源及鉴定

洞 A：我国第一个棉花核雄性不育基因，由四川仪陇县棉花原种场（1972）在棉花品种洞庭 1 号中发现的一株不育株所具有。四川南充地区农业科学研究所（1975）用洞庭 1 号正常株的花粉与该不育株测交，其杂种 $F_1$ 代育性恢复正常，杂种 $F_2$ 代出现育性分离，可育株和不育株的比例接近 3：1；同年采用同系中的可育株和不育株兄妹交，其后代不育株和可育株分离的比例接近 1：1。这个不育基因被称为洞 A，原始不育株称为洞 A 不育株，由洞庭 1 号品种衍生的不育系统称为洞 A 不育系。

除对洞 A 的研究外，四川省农业科学院棉花研究所黄观武、张东铭等（1975—1980 年）广泛收集我国先后发现的棉花雄性不育资源并经鉴定研究。通过对不同来源材料的显隐性、等位性、分离比率及败育的表现，认为在我国的棉花核雄性不育资源中，属于隐性单基因雄性不育的有 3 个，属于显性核不育的有 3 个。为了进一步研究的方便，列出了中国棉花核不育基因的排列系统，即洞 A（msc1）、1355A（KK1188‐118A）（msc2）、阆 A（msc3）三个隐性单基因雄性不育和洞 A3（E 型）

（MSC4）、广70-1A（MSC5）、军海A（KK1188-119A）（MSC6）三个显性核雄性不育基因。1988年，另一个棉花隐性核不育基因81A为北京农业大学所发现，命名为（mSC7），该基因与芽黄基因连锁。

翌后为了与国外基因系列相连接，南京农业大学1987—1989年通过遗传分析、等位性和连锁测验表明，进一步证实我国发现的4个棉花核雄性不育基因，洞A（msc1）、1355A（msc2）、阆A（msc3）、81A（msc7）表现为单基因隐性遗传。洞A、阆A、81A这3个不育基因与国外鉴定定名的ms1、ms2、ms3都是非等位的。因此，建议其基因符号分别定名为，ms14、ms15、ms16。msc2（1355A）可能是ms2的等位基因。ms14、ms15、ms16分别独立于用连锁测验的标志基因。通过比较国内外鉴定定名的显性核不育花粉败育的细胞学研究资料，表明我国鉴定的洞A3（Msc4）、广70-1A（Msc5）和Ms4、Ms7、Ms10、Ms11、Ms12可能也不同。因此，建议暂时把Msc4、Msc5、Msc6三个显性核不育基因重新定名为Ms17、Ms18、Ms19，以便于与上述基因定名系统相连接。

### （二）核雄性不育两用系的选育和利用

对于隐性核不育基因，可利用兄妹交后代中出现不育株与可育株分离比例各接近50%的特点，经过连续多代的兄妹交（一般经四次兄妹交），即可获得不育株率相对稳定、农艺性状整齐一致的系统，这个系统称为核雄性不育两用系，其不育株用作不育系，可育株用作保持系。采用类似的方法，四川南充地区农业科学研究所育成洞A（ms14）雄性不育两用系，四川省农业科学院棉花研究所利用不同来源的不育基因，先后育成带有洞A不育基因（ms14）的473A雄性不育两用系，该系由洞A不育株与品种湘1-170杂交后育成，性状与洞A两用系相似，但结铃性、早熟性、吐絮及纤维色泽等有所提高改进；还育成带有雄性不育基因（ms15）的阆A雄性不育两用系、带有雄性不育基因（ms2）的1355A雄性不育两用系，该系属鸡脚叶型，可用于中间叶型杂交种的筛选。

芽黄A不育系：由河北省行唐农业专科学校（1989，1990）在带有1对隐性基因（ms16）控制的雄性不育系81A中发现"216"可育自交系，第3～5片真叶分黄、绿两种颜色，黄色的与雄性不育连锁。经与中棉所10号杂交育成子叶和第1～3片真叶呈黄色、标记性状明显、恢复系多的温敏不育系；在7月避风向阳的温度条件下呈不育，在30℃以上高温条件下为可育；不育株自交繁种，可兼作保持系，不育率100%，可提高产

种量及保持纯度。

对于各种显性核不育材料，由于杂交 $F_1$ 代均呈完全不育状态，难以恢复育性，在棉花杂种优势的利用中未见报道；各种显性核不育材料均用原始常规可育品种连续回交予以保存，这类材料在我国有陆地棉遗传背景的洞 A3（ms17）和具海岛棉遗传背景的广 70-1A（ms18）和军海 A（ms19）。

核雄性不育两用系在制种时，须拔除制种田中分离出的 50％ 的可育株，所有陆地棉品种均能恢复其育性。用丰产、抗病陆地棉为父本杂交，选出的优势组合有：川杂 1 号、川杂 3 号、川杂 4 号等，比当地推广品种原种增产皮棉 10％～20％。但在制种时，需要于开花前 7～10 天用手剥开花蕾，鉴定棉株育性，拔除田间分离出的 50％ 的可育株。每公顷制种田每天用工 12～15 个，而人工去雄授粉制种的需用工 40～50 个/天，且此法生产的种子纯度比人工去雄的高。

1995 年我国九采罗公司引进美国彩色棉资源，利用核雄性不育两用系，仅历时三年即育成第一批商业用棕色彩棉杂交种川选 3 号（抗 A×215）和川选 4 号（抗 A×216），比对照彩棉品种单产增加 70％（1 103 kg/hm²），纤维长度增加 50％（26mm），纤维强度增加 20％（16～17cN/tex）。随后，又育成我国第一批绿色杂交种（CrA25 × E44）$F_1$ 和（CrA22× E59）$F_1$，同常规绿色棉品种比较，单产提高 55％（750kg/hm²），纤维长度增加 44％（30mm）。

近年北京农业大学和南京农业大学育成芽黄标记性状的核雄性不育系，在苗期阶段就可拔除非芽黄的可育株，这对于两用系制种的育性识别是一项重要的改进。

为解决麦棉两熟区的棉花早熟问题。四川省农业科学院棉花研究所（1990）选配育成的组合有，杂交早、（MA×中棉所 10 号）、（918A×盐棉 1 号）等，都表现了明显的竞争优势。

冯义军（1992）在对我国发现的 4 个陆地棉核雄性不育系杂交种的研究中发现阆 A 的产量性状、81A 的品质和早熟性均较好，具有较高的一般配合力效应。不育系的特殊配合力方差比常规品种小，可利用其一般配合力与特殊配合力，产生高产、优质、早熟的杂交种；其他不育系或不同性状，一般配合力效应和特殊配合力方差差异较大，需根据不同特点进行选配。

## 二、核雄性不育完全保持系 MB 的获得与研究

四川省农业科学院棉花研究所黄观武等在研究洞 A 雄性不育性的基础上，发现一个具有保持系功能的系统。这个系统是利用陆地棉特早熟遗传背景动摇洞 A 不育性的遗传表现，使其由完全雄性不育转变为间隙性雄性不育，即改变单个棉株不同花朵的不育程度，并经连续多年人工强迫自交和选择育成。

### （一）棉花核不育完全保持系（MB）的获得及其特点

1978 年从棉花隐性核不育材料洞 A 与陆地棉资源材料 No. 5014 杂种 $F_5$ 代（第 3 次兄妹交）的不育个体中，观察到少数不育株出现部分花朵可育和散粉的现象，而原始洞 A 不育株所有的雄花都是完全败育的。通过对这些部分可育的个体连续多代的自交和选择，于 1988 年育成棉花洞 A 型核不育完全保持系 MB。它对具有洞 A 不育基因的核不育材料有接近完全保持的效果，其后代不育株率达 100%，不育度达 96%～100%，这种不育后代被统称为新不育系 MA，而这种能够被 MB 完全保持的雄性不育新类型，具有主基因与多基因互作的雄性不育遗传。1989 年观察了 MA 与 84 个陆地棉品种杂种 $F_1$ 代的育性表现，结果所有杂种 $F_1$ 代的育性无一例外地得到完全恢复。由此表明新不育系 MA，保持了隐性核不育恢复系多的特点，从而为杂种优势的利用创造了良好的条件。

核不育保持系 MB 与胞质不育 B 系两者在保持不育性的遗传机理上完全不同，但保持效果相似。另外，两者在自身可育性上确有较大差别；在一般情况下，胞质不育 B 系的散粉指数（PSI）接近 100%，而 MB 群体散粉指数仅为 54.3%～89.6%，仅有 48.9% 的花粉粒为正常型，其余为不育花粉。环境因素的作用强烈，如某一时期促使散粉的因素不具备，则 MB 可能出现间隙性的不散粉现象。

这种新型雄性不育保持系 MB 具备下列特点：

（1）带有隐性纯合的 ms14 不育基因，其育性的恢复依赖于特殊微效多基因的作用。

（2）保持系 MB 育性的恢复程度受环境条件的影响，开花前 15 天平均温度的积温与散粉指数呈中等程度的直线相关（r＝0.22～0.678）。刘金兰、聂以春（1994）认为开花前 21～18 天（小孢母完成减数分裂和小孢子单核期）日平均气温在 24～27℃，相对湿度在 80% 以上，对孢子发育有利，花朵散粉指数高。

（3）在整个大量开花季节（7月上旬至8月下旬）的40天中，MB开花散粉的时间是间歇而短暂的，一般50％以上花药开裂散粉的时日约占上述时间的20％～25％（约8～10天），而70％以上花药开裂散粉的时日约占2.5％（仅1天）。在多数的时间MB多数花朵仍保持雄性不育的状态，花药不开裂，也无花粉散出或者仅少量的花药开裂散粉。

（4）MB对雄不育系的保持，主要依靠不育主基因ms14的交换。因此，它的保持功能具有专一性，只能对带有ms14雄性不育基因的核不育系发挥作用。

（5）微效多基因的过多积累，会导致雄性可育性的增强，因此雄性不育系的繁殖，不能采用连续回交的方法，只能采用一次杂交的方法。

**（二）棉花核雄性不育完全保持系（MB）的研究**

1991年观察了MB与隐性核不育两用系洞A（AB系）和恢复系（R系）的杂种$F_1$、$F_2$和$B_1$、$B_2$（正反回交后代）多世代育性分离表现。证实在MB保持系中，依然存在隐性纯合的洞A不育基因$msc_1msc_1$，它与洞A基因杂合的可育株杂交，后代中可育与不育株分离比例为1:1，而可育株自交$F_2$及MB与恢复系杂种$F_2$代育性分离比例均为3:1。但是隐性纯合的不育基因不可能促使MB表现为可育状态，在MB中还应存在一种促使不育性消失或受到抑制的遗传系统，这个系统根据MB的表现具有多基因遗传的一般特性，其可育性水平在群体内呈连续的数量变异，难以将个体简单明确地分类，同时在不同时期表现较大波动，容易受外界环境因素变化的影响。

不育株散粉性状（可视为MB的可育遗传状态）的基因效应估计：两年两个组合的分析结果表明，不育株散粉性状中，不仅含有极显著的加性效应［d］，而且还存在极显著的显性效应［h］和（加性×显性）的互作效应［l］。其中，［d］和［l］对散粉起增效作用，而［h］则起减效作用。用上述4个显著参数（m、［d］、［h］、［l］）计算的世代理论值，在各世代都与观察值接近。

用MB作轮回父本的连续回交试验表明，随着回交代次的增加，回交后代散粉水平逐渐提高，回交4次的散粉水平已接近轮回父本MB的水平。用m、［d］、［h］、［l］4个遗传参数分析，可以得到相同趋势：随着回交代次的增加，控制散粉性状的多基因位点逐渐纯合，加性正效应增多，显性负效应及互作效应减少，因而对散粉的综合基因效应逐渐增大。

研究表明，棉花洞A核不育性及其完全保持性状，为隐性不育主基因和散粉多基因系统共同控制。主基因系统对育性的控制占主导地位，而多基因系统只对纯合隐性主基因的不育效应起一定修饰作用。在显性主基因存在的情况下（杂合或纯合），它的可育效应（F）使材料表现为稳定完全可育，多基因的作用被掩盖而不能表现。当主基因以纯合隐性状态存在时，多基因的散粉增效和减效效应都可以得到表达。由于增效多基因和减效多基因状态差别，使材料表现为高度不育（如 MA）和半可育（如 MB）状态。具有这种遗传特点的雄性不育系被称为 MA 雄性不育系，而其保持系被称为 MB 保持系。不同基因型的育性表现可归纳（表2-1）。

表 2-1　主基因与"散粉"多基因共同控制棉花雄性
不育性的基因型和遗传效应

| 材料 | 基因型 | 遗传效应 | 表　型 |
|---|---|---|---|
| 洞 $A_f$ | $Msc_1 msc_1$（$mg_1 mg_1$、$mg_2 mg_2$ $\cdots\cdots mg_n mg_n$） | F | 完全可育 |
| 洞 $A_s$ | $msc_1 msc_1$（$mg_1 mg_1$、$mg_2 mg_2$ $\cdots\cdots mg_n mg_n$） | $(m-[d])$ | 高度不育 |
| MB | $msc_1 msc_1$（$Mg_1 Mg_1$、$Mg_2 Mg_2$ $\cdots\cdots Mg_n Mg_n$） | $(m+[d])$ | 部分不育 |
| MA | $msc_1 msc_1$（$Mg_1 Mg_1$、$mg_2 mg_2$ $\cdots\cdots mg_n mg_n$） | $(m+[h])$ | 高度不育 |
| MA×MB | $msc_1 msc_1$（$Mg_1 Mg_1$ 或 $Mg_1 Mg_1$、$Mg_2 Mg_2$ 或 $Mg_2 Mg_2$ $\cdots\cdots Mg_n Mg_n$ 或 $Mg_n Mg_n$） | $(m+1/2 [d] +1/2 [h] +1/4 [l])$ | 部分不育 |
| 恢复系（R） | $Msc_1 Msc_1$（$mg_1 mg_1$、$mg_2 mg_2$ $\cdots\cdots mg_n mg_n$） | F | 完全可育 |

注：Mg 和 mg 分别代表多基因系统中的增效基因和减效基因。

　　黄观武等（1990—1992）提出了一种新型的核雄性不育应用技术，即核不育"二级法"（MMS）。这种方法即保持了核不育"二系法"恢复系多的特点，其繁衍的雄不育系又与核质互作"三系法"的不育系在不育性的表现上近同。同时，还克服了"二系法"在制种时需拔除 50%可育株和"三系法"恢复系少、更新杂种组合较为困难的缺点。

## 三、双隐性核雄性不育的利用

　　双隐性核雄性不育基因（ms5ms6）是 1961 年在美国佐治亚州的博加特苗圃从约 800 株抗风暴的品系中发现的一株完全雄性不育株，它与可育

株一样生长良好。Weaver 认为是两对隐性基因控制的核不育，杂交 $F_2$ 代只出现 1/16 的不育株，杂种种子可以利用二代。K. Srinivasan（1973）用具有常态叶和鸡脚叶的雄性不育系哥利格与 MCU4 等品种杂交的杂交种表现出了具有良好的结铃性、衣分、纤维长度和早熟性。

双隐性核雄性不育基因（ms5ms6）与洞 A 一对隐性核不育基因（mscl）的共同点为：①都选自丰产品种，不育株和可育株都生长良好，不含不利因子。②都受隐性核不育基因控制，不育性都由分离出来的可育株保持。③恢复系品种广泛，较易筛选出强优势的杂交种。两者的主要不同点是：前者是 2 个、而后者是 1 个隐性核基因控制的不育性状；在杂交 $F_2$ 代群体中的不育株，前者出现 1/16、而后者高达 1/4；前者可利用杂交 $F_2$ 代，而后者则不能。

中国农业科学院棉花研究所 1990 年以来研究证明，杂种 $F_2$ 代的不育株不超过 1/16，杂种 $F_1$ 代、杂种 $F_2$ 代均具有杂种优势，如（ms5ms6×中 R1）、（ms5ms6×中 R2）杂种 $F_1$ 代的皮棉产量均高于对照品种中棉所 12 达显著水平，杂种 $F_2$ 代绝对产量也高于对照，但不显著；（ms5ms6×徐州 184）杂种 $F_2$ 代皮棉产量比对照低，但不显著。这说明 ms5ms6 双隐性不育系中没有明显的有害因子，它与陆地棉杂交，可选到强优势的杂交种。杂交 $F_2$ 代的不育株率，1992 年及 1993 年分别为 5.7% 及 6.3%。说明以 ms5ms6 为母本配制的杂交种可以利用杂交 $F_2$ 代，不会因不育株的出现而明显影响产量。该所又将美国双隐性核不育系的 ms5ms6 不育基因转育到农艺性状好的品种中，育成不育株率为 50%、农艺性状优良的同质异核不育系和异质异核不育系。将 Bt 基因转入此不育系中，育成抗虫双隐性核不育系中抗 A，有利于昆虫传粉，较人工去雄授粉减少一半用工；与单隐性制种比，在劳力紧张、用种量大的地区还可利用杂交 $F_2$ 代。

Weaver 和 Ashley 设想把隐性遗传的芽黄性状或无腺体性状转移到不完全雄性系中，育成有指示性状的雄性不育系。这种不完全雄性不育系并不比完全雄性不育和胞质不育三系差。

## 第三节 棉花细胞质（核质互作）雄性 不育系的研究

细胞质（核质互作）雄性不育是由于细胞质与核基因互作的结果，因此，遗传方式较单纯的核不育类型复杂。Sears E. R.（1947）总结前人工作，把核质互作型雄性不育系的胞质和胞核对不育、保持和恢复的相互关系概括成下面模式：

Ⅰ. 不育性的传递　　　　　不育　　　　可育　　　　不育
（即不育系繁殖）　　　S〔SS〕×　　F〔SS〕→ S〔SS〕
　　　　　　　　　　（不育系）　（保持系）（不育系）

S不育型，F可育型，〔〕内表示细胞核的基因，〔〕外表示细胞质的基因。

Ⅱ. 不育性的恢复　　　　　不育　　　　　可育　　　可育
（即配制杂种）　　　S〔SS〕×　　F〔FF〕→ S〔FS〕
　　　　　　　　　（不育系）　　（恢复系）　（杂交种）

　　　　　　　　　F对S为显性

　　　　　　　　不育　　　×　　　可育　　　　可育
　　　　　　　　S〔SS〕　　　S〔FF〕→〔FS〕
　　　　　　　（不育系）　　（恢复系）　（杂交种）

细胞质（核质互作）雄性不育遗传的特点，可归纳如下：

**1. 具有不育细胞质的核恢复基因和不育基因都具有与其他基因相同的共性**　有显隐性、分离自由、连锁互换、易位突变等，不同点是必须与不育细胞质结合才能对育性的表现产生作用。如棉花 Des-HAms 277 不育系的核不育基因，只有在哈克尼西棉胞质中才表现不育分离，如把这种核不育系基因转移到陆地棉胞质中，则无雄性不育表现。所以，一般不能将细胞质雄性不育系的核不育基因同核不育系中的核不育基因等同对待。

**2. 恢复基因与不育基因是等位基因**　不育细胞质的不育基因大都为隐性，纯合时才表现雄性不育；恢复基因一般是显性，当其纯合或杂合时，育性就全恢复或部分恢复。细胞质雄性不育类型在各染色体组间的远缘杂交后代中可能找到。

Meyer（1948）进行种间杂交，经过 14 年，于 1962 年育成 2 个胞质雄性不育系，其中一个是用二倍体亚洲棉与瑟伯氏棉杂交，之后再与四倍体陆地棉杂交育成；另一个是用二倍体非洲异常棉（*G. anomalum*）与瑟伯氏棉（*G. thurberi*）杂交，再用四倍体陆地棉杂交育成。它们都属于部分雄性不育类型，但不育性程度较高，由于不育性受环境影响，特别是开花前 15 天左右的高温影响，不育性不稳定，认为利用价值不大。

## 一、哈克尼西细胞质雄性不育系

Meyer（1973）育成两个稳定的完全雄性不育的细胞质雄性不育系

（Des-HAms16 和 Des-HAms277），为 2 倍体和 4 倍体种远缘杂交的产物，先用 2 倍体野生棉种（*G. harknessii*）作母本与四倍体陆地棉 M8 杂交，然后用陆地棉 Rowden 回交一次，再用 M8 回交 3 次，以后又分别用陆地棉岱字棉 16 及 Delcot277 回交 3 次育成。即将陆地棉的染色体转移到纤维低劣的哈克尼西｛Brandeyee｝野生棉的细胞质中得到了稳定的细胞质控制的雄性不育类型。陆地棉或海岛棉品种、品系没有一个有恢复育性的能力。通过把哈克尼西棉的基因转移到陆地棉染色体组织中的方法育成两个恢复系（Des-HAF16、Des-HAF277），它们含有以哈克尼西棉带来的控制可育性表现的一段或几段染色体。一般陆地棉品种可作为它的保持系，实际上轮回亲本品种岱字棉 16 及 Delcott277 就是它的保持系。这样 Meyer 就第一次在哈克尼西棉（*G. harknessii*）细胞质基础上创造出了细胞质雄性不育的不育系、保持系和恢复系，但由于野生棉细胞质对杂种后代的负效应，导致产量减少 8%，使高优势组合的筛选十分困难。因而没有在生产中应用。

棉花 Des-HAms 16、Des-HAms 277 两个不育系的恢复系 Code 37 属于同质恢复系，它的选育是与选育 Des-HAms 277 不育系平行进行的，实质上是不育株的兄妹可育株。所以，它既有与不育系相同的哈克尼西棉的细胞质，又具有哈克尼西棉的恢复基因。Meyer 研究表明，在陆地棉或海岛棉中不存在这种恢复基因，并且在亚洲棉、草棉、异常棉、长萼棉、毛棉、瑟伯氏棉、旱地棉和雷蒙地棉中也未发现过这种恢复基因。

用哈克尼西棉胞质雄性不育系产生的棉花杂交种，在遗传学上的问题是缺少理想的恢复系。把任何一个品种或品系转育成雄性不育系是一个简单的回交问题，鉴别配合能力好的亲本是材料与时间问题，然而恢复系在以往一直很难得到。因为这恢复系的育性恢复不完全、波动大，在同一年里有的恢复好，有的恢复不好（不育）。如果为纯结合显性 RfRf 就恢复好，但杂交种是不可能纯合的。经过在原始的 Des-HAF16 和 Des-HAF277 大量工作后认为，这种恢复能力的原始材料不具有稳定的遗传基因，而在陆地棉品种间杂种 $F_1$ 代中这种遗传基因对产生足够持久的花粉育性恢复是不可少的。

## 二、哈克尼西细胞质雄性不育系的可育恢复性研究

为选育到既能使细胞质雄性不育（CMS）的杂交 $F_1$ 代具有足够的恢

复能力，而恢复系又具有陆地棉的基因型，一直是美国发放商用杂交种工作的主要限制因素。毫无疑问，仅仅有 RfRf 恢复基因的恢复系不会使陆地棉品种间杂交 $F_1$ 代有足够的恢复能力。D. B. Weaver 和 J. B. Weaver（1976）报道哈克尼西棉产生可育恢复性的遗传试验，发现在陆地棉种内杂交种中，育性是受一个不完全显性单基因（Rf）所控制，但是育性的恢复不完全。试验第一次为育性修饰基因和来自比马棉（海岛棉）的基因提供了一个可靠证明，1973 年用 Des-HAF277 作母本与 PimaS-4 杂交，发现其后代育性好。由此推测，海岛棉中有加强育性恢复的基因（EE）。为研究加强基因的遗传，以后以此与没有恢复能力的陆地棉类型回交 3次，用 BC3 自交，并用 BC3-$F_2$ 代与细胞质雄性不育陆地棉原种杂交；以往有迹象表明在没有加强基因时，在细胞质雄性不育系之间（与同一材料杂交的后代），其育性曾经有不同的反应。因此，用 6 个不同的系与 BC3-$F_2$ 代测交，结果发现，当恢复系带有加强基因时，使用那个雄性不育系都没有区别；后又经过测交及 47 个父本自交群体的约 5 000 个植株的分析结果认为，育性的提高受一个完全显性基因控制，这个加强基因用符号 E表示。研究证明，把这种强化基因转移到陆地棉恢复系中，生产的陆地棉种内杂交种就能有足够的恢复能力。经 E 转育到陆地棉中，发放了 3 个恢复系 Demeter 1 Demeter 2 及 Demeter 3。经过试验，以一个不带加强基因的恢复系与一个带加强基因的恢复系杂交表明，凡不带加强基因的育性恢复不完全，而带有加强基因 E 的恢复程度达到 99％（完全）。这说明加强基因可提高恢复基因的育性。凡带加强基因的恢复系也带有海岛棉的性状，如马克隆值低，即纤维较细，且衣分低（如把 E 基因转移到 CMS 与陆地棉中去，可在杂交后代中得到纯基因 EE，则恢复能力更强）。J. B. Weaver Jr.（1980）提出选育理想恢复系的程序是：

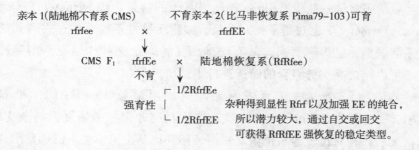

如 Demeter 2 是自然授粉的杂交 $F_2$ 代种子，这个种子来自（CMS 陆地棉×一个有加强基因 E 的恢复系）的杂种，在杂交 $F_2$ 代群体中，16 株

当中有 1 株应是纯合的 RfRfEE。但对 RfRfEE 恢复系的鉴别，唯一的方法是通过 CMS 植株进行杂交试验，然后对杂交 $F_1$ 代进行观察。凡是加强基因 E 转移到 CMS 后，CMS 植株表现出花丝长、花药大（大花药雄性不孕）。在进一步的回交后代中倾向于选择可育、高衣分、高产、优质的单株。在 1980 年对 CMS 陆地棉杂交的大量试验中观察，其中（这些恢复系）有许多表现出是没有加强基因的。而有许多带加强基因的恢复系则趋向细度差、衣分低，然而来自这些恢复的杂交 $F_1$ 代则在衣分与细度等方面与栽培商业品种类同。

根据细胞质雄性不育（rfrfee）×有加强基因（RfRfEE）的杂交 $F_2$ 代群体中的分离比率和花粉育性情况。在一个典型的杂交 $F_2$ 代群体中可标记 9 个可能的基因型（表 2-2）。

表 2-2　杂交 $F_2$ 代基因型及测交育性表现

| | $F_2$ 群体 | 与 rfrfee 测交的育性表现 | 说　明 |
|---|---|---|---|
| 强育性 | 1 RfRfEE<br>2 RfRfEe<br>1 RfRfee<br>2 RfrfEE<br>4 RfrfEe | 全部强育性<br>1 弱育性：1 强育性<br>全部弱育性<br>1 强育性：1 不育性<br>1 弱育性：1 强育性：2 不育 | 这 5 个基因型不能以表型辨认，要么由于它们都有显性基因，要么就像 RfRfee 的情况一样，因为它是纯合 Rf |
| 弱育性 | 2 Rfrfee | | 不带有加强基因，育性程度不足 |
| 雄性不育 | 1 rfrfEE<br>2 rfrfEe<br>1 rfrfee | | 这 3 个容易识别，为雄性不育，因为不带有不完全显性恢复基因 Rf |

这些基因型与细胞质雄性不育系植株测交表明：唯一的恢复育性最好的是两个基因的纯合体（RfRfEE）。这个基因型系，Weaver D B 已经用过，效果很好。一些带有 Pima 棉加强基因的材料，如 Demeter1、Demeter 2、Demeter 3 也获得了良好效果。细胞质雄性不育系中过去遇到的恢复系问题显然已得到解决。从而陆地棉品种间杂交种作棉花商用品种推广，可以结合高优势组合的筛选进行了。

如果用回交方法选育恢复系，例如用原始 Des-HAF16 和 Des-HAF277 作母本与 Pima S-3 杂交，产生具有非常好的恢复力的杂交种；经回交后，相对比较容易把恢复基因转移到比马型棉中去，已选育出几个比马型的恢复系。用这些恢复系与 CMS 陆地棉杂交，产生恢复力很好的杂交种，在这样的种间杂交种植株上生产的种子，比陆地棉的大 30%。

为使加强基因 E 从比马棉转移到陆地棉恢复系中去，又进行了回交。研究表明，这个加强基因 E 是个单基因（已明确 Rf 及 E 2 个基因影响着花粉的育性），已成功地转移到陆地棉恢复系中，并发放一个异质的杂合后代群体叫 Demeter2。从中又选出若干个品系，育种者可用它与当地适宜品种杂交来选育更适宜的恢复系。这些研究将为推广（陆×陆）品种间杂交种提供良好基础。

J. Mc D. Stewart（1992）育成以三裂棉［*Gossypium trilobum*（D8）］胞质为基础的新的胞质雄性不育系与恢复系。当用陆地棉对六倍体杂交种（AD1×D8）回交 4～5 次，雄性不育（D8ms）和雄性可育（D8mf）后代都出现分离。这两种类型植株的姊妹交（D8ms×D8mf）产生的后代全为可育株；而以陆地棉商用品种对 D8ms 授粉时，所有后代都不育。D8mf 的自交后代全可育，对 D8ms 可恢复育性。（D8ms×D8mf）姊妹系的 S1 代的 ms 少于 2%，S2 的 ms 为 0%，而当 D8mf 的 S1 和对照品种杂交时，后代分离出 ms 和 mf。出现这些奇异分离现象的原因，主要是因为，可育性是在小孢子体上表现，即仅由小孢子花粉携带的 Rf 可以生存，相反携带有 rf 的小孢子不能生存，而在大孢子胚珠中 Rf 和 rf 则发生正常的分离并存活。

### 三、我国棉花细胞质雄性不育系（三系法）研究

中国农业科学院棉花研究所（1980）从美国引进哈克尼西棉细胞质不育三系及其 10 个杂交组合，杂交 F1 代出现大量不育株，衣分低，产量不如国内自育的人工制种杂交种。

钟文南（1982）以陆地棉与异常棉杂交，经试管培养及加倍，杂交 F1 代具双亲特性，在 21 个性状中有 19 个为中间型，只少数性状超亲。杂交 F2 代的可育株率仍高，杂交 F3 代的可育株率占 54%。用陆地棉作母本对农艺性状的传递有利，用杂交 F1 代作母本有利于传递野生种性状如纤维强力等，但未获得稳定的雄性不育类型。

中国科学院遗传研究所（1982—1987）获得陆地棉与斯特提棉（*G. sturtianum*）的杂种后代，在杂交 F1 代的 20 个性状中，有 2 项超亲，18 项为中间型。斯特提棉具有传递形态特征（如花斑）、生理特性（如耐低温）及纤维细度的能力。将可育的杂交 F1 代与陆地棉回交，得到稳定的优良种质，而培育雄性不育系的工作进展不大。

中国农业科学院棉花研究所靖深蓉（1986）把来自海岛棉（海1）的

一个显性突变无腺体基因导入具有哈克尼西棉细胞质雄性不育系的三系中，获得具有显性无腺体性状的三系，育性和农艺性状比原来的三系有了明显改善，但哈克尼西胞质不育系的缺点未完全克服。

湖北省农业科学院经济作物研究所（1987）研究中棉（亚洲棉）胞质雄性不育是亚洲棉与陆地棉核质互作的结果，由于保持系基因的杂合性，育性分离或保持不完全。在陆地棉基因中存在大量不受亚洲棉胞质影响的育性基因，亚洲棉胞质不育系具有广泛的恢复系，对筛选高优势组合有利，而对完全保持系的选育较难。聚合 D 染色体组棉种可能存在的多个恢复基因，有利于提高恢复系恢复育性的能力，对哈克尼西胞质不育可能选育具有完全恢复能力的恢复系。1987 年选出 Z811 恢复系，与细胞质不育系杂交的 6 个杂交 $F_1$ 代可育株率达 100%。

河北邯郸地区农业科学研究所贾占昌（1990）在陆地棉石短 5 号和海岛棉军海棉杂交后代中选出 104 - 7A，其表现与哈克尼西棉细胞质雄不育系相同，不育性稳定，容易保持，利用哈克尼西棉细胞质的恢复系，恢复率及恢复度提高到 100%，一般陆地棉品种都可作保持系，育成邯杂 98 - 1（GKz11），与中国农业科学院生物技术研究所合作育成银棉 2 号。但是，在陆地棉中是否存在雄性不育胞质，还需要提供新的科学证明。

湖南省棉花研究所周世象（1992）利用哈克尼西棉细胞质雄不育系，转育成湘远 A，属海岛棉（AD），完全不育，已三系配套。

新疆石河子农学院（1993）也利用哈克尼西胞质不育种质育成石农 2A、石农 6A 等不育性稳定的陆地棉和海岛棉雄性不育系及恢复力强的优良陆地棉恢复系；未发现哈克尼西棉不育细胞质的不良影响。

新疆生产建设兵团农一师农业科学研究所杨亚东（1987，1993，1994）利用哈克尼西棉不育三系，转育出海岛型 44A 及陆地型 308A 的不育系及其保持系，上述不育系均能被有哈克尼西棉细胞质的恢复系恢复，杂交 $F_1$ 代育性恢复株率 100%；从中筛选出散粉正常的新恢复系 3667，于 1987 年完成海陆三系配套组合，但制种产量低。之后又育成海岛型恢复系，转成陆海三系配套组合。陆地型不育优系铃重 5g，杂交成铃率 70%；海岛型恢复系的恢复株率及恢复度均为 100%。1993 年在供试的 25 个组合中，比陆地棉对照军棉 1 号增产的有 7 个组合，其中新（307H×36211R）比对照陆地棉品种军棉 1 号增产 23.2%，纤维长度 34mm，比强度 32.9cN/tex，马克隆值 3.6，说明了陆海三系杂交种具有较大的发展潜力。

山西省农业科学院棉花研究所袁钧等（1996）育成晋A，属陆地棉（AD），完全不育，已三系配套。

河北邯郸地区农业科学研究所（1998）利用棉花三系的不育系和同时通过系选法在原恢复系的基础上选出配合力好的恢复系18R后，再选出（P30A×18R）组合为优势杂交种；之后该所又采用（邯抗1A×邯抗R174）育成抗虫杂交种邯杂98-1。

河南省内黄县棉花办公室与河南省经作站（1999）选择综合性状好的陆地棉材料对不育株回交多代，育成不育系；同时对父本封花自交育成保持系。利用哈克尼西棉不育系的恢复系杂交、回交、测交育成恢复系。在此基础上，用15个不育系与8个恢复系杂交配制120个组合，在（19A×85R）组合中选出（97-68），育成抗病杂交种豫棉杂1号。

王学德（2002a，2002b）对我国雄性不育三系的恢复系研究，在分子水平上用根癌农杆菌介导法将谷胱甘肽—转移酶基因（GST）导入待改良的棉花细胞质雄性不育的恢复系中。从转化植株的后代中，筛选到一个对雄性不育系具有强恢复力的恢复系，暂定名为浙大强恢。它与受体恢复系DES—HAF277比较，对不育系的恢复力提高25.8%，从而使杂种$F_1$代单株结铃数多3～6个，不孕子率降低10.1%，皮棉产量提高10.6%。用基因GST作为探针进行的Southern和Northern核酸杂交分析表明，浙大强恢中含有外源基因GST，并有较高水平的表达。以受体恢复系及其杂种$F_1$代为对照，对转基因恢复系及其$F_1$代花药中的GST酶活性测定表明，在造孢细胞增繁期、小孢子减数分裂期和花粉成熟期，转基因恢复系花药中GST酶的活性比受体恢复系花粉中GST酶的活性分别提高29.48%、69.21%和91.62%；同样与受体恢复系$F_1$代比较，转基因恢复系花药中GST酶活性也分别提高30.4%、74.2%和99.7%。相关分析表明，以浙大强恢和DES-HAF277为父本配置的杂种$F_1$代，其可育花粉率与它小孢子减数分裂期和花粉成熟期花粉GST酶的活性达极显著正相关。

不育核基因或胞质基因的生理生化代谢与可育棉花有明显差异，这种差异在花药和叶片中都有体现。我国曾比较msc1不育花药和可育花药中各种游离氨基酸含量，不育花药中一些氨基酸有积累，而另一些则低于可育花药，结论尚不明确。

Savrella和Stojunovic（1968）发现，cms（arb）不育花药中酸溶氨基酸含量较低，而cms（ano）则无变化，在叶片中亦有类似的情况；但在两种不育系叶片中存的天门冬氨酸，在可育株中很少或完全缺乏。邱竞等（1989）发现，cms（har）子叶、真叶中过氧化物同工酶多于可育的保持系和恢复系，而进入单核期的花药则相反。

在主要作物中，胞质不育系的研究已从生理生化上的探讨深入到分子水平，20世纪80年代中后期分子生物学研究证实，在玉米、高粱、向日葵、菜豆、萝卜、矮牵牛、珍珠粟、甜菜和水稻等大多数作物中，胞质不育基因（c）位于线粒体DNA上；但有一些证据表明，在大麦、烟草和油菜中，叶绿体DNA为C基因的携带者。Chen和Meyer（1979）通过对cms（ano）及其亲本1，5-二磷酸核酮糖羧化酶大、小亚基的比较，提出假说，认为异质叶绿体与核基因之间的互作与异常棉cms有关，从而使雄蕊不分化出花药。但是，关于棉花各种胞质不育系c基因的确切位点还有待于从分子遗传学上对线粒体DNA和叶绿体DNA进行全面的比较研究。

## 第四节　棉花主要性状的遗传效应研究

杂种优势的大小主要依赖于显性效应的高低，同时上位性效应在一些情况下也不能忽视。

超显性现象在棉花杂种优势中有所发现，如陆海杂种在纤维品质、籽指甚至产量上表现的超亲优势就是例证。当然，多基因杂合超亲的内在实质要比单基因杂合超亲复杂得多，两者并非完全相同。

吴吉祥等（1995）根据显性与环境互作的遗传模型，分析了陆地棉10个杂交亲本和20个杂种$F_1$代5个纤维品质性状的两年试验资料，估算各项遗传方差分量和成对性状间各项遗传效应的相关，并预测了不同年份杂种$F_2$代杂种优势的遗传表现。各纤维品质性状主要受加性效应的影响，其中纤维长度、纤维强度和马克隆值3个性状还受到（基因型×环境）互作效应的影响。（基因型×环境）互作效应对纤维整齐度和纤维伸长率两个性状影响均不显著。遗传相关分析表明，杂交后代皮棉产量与纤维长度、纤维整齐度、纤维伸长率和纤维细度间可进行同步改良，而皮棉产量与纤维强度同步改良较为困难。杂种早代皮棉产量高的组合其纤维强度也较好，杂种$F_2$代纤维品质性状的杂种优势均值一般较小。

陈于和、张天真（1997）研究显性无腺体杂种具有明显的优势，组合的一半具有中亲及高亲优势，配合力分析的株高、衣分、纤维长度和马克隆值受基因加性效应控制，而籽、皮棉产量、单株铃数、铃重和籽指等同

时受基因加性和非加性效应作用。

产焰坤、郑曙峰（1998）陆地棉品种间杂种优势及其主要性状的遗传分析，应用部分双列杂交中的轮回设计，选用 11 个亲本，配制 22 个组合的研究结果表明，杂种 $F_1$ 代皮棉产量及其组分均有一定中亲优势和竞争优势，其中皮棉产量正向优势组合率分别达 95.5％和 86.4％，最大优势分别为 50.2％和 37.2％，纤维品质优势不明显；在杂种 $F_1$ 代中，单铃重与皮棉产量为遗传正相关，且显著；纤维品质与皮棉产量的遗传负相关已不同程度地被打破；对皮棉产量直接作用较大的性状为，衣分、单株铃数、比强度，其遗传力也较高；其中单株铃数、单铃重的相对遗传进度较高。

陈柏清等（1998）陆地棉不同铃期和不同铃位、单铃重杂种优势遗传的研究，采用基因型与环境互作的加性—显性遗传模型，分析了陆地棉（*Gossypium hirsutum* L.）12 个亲本及其 17 个杂种 $F_1$ 代组合两年不同花铃期及不同铃位单铃籽棉重的杂种优势结果表明，单铃重是构成产量的重要因子，大铃杂交种的选育在生产上具有实用价值，可达到省工、节本、高效的目的；从而在选配杂交组合时，亲本之一宜选用大铃品种。又由于杂交种早期成铃多，营养消耗大，如立秋打顶后，会导致早衰，单铃重优势较小，其整株营养供应和光温资源条件都不如立秋前。试验证明：8 月7 日打顶，单铃重平均优势达极显著水平；8 月 13 日前打顶，各花铃期单铃重的平均优势在 5.9％～10.6％之间；而 8 月 13 日后打顶，各花铃期单铃重正向优势很小；8 月 31 日后打顶，甚至出现一定的负向优势。

承泓良、何旭平（2000）棉花开放花蕾主要来源于种间杂交的后代，这一性状称作雌雄异熟系或柱头外露，即开放花蕾，由两对隐性重叠基因控制；陆地棉与海岛棉均为单节隐性基因纯合体，但基因型不同，各带有一对位点不同的隐性基因。开放花蕾在棉花杂种优势利用中具有应用潜力，尤其是带有低酚标志性状的开放花蕾系 'E-81'，有助于提高制种效率。开放花蕾性状的雌、雄蕊发育进度，在减数分裂前是不同步的，但减数分裂后雌配子体的发育速度加快，最后达到雌、雄配子体同步成熟。当花柱外露长度达 6～7mm 时，柱头的生理活性强，是杂交制种中授粉的有利时期。开放花蕾的天然异交率最高为 100％，最低为 40％，平均达80.4％。

武耀廷（2002）陆地棉遗传距离与杂种 $F_1$ 代、杂种 $F_2$ 代产量及杂种优势的相关分析，用两年田间试验数据和 RAPD、ISSR 与 SSR 分子标

记，估算出 36 个陆地棉品种间的分子标记遗传距离为 0.070 1～0.425 5，平均 0.284 4；表型遗传距离为 2.18～12.60，平均 7.04；两者的相关系数为 0.335 0。双列杂交配置的 28 个杂种 $F_1$ 代和 28 个杂种 $F_2$ 代群体，3 个环境试验综合鉴定的杂种 $F_1$ 代与杂种 $F_2$ 代单株铃数、铃重、籽棉产量、衣分和皮棉产量间的相关系数分别为 0.803 5、0.887 7、0.713 5、0.964 0 和 0.895 6；杂种 $F_1$ 代、杂种 $F_2$ 代籽棉产量、皮棉产量的杂种优势平均数分别为 13.62%、16.31% 和 7.90%、9.02%；杂种 $F_1$ 代、杂种 $F_2$ 代间籽棉产量、皮棉产量杂种优势的相关系数分别为 0.368 9 和 0.378 7。表型遗传距离、分子标记遗传距离与杂种 $F_1$ 代、杂种 $F_2$ 代产量性状表现及杂种优势之间的相关程度偏低，试验材料的选择也直接影响着它们之间的相关。

袁有禄、张天真、郭旺珍、潘家驹（2002）陆地棉优异纤维品系的铃重和衣分的遗传及杂种优势分析（英文）利用 5 个具有不同纤维品质性状的品种（系）配制完全双列杂交组合 20 个，通过亲本和杂种 $F_1$ 代的 2 年随机区组试验发现：产量性状的铃重和衣分与环境的互作效应小，不存在母体效应，并以加性遗传效应为主，分别占表型方差的 51.2 和 65.4；显性遗传效应所占的比率也较高，分别为 32.6 和 16.8。铃重和衣分的群体平均优势较大，分别为 13.3 和 3.5，达到了极显著；铃重的超亲优势为 2.0，不显著；衣分为显著的负值（-2.1）。遗传分析与杂种优势结果一致，具体表现在产量性状上，亲本相当配制的组合杂合显性较高，其超亲优势正向显著，而极值亲本（差异较大）所配组合没有超过高亲的。这表明亲本差异小、亲缘关系较近的亲本中仍然存在足够的遗传变异或某种机制以创造变异使育种取得更大的进展。相关分析表明了仍然存在严重的品质与产量的负相关，遗传改良的难度较大。

孙君灵、杜雄明（2004）以 1 个高强纤维品系为父本，6 个常规棉品系、5 个转 Bt 基因抗虫棉品系和 5 个彩色棉品系为母本配制杂交组合，利用 AD 模型，分析了 3 个群体杂交组合主要性状的遗传力和杂种优势表现。结果表明，常规棉群体和抗虫棉群体的衣分、籽棉产量等性状基因显性效应对杂种一代性状的形成起主导作用，彩色棉群体的籽棉产量受加性和非加性效应共同控制，而衣分的遗传变异主要来自基因的加性效应。常规棉群体的比强度以显性效应为主，抗虫棉和彩色棉群体的比强度以加性效应为主。3 类群体中 2.5% 跨长和马克隆值的遗传效应均以加性效应为主，同时受非加性效应的影响也较大。常规棉群体和抗虫棉群体的产量性状有一定的杂种优势，纤维长度和细度基本上没有优势，纤维强度有显著的负优势，但彩色棉群体的纤维长度和强度有一定的正向优势。因而，在品种改良上，可以利用常规棉和转基因抗虫棉的杂种优势大幅度提高产量，利用彩色棉的杂种优势来提高纤维品质。

对于棉花产量和品质等性状的杂种优势存在基因的加性和非加性效应，其优势的大小主要依赖于显性效应的高低，而上位性效应在某些情况下也不能忽视。大体上，产量、种子蛋白质及油分含量的遗传以非加性效应为主；衣分、籽指、纤维长度和纤维细度以加性效应居多；其他性状的遗传，3种效应均有支持（表2-3）。

**表2-3　棉花杂种优势基因效应分析的文献数**

（孙济中等，1994）

| 性状 | A | B | C | 性状 | A | B | C |
|---|---|---|---|---|---|---|---|
| 产量 | 20 | 15 | 33 | 籽指 | 15 | 9 | 8 |
| 铃数 | 19 | 12 | 13 | 衣指 | 12 | 13 | 11 |
| 铃重 | 18 | 11 | 15 | 单铃籽数 | 8 | 2 | 3 |
| 衣分 | 25 | 11 | 10 | 早熟性 | 6 | 4 | 2 |
| 绒长 | 29 | 12 | 15 | 株高 | 3 | 3 | 1 |
| 纤维强度 | 7 | 5 | 5 | 种子蛋白质 | 0 | 0 | 3 |
| 纤维细度 | 11 | 3 | 5 | 种子含油量 | 2 | 2 | 7 |

注：A：以加性基因效应为主，B：加性和非加性基因效应同样重要，C：以非加性基因效应为主。

# 第五节　生物技术、外源基因、光能利用与生物学产量

## 一、生物技术导入异源基因

基因操作可打破物种间遗传的不亲和性，广泛利用生物界的有益基因，以至人工合成基因，可创造出常规育种所缺少的某些性状，且所需时间稍短；缺点是外源基因的随机插入，对遗传平衡可能造成一定影响，即所谓位置效应和沉默现象。因此，选择综合农艺性状好的如前期生育快、铃大、早熟等性状有明显优势的材料做受体，重视在保持抗虫性的同时提高丰产、抗病、优质等综合性状，在转育后代过程中进行分子检测、室内和田间鉴定，以确保所需性状基因的稳定和高效表达。

为提高棉花抗病、虫、旱、碱、寒、热、除草剂及不育恢复等基因的

导入效果，以及外源基因转化率低、随机性大、Bt 单基因可能导致害虫产生的抗性等问题，由转基因株通过种子遗传，结合一般杂交育种法获得新性状，种群（种质系），并进而育成新品种加以利用。

## 二、分子标记技术

分子标记是在分子水平上揭示棉花不同材料之间存在的遗传差异，如棉花的产量、纤维品质均表现为数量性状的遗传方式，易受外界环境条件的影响；而分子标记技术可将其分解，将数量性状基因绘制到连锁图上，寻找其紧密连锁，指导育种实践，提高选择效率。如常用的有限制性片段长度多态性（RFLP）、随机扩增多态性 DNA（RAPD）、增扩片段长度多态性（AFLP）和简单重复序列（SSR）等。分子标记辅助选择的优点为检测性状的精确性和效率，能在棉株生育早期检测后期的性状，检定精确度可达到若干 DNA 的碱基。已经开展的如胞质不育材料的育性恢复、主要生物学性状（如果节数、果枝始节位、株高、开花率等）、产量性状（如皮棉产量、衣分、籽指、铃重等）和纤维品质性状（如纤维长度、强度、细度、伸长率等），以至显性无腺体性状的基因分子标记，为深化发展棉花分子标记的研究打下基础。

## 三、基因工程与组织培养

目前对棉花有用基因的提取和克隆已有了长足的进步，利用这些有利基因培育多类型的杂交种，如将抗虫 B. t. 基因、CPTI 基因、GNA 基因、API 基因等转育到棉花中，形成抗鳞翅目及多种害虫的新种质与新品种（系），以及转移抗除草剂基因形成抗除草剂的棉花新品种（系），将抗旱、抗盐、耐低温以至控制纤维发育等基因导入棉花植株，形成新的种质系加以利用。

组织培养 进行愈伤组织、胚胎、花粉、原生质体及体细胞胚状体等研究也有良好进展，特别是胚和胚珠用离体人工培养的营养条件可弥补同胚乳败育所造成的营养亏缺，并能形成成熟胚。体细胞胚状体已发育成小植株，陆地棉株的茎尖培养已取得了完整的棉株。

## 四、外源基因及异常种质形成的杂种优势

随着生物工程技术的发展，20 世纪 90 年代初我国育成转 Bt 基因抗虫棉。Bt 基因是棉花的外源基因，1993 年中国农业科学院棉花研究所首

次获得了转 Bt 基因抗虫棉与常规品种配制的杂交种，具有异于一般的高强优势，表现长势健旺、结铃增多。育成的外源 Bt 基因抗虫杂交种中棉所 29、中棉所 38 等，增产幅度在 25％以上，在全国抗虫棉比较试验中列居首位；河北石家庄市农业科学院与河南省农业科学院植物保护研究所协作育成含 Bt 基因的标杂棉，1999 年在河南禹州市创造亩产皮棉 172.9kg 的高产纪录。

异常种质，指一般陆地棉品种不具有的异常性状，如无腺体、无蜜腺、鸡脚叶、芽黄、黄花粉等的种质材料。近年利用异常种质育成的杂交棉有无腺体的皖杂 40，最大推广面积 250 万亩；黄花粉的湘杂棉 2 号是湖南省的当家品种，鸡脚叶的标杂棉及淮杂 2 号分别在冀、鲁、豫及淮北有突出表现，具有芽黄性状的黄杂棉在湖北种植。

### 五、提高棉株的光能利用率和生物学产量

当前育成新品种、新杂交种产量的提高与推广品种比，主要是同化产物的分配比例和产量结构要素的改进。如 20 世纪 90 年代，新疆棉区大面积高产棉田单产皮棉已达到 1 500～2 250kg/hm²，其中有相当面积的超高产田单产皮棉超过 3 000kg/hm²，这与其生长季内太阳辐射量较大有关，即光能利用率的提高。为此，棉花新品种、新杂交种的选育，更宜从光合代谢积累、呼吸运输分配的整体效益上寻求突破口，将具有更大的增产潜力。

# 第六节　棉属种和野生种杂交

我国由于引进野生棉较晚，从而栽培种与野生棉的杂交到 20 世纪 70 年代才开始，到目前为止，我国已收集、保存 28 个野生种，与栽培种杂交获得杂种一代以上的共 15 个种，如瑟伯氏棉、异常棉、雷蒙德氏棉、辣根棉、毛棉、比克氏棉、旱地棉、松散棉、斯特提棉、阿拉伯棉等，选出了若干具有优质纤维、抗病虫等有益性状的材料；其中澳大利亚野生二倍体种比克氏棉具有特殊的腺体延缓形成特性，种子无腺体，经与亚洲棉杂交的异源二倍体 $F_1$，经染色体加倍后，育性恢复，取得一定进展。用陆地棉作砧木与（亚洲棉×比克氏棉 $F_2$）嫁接，已获得 $F_8$ 种子，对于进一步选育低酚棉品种是一个有用的材料。我国棉花的种间杂交工作起步较晚，而由于在克服种间杂交不亲和性方面取得成功，对改进杂交一代的不育性有了明显进展。

通过研究亚洲棉种子醇溶蛋白质电泳谱带与分类、棉属种子 SOD 酶的凝胶电泳图谱分析、栽培棉种与野生棉种的核型和种间杂种后代的染色体动态、澳洲野生棉种腺体延缓形成基因的机理和转育、栽培棉种间杂交的二、三和四元杂种及其回交后代的性状遗传、陆地棉与不同野生棉种间杂交后代的同核异质系研究，以及探索野生棉细胞质对杂交种的雄性不育、抗性等性状的可能影响等，对研究棉属种间关系、棉种起源与进化、种间基因渗入以及种间杂种的选育均具有重要意义。

## 第七节　棉花杂种优势的生理生化基础研究

20 世纪 50 年代棉花的蕾铃脱落研究明确了棉株体内有机养料，特别是碳水化合物在蕾铃脱落中所起的主导作用，还涉及光合产物的运输分配、器官对有机养料的争夺、内源激素在养分运输中的调节作用。根据棉花生长发育规律与外界环境条件的变化，保证棉株在生长期间所需的水分、肥料、光照和温度的适宜状态，改善棉田的透光通风条件，调节营养生长与生殖生长的关系，加强病虫害防治，确保蕾铃健壮生长，使脱落减少到最低程度，以此为制定棉花合理的栽培措施提供了科学依据。

中国农业科学院棉花研究所研究了过氧化物酶同工酶、腺苷磷酸含量与产量的关系，三者变化趋势明显一致，ATP、ADP、AMP 含量的总和与产量有较好的相关性，可作为预测杂种 $F_1$ 代产量的生化指标之一，对加快筛选优势组合具有实际意义。

前苏联的研究表明，陆地棉叶面积光合速率比海岛棉大，但叶绿素含量低。陆海杂种叶绿素含量中间型，无正、反交差异，叶面积和光合速率则与母本相似。又试验表明，陆地棉种内及陆海种间杂交的杂种优势，光合速率高，叶绿素含量高，叶绿体光化学活性强，叶绿体片层发育好。

Imanaliev 等（1975）对陆海杂种（S3506 × 5595V）和陆陆杂种（S3506 × 108F）及其亲本光合和呼吸作用进行比较研究，证明种间杂种叶绿体大、数目多，片层系统发育好，基粒分布均匀且多，细胞同化表面积大为增加。其叶绿素 a 含量比亲本化学活性高 20%～40%，光合磷酸化强度超过双亲 20%～40%，ATP 酶活性高 26%～35%，而种内杂种光合速率居双亲之间，光化学活性与母本相同，叶绿体片层结构也与亲本无明显差异。强优势杂种生产率的提高，与细胞能量中心——叶绿体和线粒体功能活性增强相关。

Weaver 等（1984）在美国采用 5 个陆地棉亲本双列杂交配制 10 个杂交种，没有 1 个杂交种的光合速率具有正向杂种优势。Gaziyants 等（1986）研究表明，光合速率存在加性、显性和上位性效应，叶面积则超显性占优势，陆地棉的显性基因较多。Well 等（1986，1988）指出，陆地棉品种间杂交种的总生物量大，这种优势来于棉株早期的快速生长。测定表明，杂种叶面积和冠层光合速率在早期生长阶段比亲本品种得到显著提高，但单叶表现的光合效率则无显著差异。

Kies 和 Davis（1982）对海陆杂种 NX-1 及其亲本在不同水分环境条件下的研究表明，杂交种的气孔密度、蒸腾率、气孔导性、叶绿素含量与海岛棉相似，高于陆地棉。

Pavlovskaya 等（1985，1986）比较 7 个陆地棉杂种，3 个陆海杂种 $F_1$ 代种子过氧化物酶、苹果酸脱氢酶、葡萄糖-6-磷酸脱氢酶、硝酸还原酶的活性，发现杂种优势的大小与上述一些酶活性呈负相关，与酶带无关。早熟性与总酸性磷和植酸钙镁含量呈负相关，纤维产量表现优势的杂种总磷化合物含量比亲本高。

余彦波等（1982）以科遗 2 号和黑山棉 1 号为亲本的杂种 $F_1$ 代在达到光饱和点时的光合强度为 25mg $CO_2$（$dm^2 \cdot h$），比科遗 2 号高 10mg $CO_2$/（$dm^2 \cdot h$），比黑山棉 1 号高 4mg $CO_2$/（$dm^2 \cdot h$）。

邱竞等（1989）的试验表明，杂种 $F_1$ 代种子的腺苷酸含量和幼苗酯酶同工酶带与产量有一定关系。

张金发、靖深蓉（1992）报道前苏联研究陆地棉叶面积光合速率比海岛棉大，但叶绿素含量低。陆海杂种叶绿素含量中间型，无正、反交差异，叶面积和光合速率则与母本相似。

李大跃（1992）对川杂 4 号与亲本比，养分净积累量在各生育期均较高，尤其是养分吸收强度优势在初花至盛铃期间更大，养分向生殖器官分配较早，再分配能力较强。

朱乾浩等（1994）在 20 个有显著产量优势的低酚棉组合中，杂种 $F_1$ 代棉子蛋白质的优势较显著，油分为负向优势，但只要组合选配得当，可在提高产量的同时，相应地提高油分的绝对含量。

郭海军（1994）研究冀杂 29 组合杂种 $F_1$ 代、杂种 $F_2$ 代的净光合速率、蒸腾速率具有超亲优势，气孔导度杂种 $F_1$ 代为超亲优势，杂种 $F_2$ 代为中亲正优势。说明在生殖生长活跃期的光合效率高，从而铃重明显增加。又冀杂 29 的超氧化物歧化酶（SOD）活性为超亲优势，过氧化物酶

（POD）活性为中亲正优势，丙二醛（MDA）含量为中亲负优势。SOD、POD与植物的抗盐、抗低温、抗旱、抗病密切相关，而MDA是膜脂过氧化的最终产物，它与蛋白质结合引起蛋白质分子内与分子间交联，生物膜中结构蛋白和酶的聚合和交联，使它们的结构和催化功能发生变化，从而损伤生物膜。冀杂29杂种$F_1$代的SOD、POD具有平均正优势，而MDA则是负优势，且作为膜保护酶之一的SOD还具超亲优势，是杂交棉在抗逆性方面体现优势的重要原因。

徐立华等（1996）、文华等（1996）研究苏杂16单铃籽棉重的优势表现：纤维干重增加10.0%，单铃种仁重增加9.4%，单铃铃壳干重增加12.5%，铃壳内全氮含量高，最终铃壳率为20.2%，低于对照21.3%，表明具有较强的库容优势，光合产物积累多，营养物质运转快。

刘飞虎等（1999）报道，湘杂棉1号、湘杂棉2号与对照泗棉3号相比，皮棉产量竞争优势为17.7%和22.7%，增产的直接原因是衣分和铃重分别提高12.0%～17.1%和7.5%～19.7%；是由于株高及叶片增加速度快，总果节数多，叶片数和单叶面积增加，使总叶面积比对照增加34.1%和24.3%，从而表现出36.1%和23.6%的干物质积累强度优势，这是杂交棉增产的物质基础。但有效铃数、叶绿素含量、光合强度、叶片厚度、叶组织自由水和束缚水含量等均与常规棉无明显差异；而杂交棉的电导率较低，表明其抗逆性比常规棉强。

硝酸还原酶是植物体内氮素代谢的关键酶，不仅关系到$NO_3$同化水平，对光合、呼吸、碳素代谢等也起重要作用。徒长棉株叶片的硝酸还原酶活力明显增高，施用不同氮源（硝酸钾或硫酸铵）能提高硝酸还原酶的活性，可作为棉花施肥的生化诊断指标；又由于耐肥品种叶片硝酸还原酶活力较低，可作为一项生化育种指标。

有一些学者比较了杂交种及其亲本种子或幼苗的过氧化物酶、过氧化氢酶、甘醇酸酯氧化酶、苹果酸脱氢酶、葡萄糖-6-磷酸脱氢酶和ATP酶活性及一些酶的同工酶谱，又比较了蛋白含量及其组分、ATP、维生素E族、磷化合物以及种子未成熟胚胎中的RNA、DNA含量等。

杂种优势的产生，尤其是产量优势是否能得到充分表现，除与亲本的遗传特性密切相关外，还与外界环境条件有密切关系，是一个十分复杂的生物学现象。

气象因素对棉花的产量与品质起重要作用，气温对产量明显表现有3个正效应峰：5月中下旬、8月和10月底前后。当峰值最大时，平均气温

每升高 1℃，皮棉亩产约增 2.5kg；特别是 8 月份的平均气温，每升降 1℃，纤维强力与成熟系数分别增减 0.99 与 0.66 个单位。初夏干旱阶段，降水量每增加 10mm，皮棉亩产约增 2kg；日照时数在盛花期每增减 10 小时，皮棉亩产约可增减 3kg。棉铃发育前期糖分的积累有利于后期纤维素的合成。采用促早栽培技术，调节棉花的合理生育进程，使与当地的环境条件及个体、群体相协调，保证棉田有一个高光效的群体结构，是棉花获得高产优质的关键。

# 第三章 棉花杂交种的
# 杂种优势

棉花杂种优势（杂种竞争优势）是一种普遍存在的现象，表现在产量、品质、生长发育、生理生化、亚细胞结构直至分子水平等各层次上。棉花品种间或种间的杂种，一般都表现出生长健壮、植株稍高、现蕾开花提早、结铃多且较大、产量较高。陆地棉品种间杂交的杂种 $F_1$ 代一般可比当地推广品种增产 15％上下，高优势组合可增产 20％～30％，而纤维品质没有突出的优势，与双亲平均值接近，纤维主体长度表现为部分显性。陆地棉与海岛棉种间杂交的杂种 $F_1$ 代产量一般高于海岛棉，低于或接近陆地棉；纤维长度与海岛棉相近，纤维整齐度低于双亲，纤维强度介于双亲之间或低于海岛棉亲本，纤维细度略高于双亲的平均。

杂种优势程度的大小，主要取决于优势度和遗传的多样性，从植物进化的观点看，异花授粉植物的杂种优势高于自花授粉植物。因为自花授粉植物在进化过程中已固定了相当的优势基因，而异交植物则否。所以自交植物的杂种优势一般不如异交植物的高。棉花是常异花授粉植物，比较接近自花授粉植物。1975年 Singh 曾将棉花列入低优势作物，但这并不是说自交及常异交植物就没有杂种优势，只要组合选配得好，即优势度的差异和遗传的多样性配合恰当，也表现杂种优势，如杂交水稻的突破，就是一个明显的例子。

杂种优势可分为三种类型，表现为：一是经济产量高的生殖生长优势，二是植株营养体生育强盛引起的营养生长优势，三是生理生化特性改变的适应性优势。对农作物来说，重要的是生殖优势和适应性优势。随着棉花高产育种难度的增加，利用杂种优势作为提高单位面积产量的一个重要途径，已受到许多国家的关注。

## 第一节 陆地棉品种间杂交种的
## 杂种优势

陆地棉品种间杂交种的幼苗生活力、产量、早熟性、铃重、抗病性及后期生长潜力都表现有杂种优势，纤维的细度、强度、衣分一般不表现杂种优势，有的组合的产量表现为双亲中值或接近较好亲本，而高优势组合的杂种产量可超过较好亲本的 25％或更多。

山东惠民地区农业科学研究所（1978）育成的丰产杂交种渤优 1 号杂种 $F_1$ 代比对照品种增产皮棉 27.1％，杂种 $F_2$ 代增产 15.4％，纤维长度 31.1mm；在重碱地上采取开沟躲碱、地膜覆盖丰产栽培技术，单产皮棉 2 059kg/hm² （137kg/亩）。

中国农业科学院棉花研究所（1985，1998）先后育成的中棉所 28 及中棉所 29 两个杂交种，前者抗枯萎病、耐黄萎病，利用杂种 $F_2$ 代年种植面积 8 万 hm²，连续推广 10 余年；后者是我国第一个大面积种植的棉花抗虫杂交种，2004 年杂种 $F_1$ 代种植面积 26 万 hm²。

陈祖海等（1994）采用 NCII （North Carolina II） 交配设计，选用 6 个陆地棉族系种质材料和 3 个常规品种组配 18 个杂种 $F_1$ 代与亲本比较，结果表明，产量的杂种优势主要来源是铃数、单铃种籽数和铃重的增加。皮棉产量的优势最大，籽棉产量次之；纤维品质的优势表现较弱。亲本间的遗传距离与杂种优势关系不明显，特殊配合力效应与优势率显著相关。

吴吉（1995）根据加性－显性与环境互作的遗传模型，分析陆地棉 10 个杂交亲本和 20 个杂种 $F_1$ 代 5 个纤维品质性状两年的试验资料，估算各项遗传方差和成对性状间各项遗传效应的相关，预测不同年份杂种 $F_2$ 代杂种优势的遗传表现。纤维品质性状主要受加性效应的影响，其中纤维长度、纤维强度和马克隆值 3 个性状还受到（基因型×环境互作）效应的影响。（基因型×环境互作）效应对纤维整齐度和纤维伸长率两个性状的影响均不显著。遗传相关分析表明，杂交后代皮棉产量与纤维长度、纤维整齐度、纤维伸长率和纤维细度间可进行同步改良，而皮棉产量与纤维强度的同步改良则较困难。杂种早代皮棉产量高的组合，其纤维强度也较好，杂种 $F_2$ 代纤维品质的杂种优势值一般较小。

刘飞虎等（1999）报道湘杂棉 1 号、湘杂棉 2 号比对照品种泗棉 3 号的皮棉产量竞争优势分别为 17.7％和 22.7％，衣分和铃重分别提高 14.6％和 13.6％，株高及叶片增加速度快，总果节数多，叶片数和单叶面积增加，总叶片面积及干物质积累强度比对照增加 30％。

黄滋康统计 20 世纪 80～90 年代黄河流域 15 个棉花主要栽培常规品种的平均铃重与衣分，分别为 5.1g 及 40.3％；同期 16 个杂交种的平均铃重与衣分，分别为 5.4g 及 40.2％；杂交种与品种比，衣分类似，铃重增加 0.3g，同比增加 6.5%。

近一个世纪以来的大量研究表明，棉花产量等性状存在明显的中亲杂种优势，经过广泛的组合测试，可筛选出优于生产品种的杂种 $F_1$ 代。

## 第二节　陆地棉与海岛棉杂交种的杂种优势

由于陆地棉与海岛棉遗传、生理差异大，其杂种后代与陆地棉品种间杂交种有明显不同。20 世纪 50 年代以来，世界主产棉国对陆地棉与海岛棉杂种 $F_1$ 代优势研究的表现有较一致的认识，如具有种子幼苗活力强、早期生长速率高、营养生长旺盛、叶面积大、干物质重、植株高大、果枝果节多、结铃性强、现蕾开花早、籽指高、纤维品质好、耐冷、抗旱、抗病虫害性能强等优点，但也存在营养生长过旺、成熟较晚、铃小、衣分低、不孕子多、纤维整齐度差等缺点。

陆海杂种优势的利用，以陆地棉为母本的杂交种开花早、铃大、产量高，但纤维品质稍差；以海岛棉为母本的杂交种开花较晚、铃小、衣分低、但纤维品质较好，差异不甚明显。为便于栽培管理和配制杂交种，一般选用早熟或中早熟的丰产陆地棉为母本，海岛棉亲本宜选用纤维品质好、适应性强及较早熟的类型。

黄滋康、刁光中（1960）研究棉花陆海杂种优势结果：①陆海杂种 $F_1$ 代的产量较海岛棉亲本增产显著，但低于陆地棉亲本。1960 年温室育苗移栽 8 个组合平均单产籽棉 3 293kg/hm$^2$，较好组合小区单产籽棉 4 222 kg/hm$^2$，霜前花率为 68%。以中早熟及中熟丰产陆地棉品种中棉所 2 号、石短 5 号及中 5114 为母本，与早熟海岛棉组配的杂交种，长势不过旺，棉田透光通风情况较好，有利于增加结铃和促早成熟，表现产量高、品质好。②陆海杂种 $F_1$ 代纤维品质，对海岛棉及陆地棉均表现优势，陆地棉亲本绒长在 27mm 以上的杂种 $F_1$ 代达到了海岛棉纤维长度 36mm，细度 7 500m/g，强度 4g 的水平。③陆海杂种 $F_1$ 代从出苗至吐絮始终保持着旺盛的长势，生长速度快、现蕾数增多；出苗期、现蕾期和开花期与陆地棉相似，吐絮期介乎双亲之间，稍倾向于陆地棉亲本。亲本的铃重及衣分对杂种 $F_1$ 代关系密切，尤以陆地棉母本的影响较大。④利用鸡脚叶海岛棉为亲本，可在杂种 $F_1$ 代的第 4～5 片真叶期辨别出中间叶型的杂种；采用红叶陆地棉为亲本，可以子叶的红绿中间色与非杂种的红色相识别；以普通海岛棉为母本，可以杂种 $F_1$ 代子叶基部有红点的标记与非杂种海岛棉相区别。两年试验证明，陆海杂种 $F_1$ 代的产量和品质较海岛棉品种表现明显的优势，且对生产条件的要求没有海岛棉严格。

中国农业科学院棉花研究所（1988）以中熟、丰产陆地棉为母本与早熟、半矮秆海岛棉杂交的陆海杂种 $F_1$ 代，在山东安丘县试种单产皮棉 $900kg/hm^2$。

中国农业科学院棉花研究所（1989）用陆地棉与显性无腺体海岛棉杂交，以陆地棉为母本，与其杂种 $F_1$ 代为父本连续回交选择，经 3 年 6 个世代育成显性无腺体陆地棉新种质。种仁棉酚含量为 0.009%，纤维长度 31mm，比强度 31cN/tex，马克隆值 3.9，早熟性好。该新种质是陆地棉唯一具有显性基因控制腺体性状的新类型。1989 年通过鉴定发放。

戴日春（1991）报道海陆杂种 $F_1$ 代（保加利亚2362×米努非）经人工辅助授陆地棉花粉后，显著降低了不孕子率，增加单铃结实种子数和铃重，从而提高了单株籽棉产量。

张金发、靖深荣（1992）为促进陆海杂种提早成熟，选择紧凑或零式果枝陆地棉品种和海岛棉组配，并利用生长调节剂控制种间杂种的株型，取得明显效果。为降低陆海杂种不孕子多的缺点，采用亲本品种回交和人工辅助授粉可明显降低不孕子率，在异交率高的地区也可采取陆海杂种与栽培品种交替种植的办法。采用陆海杂交选育的具有海岛棉血缘的陆地棉长绒品系或具有陆地棉血缘的大铃、高衣分海岛棉品系与陆地棉杂交有可能育成丰产、优质的长绒棉杂交种。亲本品种的纯度是影响杂种优势大小及杂种整齐度的重要因素。因此，杂交种的亲本应选用原种或经株选混收的种子。

湖北省种子公司及华中农业大学（1993—1994）在武汉试验以色列陆海种间杂交种，杂种 $F_1$ 代表现了良好的早发、早熟、不早衰的优点，最好组合比对照品种鄂荆 1 号增产 18.6%，纤维长度 34.3mm，纤维强度 31.9g/tex；杂种 $F_2$ 代分离严重。

孙贞等（1994）认为海陆种间杂种一般在营养生长上表现出巨大优势，但试验采用从乌兹别克斯坦共和国塔什干农业大学引进（*G. barbadense* × *G. hirsutum*）的早熟海陆种间杂种（MΓ），表现生长健壮、长势好（旺而不徒长）、早熟不早衰，播种期有伸缩性；早播的与晚播的虽播期相差 18 天，但晚播的开花特性与早播的比，有利于前后作物的安排并获得高产；种植密度 1.5 万株/hm²，直到生长后期除株间有所交接外，行间仍有较大的空隙，横向投影比对照小 34.4%，群体密度有再增加 30% 的潜力，这对提高棉田的整体综合效益，夺取高产有现实意义。

西南农业大学（1997）以 MAR034、86-1、冀 328、陆海 7231-6、PD4381、L21-24 复合杂交组合后代育成的强纤维、高抗枯萎病、抗棉铃虫杂交种渝杂 1 号，比对照品种泗棉 3 号增产皮棉 1.9%，铃重 5.9g，衣分 39.8%，纤维长度 31.8mm，比强度 35.1cN/tex，，马克隆值 4.2。

早在 1874 年 Mell 观察了陆地棉与海岛棉杂种 $F_1$ 代的优势。Kohur（1924）认为利用陆海杂交种可能解决印度超级长绒棉的生产问题。K. 威索兹基（1929—1932）找到了高优势陆海杂种组合。Loden 和 Richmond（1951）总结了 20 世纪前 50 年的陆地棉和海岛棉杂种 $F_1$ 代的产量与品质都具有显著的优势。D. D. Davis（1974）在新墨西哥州试验来源于南斯拉夫的早熟、半矮秆陆地棉品系与 3 个海岛棉杂交育成了株型较矮、早熟性和丰产性与当地爱字棉 1517-70 类似的优质杂交种。W. L. Balls（1980）报道陆地棉与埃及棉的种间杂种 $F_1$ 代在植株高度、开花期、纤维长度、种子大小等性状上具有优势表现。H. Симонгулян（1991）为改变种间杂种旺盛的生长习性，采取高秆海岛棉与矮秆陆地棉品种杂交，获得了具产量优势的半矮生、海陆早熟种间杂交种。

依克萨诺夫（1968，1973）研究爱字棉 4-42 和爱字棉 M1 与苏联细绒棉 C4769 和 C9044 的配合力较好，其中增产最高的达到 50%。阿里霍撒埃娃（1970）以苏联细绒棉 153 夫或 C1622 为母本，与美洲爱字棉 44 杂交，杂种优势较高。威廉等（1972）在岱字棉 16 与另外 6 个品种的杂交组合中得到 4 个杂交 $F_1$ 代的产量等于或高于岱字棉 16 亲本，且纤维较长、较细、较强。马克苏多夫（1978）推荐高优势组合（108 夫×爱字棉 4-42）、（108 夫×帝国棉 61）、（C3506×帝国棉 61）、（C3506×159 夫）、（108 夫×159 夫）等，杂种优势可保持到 $F_2$ 代。

陆海种间杂交种与当地对照常规品种比较的有效增产数：Kime（1947）为 13%，Jones（1951）为 14%，Turner（1953）为 34%，Fryxell（1953）为 21%，Christidis（1955）为 7%，Barnes（1961）为 44%，Stroman（1961）为 21%，White（1963）为 10%，Hankins（1965）为 22%，Marani（1967）为 50%，Marani（1968）为 16%，Thomson（1971）为 17%，Patel（1971）为 136%，Katarki（1971）为 34%，Meredith（1972）为 12%，Omran（1974）为 41%。

中国棉花杂交种与杂种优势利用

38

# 第三节　陆地棉与野生棉杂交种的
## 杂种优势

　　利用现代广泛栽培的陆地棉或海岛棉品种作亲本与野生棉或陆地棉半野生种（族系、种质系）组配杂交种，无疑是一种新的探索，这种血缘关系更远的种间杂交能否产生有用的（竞争）优势，还很难预料。因为许多远缘杂交在杂种一代都会表现不育，从而失去直接利用价值。但作为一种创造新种质材料的途径，还是值得肯定的。而陆地棉与其半野生种（族系、种质系）之间的杂交则可能蕴藏着巨大的高优势潜力，是应于关注的。

　　Gunaseelan（1988）用栽培棉品种与野生鲍尔莫氏棉杂交，杂种 $F_1$ 代的铃数和籽棉产量表现出高杂种优势，分别为 176％和 396％；杂种 $F_2$ 代的每铃种子数、铃重和衣分等性状，由于亲本野生种系衰退的影响，表现较低的杂种优势。

　　祝水金（1995）用（亚洲棉×比克氏棉）杂种 $F_1$ 代双二倍体为母本与海岛棉的不同色素腺体基因型杂交，获得〔（亚洲棉×比克氏棉）×海岛棉〕种间杂种，〔（亚×比）×海〕简称三种杂种。这类三种杂种的植株整体性状似海岛棉亲本，营养生长旺盛，植株高大，并兼有三个亲本的一些形态特性，花粉高度不育，而雌配子部分可育。海岛棉的不同色素腺体基因型对这三种杂种的色素腺体表现有较大影响，其中 $Gl_2Gl_2Gl_3Gl_3$ 所产生的三种杂种的种子有少量色素腺体，但植株为正常色素腺体类型；而 $gl_2gl_2gl_3gl_3$ 所产生的三种杂种虽种子无色素腺体，但植株为少色素腺体类型。$Gl_2{}^eGl_2{}^e$ 对这三种杂种的色素腺体的影响与 $gl_2gl_2gl_3gl_3$ 相同，只是杂种植株色素腺体的减少现象更加明显。

　　王志忠等（1998）选用（陆地棉、瑟伯氏棉、海岛棉三种杂种的种质系×陆地棉）作母本，陆地棉品种作父本的组合表明：籽、皮棉产量及纤维品质性状的优势均较大，其中（陆瑟海种质系×陆地棉）组合综合表现突出，达显著水平。配合力分析结果也表明组合间的变异主要受基因控制，多数性状具有显著或极显著的亲本 GCA 和组合 SCA 差异。说明了上述 3 个棉种作为新的种质材料的抗逆和优质的特点，有利于棉花的杂种优势利用。（陆亚种质系×陆地棉）和（陆瑟海种质系×陆地棉）两种类型组合的杂种优势表现比较，第 2 种类型（陆瑟海种质系×陆地棉）组合

的竞争优势明显较高，且在籽、皮棉产量及纤维品质性状上优势的综合性较好；配合力分析也表明，该类型组合间多数性状的变异受基因型控制，陆瑟海种质系亲本的 GCA 效应在多数性状上要优于陆亚种质系，这与陆瑟海种质系具有更加丰富的遗传基础有关。

大量文献认为，皮棉产量的中亲优势（18.0%）最大，其次是铃数（13.5）和铃重（8.3%），单铃籽数（4.7%）、衣指（4.2%）、籽指（3.4%）和衣分（1.5%）；纤维品质除纤维长度（2.0%）外，强度和细度的优势很小。中亲优势与不同地区的生产水平和品种的生产潜力有关，产量水平较低的亲本配制的杂种中亲优势较大。

还有一些突出的高优势组合，如 Hutchinson（1938b），Kime & Tilley（1947）研究 3 个陆地棉品种 6 个组合的杂种 $F_1$ 代产量都高于最高亲本。Jones & Loden（1951）研究 9 个陆地棉组合，表明杂种 $F_1$ 代比高产亲本增产 0. 8%～47% 。Turner（1953）报道一些陆地棉自交系组合的籽棉产量超过最适应品种 22. 5%～31. 8%，超过亲本 33% 。White 和 Richmond（1963）、Meredith 和 Bridge（1972）提出的"有用杂种优势"，即有直接经济意义的竞争杂种优势，陆地棉品种间较好的杂种 $F_1$ 代皮棉产量的竞争优势在 10%～30% 之间，平均为 20% 左右；陆地棉与海岛棉种间杂交种的竞争优势，比（陆×陆）种内的杂种优势要大。Davis（1978）评述高产杂交种的产量比对照增产幅度为 21%～50%，平均为 38%。多数试验证实，棉花杂种结铃性的优势是产量优势的主要来源。Meredith（1984）从数量遗传学角度研究棉花产量和纤维品质性状属中亲优势。西蒙古良指出，当优良品种的性状受隐性多基因复合体控制时，其杂种 $F_1$ 代表现较差。好品种并非好亲本的例子随处可见。

Meyer（1969）总结了近 20 年的研究认为，种间或品种间的杂种 $F_1$ 代产量优势大致在 25%～35%。多年来美国的育种家曾用几个品系混种，尤其在天然杂交率高（50%）的条件下，经过三代田间混合产生的综合品种，可达最高的增产效果，实际上也就是杂种优势的应用。

20 世纪 50 年代以来，国际上公开发表棉花杂种优势的文献 606 篇，涉及到（陆地棉×陆地棉）、（海岛棉×海岛棉）、（陆地棉×海岛棉）、（亚洲棉×亚洲棉或草棉）等方面，其中雄性不育的 114 篇。据"Plant Breeding Abstracts"统计，1980—1990 年十年间累计采用亲本 1 440 个，配制杂交组合 3 878 个。

# 第四章　棉花杂交种的选育
# 目标与亲本选配

## 第一节　棉花杂交种的选育目标

作为一个主要应用于生产的杂交种的选育目标，其实与常规品种没有多大的差别，尤其是目标性状方面，只不过标准略高一些（如增产率）；而为了满足制种方式的特殊需要，如雄性不育系、核雄性不育保持系等，则是另外一回事，它只是选育杂交种必需的载体，并不体现杂交种本身应具有的性状特征。

### 一、丰产性

棉花的丰产性是由许多表型特征所构成，首先是株型结构，一个理想的株型，可以提高棉田光能利用率和减少由荫闭而引起的蕾铃脱落和烂铃。渤优 1 号，1978 年在全国棉花杂优联合试验中，$F_1$ 仅比各试点当家对照种增产皮棉 27.1%；渤优 2 号，1980 年在中美杂交棉比较试验中，比对照种鲁棉 1 号增产皮棉 23.4%，且显著超过所有美国提供的全部 10 个杂交种。由于霜前好花率明显增加，从而提高了结铃有效性，使生物学产量与经济产量同步增长，收到提高产量的效果。

另外一个重要的指标是结铃特性，必须重视生长稳健、花期净同化率高、伏期开花量大，成铃速度快、早秋桃比重大、结铃性强且集中，靠近主秆铃多且铃壳薄、脱水快，早、中、晚三期铃重差异小、后期保持较强的光合势，铃型整齐、囊壳比值大和吐絮畅，棉铃较重，但也不宜过大，如属岱字棉系的后代杂交种，其铃重要求 5～5.5g，而新疆棉区的杂交种则铃重可达 7g 以上。只有结铃性强、铃重较大、籽棉增产稳定，且衣分较高的杂交种，才能较大幅度地增加皮棉产量。

稳产性、早熟性也是育成高产杂交种不可忽视的目标。

鉴定早熟性的标准是霜前花的绝对收花量，同时也要注意相对收花量（霜前花率）的高低，只有霜前收花量高、总产量稳定增产，才是经济价值高的杂交种。

衣分是实现皮棉高产的保证，但选择高衣分，须保持一定的籽指的水平，否则会导致种子变小，发芽、生长势弱，达不到高产的目的。不同棉区对棉花铃重的要求也有所不同，一般不追求过大的棉铃。

## 二、优质性

纤维品质一直是棉花作为现代纺织工业原料的基础，棉花纤维品质指标中最重要的是纤维长度。随着纺织工业向气流纺发展、纤维强度和细度两项指标显得更为重要。优质纤维杂交种的亲本中大都具有爱字棉、乌干达棉、PD 系、海岛棉，以至某些野生棉的血统。

常规优质纤维品种的育种，通过多种技术途径均获得较好效果：①在优质陆地棉亲本中采用系统育种法，如从乌干达 3 号中选出中棉所 7 号（30.6mm，24.7km），从中又选出冀棉 22（32.8mm，31.5cN/tex）。从 PD 种质系中选出新陆中 4 号（30.5mm，32.3cN/tex），从中又选出新陆中 9 号（33.5mm，33.5cN/tex）。②采用优质海岛棉亲本，使陆地棉的纤维品质得到提高。如中棉所 17 的亲本之一中 6651 为（徐州 209×海岛棉 910 依）组合的后代再与陕棉 4 号杂交的选系。③采用海岛棉作为杂交亲本，建立种质库，连续选出渝棉 1 号（30.5mm，35.7cN/tex）。

利用棉花杂交种是同步提高皮棉产量和改进纤维品质的有效途径。20 世纪 90 年代育成的优质纤维杂交种比优质纤维品种的产量和品质都有所提高，如强纤维（陆×陆）杂交种皮棉略比对照品种有增产，纤维比强度提高到 36.4cN/tex。

## 三、抗枯、黄萎病性

枯、黄萎病曾经被视为棉花的不治之症，造成大面积的减产甚至绝收，危害性极大。利用病圃连续筛选，如我国从不抗病品种中选育出第一批抗枯萎病抗源品种 52 - 128 和 57 - 681；以后又以类似的方法育成抗黄萎病品种陕 1155。由于抗枯、抗黄萎性状均属显性遗传，从而使得抗枯、黄萎病杂交种的选育比较简单，只要杂交亲本中有一是抗病的，则它的杂种一代必然也具有抗病性；但现代杂交种的育种目标必须同时兼抗这两种病害，加之抗病性往往同丰产和优质特性存在负相关，这就增加了育种工作的一定难度。北部特早熟区在病圃中把"抗病性与丰产性和早熟性结合选择"，即明确结铃性强和高产性能，同样是选择抗病性的重要标志。从

而所育成抗病品种与丰产性的结合较好，居各棉区之首。

以综合性状好的耐病或感病品种作母本，以抗病品种为父本。陕西省农业科学院棉花研究所试验杂交的双亲，一方为抗病、另一方为耐病或感病品种的正反交组合都可达到类似的抗病目的。综合性状好的品种作母本，抗病品种作父本杂交，增产效果更好；而以枯萎病抗源52-128及57-681作母本的杂交后代育成的品种少、且丰产性能较差。

为了解决抗病性和丰产性的负相关，在选育常规抗病品种时，可先在非病地选择丰产性，后在病圃中选择抗病性。抗病品种中棉所12及苏棉7号都是把杂交后代先在非病地中选高产优系后，再在病圃中选择抗病优株育成，避免了由于选择抗病性过早地在病圃中把丰产性状好的后代淘汰掉。

抗病性与丰产性、早熟性结合选择。辽棉15、辽棉16和豫棉19品种的育成，是在病圃中定向连续选抗病性与丰产性，达到了"既抗病又丰产早熟"的较高标准。

## 四、抗虫性

病虫防治一直是棉花栽培管理中的重要环节，防治病虫的费用接近棉花生产成本的30%，在某些重灾区甚至更高。大量化学农药的施用，既增大了环境污染，且破坏了生态平衡。20世纪90年代以来，以转基因抗虫品种为亲本育成的抗棉铃虫杂交种已成为棉花育种工作的主体，取得了良好效果；产量比抗虫品种提高3.8个百分点，纤维长度和比强度与抗虫品种类同；育成的抗虫优质纤维杂交种比对照品种平均增产皮棉10.1%、纤维比强度31.5 cN/tex，与抗虫优质品种类似，而纤维长度比抗虫优质品种略增加0.6mm。

抗虫强纤维杂交种类的渝杂1号、科棉3号、中棉所46、皖棉25和川杂15在抗棉铃虫的同时，平均皮棉增产4.5%，纤维长度31.3mm，比强度提高到25.8cN/tex的较高水平。这说明在选育抗虫杂交种的同时，可结合高纤维品质的选育，是棉花科研工作中利用杂种优势、适应气流纺要求及在虫害发生地区植棉的育种方向。

利用转基因技术选育各种抗虫亲本，最早采用的是农杆菌介导技术，优点是基因转化率高（一般为2%~3%，高的可达到5%），转育群体大、后代变异小、稳定快，且转育周期较短；缺点是受基因型限制较大，不是所有基因型都能获得再生植株。用此法将Bt基因转化育成晋棉26（国抗

　　转基因技术的另一种方法是外源 DNA 的花粉管导入，该法掌握最佳转化时间和子房注射深度是成功的关键，其转化率高达 2‰，是目前选育抗虫棉常用的方法，操作简单、成本低，受体不受基因型限制，但工作量较大。

　　利用幼苗生长点作为受体，进行外源基因的微激光导入是一项成功的转基因技术。优点是受体细胞可进行显微定向操作、转化率高，已将 Bt 和抗黄萎病基因导入豫棉 9 号、新陆早 1 号等品种。

　　早期的 Bt 基因棉，植株叶片变小，前期生长缓慢，铃重降低。因此，综合农艺性状的改良至关重要。①选择相对性状有明显优势的材料做受体。如中棉所 30 的受体亲本中棉所 16，前期生育快、铃大、早熟，转育的后代经过严格选汰，达到了常规品种的生育速度和产量水平。②由于外源基因插入后的遗传不稳定性，早代选择后要继续追踪鉴定，进一步纯化提高，否则抗虫性将逐渐减退或丧失。

# 第二节　棉花杂交种的亲本选配

## 一、棉花杂交亲本的配合力

　　配合力指自交系（或品种）与另外的自交系（或品种）杂交 $F_1$ 代的性状表现能力。配合力包括一般配合力（GCA）和特殊配合力（SCA）。一般配合力是指某一亲本在杂交后代中的平均表现，它是由加性和（加性×加性）方差组成，是可固定遗传的部分；特殊配合力是指某些特定的组合对其双亲平均表现值的偏离，它是由显性和其他各种上位性方差组成，是杂种优势赖以表达的基础；即配合力高的组合，其杂种优势也高。

　　选育常规品种，要选择一般配合力好的亲本；而选育利用杂种 $F_1$ 代的杂交种，要选择特殊配合力高的组合；如要选育可利用杂种 $F_2$ 代的杂交种，要选配一般配合力大多是正值，同时特殊配合力较高的组合；除丰产性外，还要注意纤维长度差异不超过 1.5mm，杂种 $F_2$ 代的纤维长度整齐度才可达到标准。

　　周雁声（1979）通过以皖 73-10 与 6 个品种的杂种优势和配合力测定，用同亲回归法估算结果：①杂种 $F_1$ 代的杂种优势，性状间的优势程度有明显差异，如籽、皮棉产量分别超过高亲值 10.2% 和 10.9%；结铃率、铃重和单株结铃数的超亲值较强，衣分、衣指、籽指和纤维长度稍差，而纤维整齐度、出苗至开花日数、生育期表现明显负优势。②（皖73-10×3281）组合中构成产量和纤维品质的性状均表现较高的特殊配合力，且各生育阶段明显缩短，表明是一个综合性状配合力较好的亲本。

Syiam 等（1982）报道，长细纤维呈超显性遗传，强度为部分显性。Kaseem（1984）和 Charyulu 等（1984）试验，早熟性的一般配合力低于特殊配合力。

河北省藁城县农业局（1984）研究棉花杂种优势特殊配合力为正值的增产组合占 80％以上，其中有 60％达显著或极显著标准。产量性状的特殊配合力为正值，且其亲本的一般配合力也为正值的组合，杂种 $F_2$ 代仍存在优势；产量的特殊配合力及其亲本的一般配合力不高或为负值的组合，杂种 $F_2$ 代优势很少或消失。特殊配合力与一般配合力不相关。

前苏联 Maksudov 和 Engalychev（1984，1985）一系列双列杂交试验表明，最近起源的品种产量高，其一般配合力高，所配的组合优势明显。大量事实证实，高优势组合至少有一个推广品种作亲本，但并非所有推广品种的杂交组合都具有高优势的表现。

黄荣先、高定坤（1985）认为衡量陆地棉品种间杂种组合的优势，以配合力总效应（即 T. C. A＝父母本一般配合力＋组合特殊配合力）具有实际意义。在 21 个组合中，以单纯的父、母本一般配合力高或组合特殊配合力高的配对，都没有表现出产量的竞争优势。因此，对亲本选择的基本原则是：一个亲本应是足以代表最新育成的优良品种，而另一个亲本着重考虑在地理、时间和亲缘等关系方面差异较大的品种，前者可能提供更多的加性基因或丰产的基础，而后者则可能表现更多的基因显性、上位性和互作效应。

张金发、靖深蓉（1992）通常采用陆地棉品种和海岛棉品种配制双列杂种组合，或以陆地棉品种为一组亲本作母本与海岛棉杂交测定配合力。研究结果，株高、开花期、成熟期、成铃率、瘪子指数、花粉育性、产量和品质等性状主要受加性效应控制。

纪家华等（1996）试验表明，陆地棉亲本以 302756 和 0305 的 GCA 较好，柱头外露种质系以 93-163 和 93-142 的 GCA 较好，SCA 效应显著的 7 个性状中，没有出现效应值均为正的组合，霜前皮棉、籽棉总产和纤维比强度效应均为正值的有 2 个组合。

王志忠等（1998）选用 6 个种间杂交种质系作母本，4 个陆地棉常规

品种作共同父本，按 3×4 不完全双列杂交设计配制两种类型的组合 24 个，分析了 10 个性状的杂种优势和配合力效应；结果表明，种间杂种 $F_1$ 代在产量和纤维品质性状上均表现出明显的优势，证明种间杂交种质系作为新的种质材料，不仅具有现代陆地棉常规品种产量高、综合性状优良的特点，而且引入亚洲棉、瑟伯氏棉和海岛棉的抗逆性和优质基因，在棉花杂种优势利用上具有广阔前景。

张天真等（1998）用雄性不育系芽黄品系配制的杂交种中发现配合力和竞争优势之间有极显著的正相关。研究的 19 个性状的母本一般配合力与竞争优势的相关系数为 0.988 6**，父本一般配合力与竞争优势的相关系数为 0.981 9**，特殊配合力与竞争优势的相关系数为 0.874 3**。因此，只要了解亲本的一般配合力和组合的特殊配合力，就可以预测其竞争优势。研究证明，不同的性状间一般配合力方差有很大差异，总的趋势是：产量因素＞一般农艺性状＞纤维品质性状。配合力分析表明，如中棉所 7 号、中棉所 12、邢台 6871、鲁棉 11、苏棉 6 号、岱字棉 15 及其系选品种的产量配合力较好，用它们作亲本选育出的杂交种产量往往较高。

胡守林等（2001）按 3×5 不完全双列杂交设计，对 3 个母本和 5 个父本的杂种 $F_2$ 代进行遗传率和配合力分析，其衣分、衣指、籽指、株高、铃重的遗传率高，而单铃籽数、单株铃数、节数的遗传率较低。爱字棉 Sij 各性状的一般配合力较好，而（吉尔吉斯×Sij）的各性状表现较好的特殊配合力，是一个优势较强的组合。

武耀庭等（2002）亲本差异与杂种优势的试验表明，遗传差异较大的亲本间杂交，杂种 $F_1$ 代产量等性状的优势，增加较明显。但亲本差异与杂种优势、配合力属复杂的非线性关系，并非差异越大越好，亦不是所有差异都与杂种优势有关。亲本间性状表现的差异必须与遗传上（染色体水平和 DNA 水平）的差异结合起来，这有赖于 RFLP 分析技术，以明确 DNA 片断的多态性与杂种优势的关系。

南京农业大学棉花研究所用两年田间试验数据和 RAPD、ISSR 与 SSR 分子标记，估算出 36 个陆地棉品种间的分子标记遗传距离为 0.070 1～0.425 5，平均 0.284 4；表型遗传距离为 2.18～12.60，平均 7.04；两者的相关系数为 0.335 0。双列杂交配置的 28 个杂种 $F_1$ 代和 28 个杂种 $F_2$ 代杂种群体，3 个环境试验综合鉴定的杂种 $F_1$ 代与杂种 $F_2$ 代的单株铃数、铃重、籽棉产量、衣分和皮棉产量间的相关系数分别为 0.803 5、0.887 7、0.713 5、0.964 0 和 0.895 6；杂种 $F_1$ 代、杂种 $F_2$ 代籽棉产量、皮棉产量的杂种优势平均数分别为 13.62%、16.31% 和 7.90%、9.02%；杂种 $F_1$ 代、杂种 $F_2$ 代杂种间籽棉产量、皮棉产量杂种优势的相关系数分别为0.368 9和0.378 7。表型遗传距离、分子标记遗传距离与杂种 $F_1$ 代、杂种 $F_2$ 代产量性状表现及杂种优势之间的相关程度偏低，试验材料的选择也直接影响着它们之间的相关。

GCA 与 SCA 之间不存在相关。从本质上看，杂种优势与 SCA 效应密切相关，通常 SCA 效应大，其组合的杂种优势就高；但 GCA 高的亲本为扩大组配提供了可能，双亲优良性状多且 GCA 高，可选配出综合性状优良的杂交种。

为了选配好组合，可靠的方法是利用双列杂交分析法进行亲本配合力测定，在一般配合力好的基础上筛选出特殊配合力高的组合，杂种优势明显，应用价值较大。

## 二、棉花杂种二代优势的利用

各种性状的杂种优势主要表现在杂种 $F_1$ 代。从杂种 $F_2$ 代开始即发生性状分离、出现不同类型的个体，它们的基因型有纯合的，也有杂合的，个体间的差异大，不如杂种 $F_1$ 代整齐。同时，纯合基因型个体的性状趋向于父母本，不表现优势；因而杂种 $F_2$ 代在生长势、抗逆性、产量等方面比杂种 $F_1$ 代显著下降，即出现优势衰退现象。但由于剩余优势的存在，某些组合的杂种 $F_2$ 代仍有一定的增产潜力可在生产上利用，从而降低了制种成本。

杂种 $F_2$ 代优势衰退的程度，可用杂种 $F_1$ 代与杂种 $F_2$ 代同一性状的差值相当于杂种 $F_1$ 代值的百分率表示。

$$F_2 \text{优势衰退}（\%）= \frac{F_1 - F_2}{F_1} \times 100$$

杂种 $F_2$ 代优势衰退（降低）的程度，因亲本性质（即双亲遗传差异的大小）和具体的杂交组合而不同。一般杂种 $F_2$ 代的增产百分率，比杂种 $F_1$ 代降低一半左右；为保证杂种 $F_2$ 代纤维的整齐一致，双亲纤维长度的差距要求不超过 1.5～2mm。

张毓钟、黄滋康（1978，1979）以（乌干达 3 号-165×徐州 58-185）正反交育成的渤优 1 号杂种 $F_1$ 代于全国棉花杂种优势联合试验中比各试点当地对照品种（鄂光棉、岱红岱、岱字棉 16、洞庭 1 号、徐州 1818等）增产皮棉 27.1%，杂种 $F_2$ 代于山东惠民地区杂交棉联合试验中比对

照品种（第 1 年为徐州 142，第 2 年为鲁棉 1 号）增产皮棉 15.4%；衣分，杂种 $F_1$ 代及杂种 $F_2$ 代分别为 36.2% 及 35.8%；纤维长度，分别为 31.1mm 及 31.7mm。

Yasin Mirza（1985）报道巴基斯坦杂种棉 H302，即（CIM46×NIAB78）杂种 $F_1$ 代，比商用品种 MNH93 和 B557 增产 33%～50%，杂种 $F_2$ 代增产 16%，纤维长度、衣指和抗虫性也较好。

邢以华等（1987）①通过对 70 个组合的杂种 $F_1$ 代优势测产分析表明，皮棉增产的有 64 个，占 91.4%；对其中 21 个组合的杂种 $F_2$ 代产量优势测产表明，有 17 个组合皮棉增产，占 80.9%；增产幅度，杂种 $F_1$ 代为 13.4%～39.0%，杂种 $F_2$ 代为 7%～15%。②试验还比较了 10 个杂种 $F_2$ 代与其杂种 $F_1$ 代和亲本的衣分和铃重，其中只有 1 个组合的杂种 $F_2$ 代比杂种 $F_1$ 代衣分低 1.5%，铃重则没有差别。这说明棉花的衣分、铃重性状在杂种 $F_2$ 代中的分离不大。③棉花杂种 $F_2$ 代纤维品质在所参试的 10 个组合中有 8 个组合与杂种 $F_1$ 代的差异不大，只有 2 个组合的断裂长度比杂种 $F_1$ 代低。④比较了 62 个组合的抗病性，其中有 48 个组合的杂种 $F_2$ 代与杂种 $F_1$ 代的发病株率相似或低于杂种 $F_1$ 代，占 77%，有 14 个组合的杂种 $F_2$ 代病株率高于杂种 $F_1$ 代，其中病株率高于 3%～7% 的有 12 个组合；高于 9%～10% 的有 2 个组合。这说明杂种 $F_2$ 代仍保持较好的抗病性。

江苏省农业科学院经济作物研究所用从 146 个杂交组合中筛选出的 4 个高优势组合，经过 2～3 年的对比试验，杂种 $F_2$ 代的产量平均比杂种 $F_1$ 代减少 10.3%。

美国 Chembred 公司（1988—1990）试验 3 个杂种 $F_2$ 代杂交种，爱字棉 CB7 的产量高于圣华金河谷的爱字棉 GC510 和爱字棉 SJ2，且纤维品质较好；CB1210 在新墨西哥等地比对照爱字棉 1517-88 增产；CB1233 在东南棉区比当地品种岱字棉 50 和岱字棉 90 增产，且纤维品质也较好。该公司 1992 年又发放了 5 个杂种 F2 代杂交种，CB219、CB333、CB232、CB407 和 CB1135 分别适于密西西比三角洲下游、得克萨斯、阿拉巴马、卡罗来纳等地种植。

Meredith（1990）报道（DES119×Delcot344）和（DES119×珂字棉 81-613）两个杂交种的杂种 $F_1$ 代比 DES119 和岱字棉 50 增产 15%，杂种 $F_2$ 代增产 8%。有好几个组合表现杂种 $F_1$ 代自交对产量的降低很少，可能是超过显性作用的其他非加性基因所致。纱线强度，杂种 $F_1$ 代最高，

其次是杂种 $F_2$ 代和亲本。短绒率，杂种 $F_1$ 代和杂种 $F_2$ 代比亲本有所降低。说明杂种 $F_2$ 代的产量和品质能与推广良种媲美。

汤宾等（1994）利用 4 个陆地棉栽培品种为母本，与 16 个对病虫害具有不同程度抗性的品系杂交，得到 64 个杂种 $F_2$ 代，按总的平均变异系数与总平均产量把杂交种及亲本分成 4 组：产量高、变异系数小，产量高、变异大，产量低、变异小，产量低、变异大。将变异系数作为稳定性标志，在 4 种环境条件下，大多数亲本的基因型表现一致，只有 4 个亲本的产量高、稳定性好，21 个杂种 $F_2$ 代产量高、稳定性好；表明选育利用杂种 $F_2$ 代的杂交种是可行的，亲本群体的高产稳定性能够遗传给杂种 $F_2$ 代。要获得产量高、稳定性好的 $F_2$ 代杂交种，必须选择产量高且性状稳定的亲本，至少双亲之一为优良亲本，而且来自抗虫与适应性好的栽培品种的 $F_2$ 代杂交种，比抗性亲本的产量更高、更稳定。

陈彦超（1995）报道，用中杂 028 进行 2 年 10 个点次的试验，其杂种 $F_2$ 代皮棉平均单产 1 151kg/hm²，比对照品种中棉所 12 增产 5.7%，抗病性相似，品质较好，纺 60 支纱的品质指标为 2 640～2 650 分。

吴吉祥等（1995）利用加性、显性及环境互作的遗传模型分析了棉花杂种 $F_2$ 代的纤维强度和马克隆值的群体平均优势均达到显著和极显著水平，其他如长度、整齐度及伸长度的群体平均优势较小；纤维品质性状杂种优势的表现与方差分析的结果较一致。

李熙远等（1996）研究表明：正确选配亲本，能将高产、优质、早熟综合于一体，可多代利用陆地棉品种间的杂交种。（384×361）杂种 $F_2$ 代及鄂棉 1 号 ［（3247）×361］杂种 $F_2$ 代分别比对照增产 15.5% 和 12.2%，且纤维长度、早熟性与对照相近。认为杂种 $F_2$ 代的皮棉产量主要是单株铃数、衣分及其互作。每个经济性状一般都受 1～3 个主要农艺性状和它们之间，或它们与其他农艺性状互作所制约。在湖北生态条件下，高产、优质、早熟的陆地棉品种间杂种 $F_2$ 代应具备棉株较高、纵横比较大、果位适中、果枝夹角较小及主茎节距较大等性状。

袁振兴（1998）1993—1994 年湖南省杂交棉联合试验 20 个点平均，湘杂棉 1 号的单产皮棉与对照品种泗棉 2 号比，杂种 $F_1$ 代增产 14.7%，杂种 $F_2$ 代增产 7.6%；纤维长度，杂种 $F_1$ 代 30.2mm，杂种 $F_2$ 代 30.7mm；整齐度，杂种 $F_1$ 代 50.2%，杂种 $F_2$ 代 48.8%；比强度，杂种 $F_1$ 代 21.9g/tex，杂种 $F_2$ 代 21.8g/tex；马克隆值，杂种 $F_1$ 代 4.8，杂种 $F_2$ 代 4.6；气纱品质指标，杂种 $F_1$ 代 1839，杂种 $F_2$ 代 1883。

袁有禄（2000）对杂种 $F_2$ 代纤维品质的变异（分离）研究结果，杂种 $F_1$ 代和杂种 $F_2$ 代群体平均值基本相似，但各性状杂种 $F_2$ 代的极差均大于亲本，存在超亲分离。供研究的18个组合中，除个别组合外，杂种 $F_2$ 代纤维长度的变异系数与不分离世代（杂种 $F_1$ 代）的比值维持在1.21以上。

王武（2000）报道，对杂种 $F_2$ 代群体的纤维品质性状变异分析，马克隆值的变异系数最大，其次是伸长率和比强度。这 3 项指标直接关系到纺织产品的优劣，是现代纺织工艺对原棉纤维品质的严格要求。从而，对棉花的杂种优势利用，首先要选育高产、优质、稳定的杂交组合，在生产上力求扩大杂种 $F_1$ 代的优势利用；对杂种 $F_2$ 代的利用应控制在优势衰退最小、且纤维品质保持相对一致、分离最小的组合间。

近交衰退与杂种 $F_2$ 代优势利用：一般反映杂种 $F_2$ 代的产量优势衰退比其他性状大，但也可找到杂种 $F_2$ 代产量优势衰退较小的组合，从而利用杂种 $F_2$ 代。国内外一些试验显示，一些最好的杂种 $F_2$ 代比对照品种增产幅度在 10％ 以上，如河北、河南两省选出的杂种 $F_2$ 代增产的杂交种在生产上有相当的利用面积。在目前人工制种成本较高，筛选杂种 $F_2$ 代有较显著增产效果、且经济性状和生长发育性状的分离不影响生产利用的棉花杂交种具有实用价值。

### 三、棉花杂交种的亲本选配

根据我国棉花生产现状、种植制度、病虫为害、逆境和市场经济需求的发展趋势，棉花育种始终把高产、优质、抗病虫、抗逆境和早熟作为主要目标。

弗里克塞尔等（1958）研究了 36 个种间杂种 $F_1$ 代，其中有 17 个皮棉产量超过高产亲本，有几个杂种还兼具陆地棉的丰产和海岛棉的高纤维品质性状。

依克萨诺夫（1968，1973）研究指出，远地理亲本组合的杂种优势较高。起源于美洲的爱字棉 4-42 和爱字棉 M1 与苏联细绒棉 C4769 和C9044 的杂交组合，配合力好，增产高达 50％。

阿里霍撒埃娃（1970）选配出以苏联细绒棉 153 夫和 C1622 为母本，美洲棉品种爱字棉 44 为父本的组合，杂种优势较高。

阿尔拉维等（1970）研究经过选择的 9 个陆地棉品种与其杂种 $F_1$ 代与杂种 $F_2$ 代的杂种优势。以亲本平均值测定，纤维 50％ 跨距长度为4.0％，2.5％ 跨距长度为 2.8％，纤维强度为 5.6％，纤维伸长度为

8.5％，都表现为低水平，纤维细度没有发现杂种优势。所有纤维性状的杂种 $F_2$ 代优势比 $F_1$ 代的衰退都不明显。

伊尔蒂斯（1970）以海岛棉阿许莫尼与陆地棉岱字棉杂交，杂种 $F_1$ 代纤维长度与细度优于双亲。

汤姆森（1971）按品种来源和纤维长度分非洲陆地棉、美洲高品质陆地棉和美洲中品质陆地棉为 3 组，非洲棉种与美洲棉种的任何一个组合都表现了优势，平均达到 22％，高的接近一倍。与斯字棉 7A 杂交的 5 个组合增产显著，主要产量优势表现在铃数、铃重和衣分上。非洲棉品种 Bar7/8、Albar62/63 和 M93/1224 与美洲棉品种斯字棉 7A 保持了比较高的配合力，至于纤维的细度与强度没有表现出显著的杂种优势效应。

威廉等（1972）在以岱字棉 16 和另外 6 个品种的杂交组群中，有 4 个杂种 $F_1$ 代的产量等于或高于岱字棉 16 亲本，且纤维较长、较细、较强。

米德楚拉埃夫（1973）研究了当两个亲本品种的纤维长度、细度、强度相似时，品种间杂交后的这些性状表现优于亲本；而当双亲的这些性状有差异时，则杂种表现为中间型，得到的最好品质组合为：（C4725×108 夫）正反交、（C4725×C3381）、（C3374×C4725）、（C1225×C3374）。其中尤以 C4725 及 C3374 两个品种同时被推荐作为优质纤维长度、细度和强度的母本与其他品种杂交。

马克苏多夫（1973）提出杂种优势能保持到杂种 $F_2$ 代的组合，如（108 夫×爱字棉 4-42）、（108 夫×帝国棉 61）、（C3506×帝国棉 61）、（C3506×159 夫）、（108 夫×159 夫）等。

西蒙古良（1973）认为中绒陆地棉品种间杂种如（塔什干 1 号×C4534）的杂种优势高于海岛棉。在不同灌溉条件下，如中等灌溉条件的最好组合为（108 夫×C3506），而灌溉条件差的适宜组合为（133×159 夫）。还研究了海岛棉杂种 $F_1$ 代至杂种 $F_4$ 代的纤维长度优势，某些组合的杂种 $F_2$ 代为 15％～20％，杂种 $F_3$ 代只有 5％～10％，杂种 $F_4$ 代则全部丧失。

柯斯巴（1973）认为供试品种中，丰产性能的组配能力，以塔什干 1 号、C4534 和 C8260 最强，149 夫及 133 较弱。141 品种纤维最长、最强（40.7mm，4.8g）。纤维长度相近的双亲杂交，后代的纤维长度常比亲本好，就多基因特性来说是一种独特现象。双亲纤维长度差异大时，杂种倾向于长绒亲本，且与正反交有关。纤维强度，杂种后代多倾向于母本，从而强度弱的亲本应作父本。纤维细度，杂种后代大都优于亲本平均值或较

好的亲本，杂种优势（Hp 高于＋1）；用 141 品种作母本，纤维细度的组合能力最强，杂种的细度几乎全部高于亲本平均值，其纤维工艺品质好，而衣分较低。组合（141×C4534）、（141×塔什干 1 号）、（141×C8260）、（149×C4534）的丰产性、早熟性和抗病性具有高度的杂种优势，是较好的亲本组合。

阿玛纳利埃夫（1974）对海岛棉的研究认为，地理条件较远的品种间杂交对产量、铃重、衣分及纤维长度表现有较高的优势。

贝克等（1975）选用 10 个陆地棉选系进行双列杂交，测得全部性状差异显著；年份间亲本的平均杂种优势，以早熟性（15.7％）和皮棉产量（14.0％）为最高；衣分、2.5％和 50％跨距长度的杂种优势较小（＜2.0％），但仍达显著水准。整齐度指数表现显著的负平均杂种优势（－0.4％），细度和强度的平均杂种优势不显著；杂种 $F_2$ 代的平均细度显著超过杂种 $F_1$ 代。

## 四、我国高产棉花杂交种亲本选配的特点

在我国育成的 110 个陆地棉杂交种中选出比对照增产皮棉在 20％以上的 18 个杂交种，占 16.3％，包括人工去雄的 14 个，核不育系（两系）及胞质不育系（三系）各 2 个（其亲本如表4‑1），平均增产皮棉 24.7％。其中增产皮棉在 27.0％以上的有 4 个，为中棉所 29、中棉所 39、渤优 1号、银山 1 号；衣分在 40.8％以上且纤维长度在 31.0mm 以上的有 2 个，为中棉所 28 和农大棉 6 号；纤维长度达 32.4mm 且比强度达 34.7cN/tex的 1 个，为中棉所 46。不育系杂交种标记 A2 增产皮棉 30.7％，纤维长度 31.6mm，比强度 32.0cN/tex；中棉所 29、中棉所 39、中棉所 46、中棉所 47、标杂 A1、鲁 RH1 及银棉 2 号为抗虫杂交种。

表 4‑1　皮棉单产超过对照 20％以上杂交种亲本

| 杂交种 | 组　合 |
|---|---|
| 人工去雄（14 个） | |
| 中棉所 28 | （中 12×4133） |
| 中棉所 29（抗虫） | （中 P1×中 422‑RP4） |
| 中棉所 39（抗虫） | ［中 P4×Rg3（Bt）］ |
| 中棉所 46（抗虫） | （中 9618×中 092271） |
| 中棉所 47（抗虫） | 双价（Bt‑CpTI） |

| 杂 交 种 | 组　合 |
|---|---|
| 渤优 1 号（正反交） | （乌 3 - 165×徐 58 - 185） |
| 渤优 2 号（正反交） | （渤棉 1×鲁 1） |
| 冀杂 29（冀棉 18） | （中 381→86 - 56×石 711 - 22） |
| 标杂 A1（抗虫） | 抗 28×［（冀 14 选系）×超鸡脚叶 Y2 - 2］ |
| 农大棉 6 号 | （农大 94 - 7×372） |
| 鲁杂 H28 | （91288×42 - 1） |
| 鄂杂 3 号 | （荆 3262×荆 55173） |
| 湘杂 2 号（黄花药） | （8891 黄花药×中 12） |
| 银山 1 号 | （098×5331） |
| 核不育系（两系）2 个 | |
| 鲁 RH1（抗虫） | （抗 A1→两用系 21A×转基因抗虫棉） |
| 标记 A2（优） | （HR1×鸡脚叶标记 98J） |
| 胞质不育系（三系）2 个 | |
| 银棉 2 号（抗虫） | （P30A×18R） |
| 豫杂棉 1 号 | （19A×85R） |

从以上 18 个杂交种的亲本来源中可以看出如：

中棉所 28 和冀杂 29 的母本均为中棉所 12、湘杂 2 号的父本为中棉所 12 是丰产、抗病品种。

标杂 A1 及标杂 A2 的亲本中有鸡脚叶棉 Y2 - 2，可调整田间通风透光，发挥杂种优势起重要作用。标杂 A1 的亲本冀 14 选自陕棉 4 号、陕棉 6 号具抗病性能。

渤优 1 号、渤优 2 号的亲本中有乌干达 3 号和徐州 58 及鲁棉 1 号，分别兼具配合力好的丰产、优质品种。

大量研究表明，亲本选配要注意：

（1）两个亲本间的亲缘关系要远些，应来源于不同类型或不同的地理起源。这样，由于双亲间的遗传差异大，后代的优势强。一般认为：以本地推广的优良品种作母本，外地、外国的品种作父本时，其优势较强、效果好。

（2）选择农艺性状优良并能互补的亲本。双亲具有较好的丰产性、纤维品质、抗逆性和适应性是获得高优势杂种的基本条件。

（3）选择高配合力的亲本，尤其是一般配合力高的双亲，或至少选择

一个属高配合力，另一个较高配合力的亲本进行杂交，比较容易配制出高优势的杂交种。

（4）选择综合性状好、在生产上广泛种植的优良品种或其选系作为亲本之一。同时，双亲应具有不同的丰产因素，以利于取长补短，获得具有综合丰产性状的杂种 $F_1$ 代。

（5）由于杂交种的生育期一般均比双亲短且早熟，所以宜选择中早熟和中晚熟品种杂交，这样杂交种既早熟又不早衰，可以早结铃、多结铃获得丰产。

（6）由于杂种 $F_1$ 代的纤维性状多表现为双亲的中间型，所以双亲的纤维性状以比较接近为好。否则，杂交种的纤维品质难以达到较优亲本的水平，不能符合纺织工业的要求。

# 第五章　棉花皮棉产量的杂种优势

## 第一节　棉花皮棉产量构成因素及其相关性状

皮棉产量实际上是一个多因素综合作用的最终表现结果，它的高低在表型上与各个皮棉构成因素的大小、生长发育状态的好坏紧密相关，本质上是其遗传基础（基因型）的表达，一个强大和具有合理结构的营养体，是形成高产的基础。棉花的杂种优势最通常的表现是在生物量上，如促进早期发育、叶面积与植株干物重的增长，在苗期和营养生长期，杂交种叶面积的相对生长率和净同化率都比亲本大；陆地棉品种间杂交种有明显的苗期优势，种间杂交种的苗期优势大于品种间杂交种。

早期的营养生长优势为正效应，可使有效生长期缩短，从而需要相应提高植株皮棉日增重的效率（生产率指数）；在温度条件较差的地区，苗期优势更起重要作用，因为苗期过后就很快转入生殖生长阶段。早期叶面积增大，有利于多截获光能，在植株间出现明显的竞争以前可产生更多的光合产物；较早、较快地形成强大的根系吸收系统，可促进生长，使生长潜力得到最大限度的发挥，为高产奠定良好的基础。杂交种标杂 A2 就是将营养生长优势与合理结构配合，表现高产优势的典型例证。在栽培过程中标杂 A2 节省了棉花精细管理的"五打"整枝塑型的技术体系，充分发挥营养生长优势与合理结构（中间叶型、果枝夹角小、果节短），达到高产优势的表达，其产量竞争优势高达 30.7％。一些早熟的陆海种间杂种能够表现高产优势也基于同样的道理。在种植密度中等水平的地区（每亩适宜植棉3 000～3 500株），这样的种间杂种种植密度不宜超过1 200～1 500株/亩，才可充分发挥营养优势对高产带来的有利效果。营养生长优势是品种间或种间杂交种普遍存在的现象，利用得好可创造高产，利用不好会适得其反。总之，杂交种在栽培时应适当减小密度，适时使用生长调节剂，达到营养体强大和结构合理的双重目的，才能实现高产。

## 一、皮棉产量的构成因素

杂交种是否高产与产量成分的变化有关，产量成分的优势效应在种内及种间表现不同。Turner（1953a）、Harris（1954）、Miller（1963）认为陆地棉种内杂交种的铃数处于中等水平。Warain（1963）、Miller（1964）、Thomson（1971）认为铃重优势对产量起重要作用。Weaver（1984）认为种间杂交种的衣分比陆地棉和海岛棉都低。Meredith（1984）分析指出，陆地棉品种间杂交种的中亲优势（％）依次为，皮棉产量 18＞结铃数 13.5＞铃重 8.5＞衣指 4.2＞籽指 3.4＞衣分 1.5。Palomo 和 Davis（1984）报道，高优势陆海杂种 NX-1 第一次收花量比陆地棉对照品种爱字棉 1517-75 高 44.9％，第一次收花率高 6.2％，生产速率指数高 45.8％。Ahmad 和 Panhwar（1987）认为陆海杂交种衣分低是其籽指、衣指的杂种优势增加不成正比造成的，衣指增加幅度小于籽指。

杂种优势，除了产量成分外，其他性状对棉株的生育也具重要的综合效应，保持这些性状优势的互补，就能得到最高的产量。大多数试验证实，陆地棉品种间杂交种的皮棉产量竞争优势为 10％～30％，结铃数和铃重的优势是棉花杂交种产量优势的主要源泉。

华兴鼐（1963）研究（海岛棉×陆地棉）种间杂种 $F_1$ 代的优势，生育特性介于双亲之间，不同程度偏向海岛棉；产量一般接近或稍低于陆地棉亲本，而明显高于海岛棉。高产组合（彭泽 1 号×长 4923）杂种 $F_1$ 代三年平均单产皮棉 810kg/hm²，相当于陆地棉产量的 82.2％、海岛棉产量的 172.7％。

黄观武、张东铭等（1984—1987）测配 605 个组合，其杂种一代以洞庭 1 号为对照进行单行无重复比较试验，皮棉增产 15％以上的组合占 39.2％，减产的组合占 34.6％，其余组合的优势不明显。

张凤鑫等（1987）根据 31 个陆地棉组合统计，籽棉、皮棉产量，单位面积铃数、铃重都具有明显的中亲和高亲优势，对产量优势的贡献主要来自铃数和铃重的增加，杂种 $F_1$ 代一般比对照增产 25％。

湖南农学院（1987）研究杂种 $F_1$ 代与双亲平均值，在相同性状间呈显著或极显著相关；在不同性状间，单株皮棉量及伏前和伏桃率与双亲单株铃数呈显著正相关；单株铃数、伏前和伏桃率与双亲铃重呈显著负相关。与单株皮棉产量具优势的直接因素效应大小依次为，单株铃数＞铃重＞衣分。对单株皮棉产量具超亲优势的直接因素效应大小依次为，单株

铃数＞衣分＞株高＞单株果节数。单铃重超亲优势对单株皮棉产量的效应较小。

黄观武、张东铭等（1988）研究各产量因素对籽、皮棉产量高低的影响程度（敏感因素，即在正负两极中分配均衡而且跨度大的因素），在选配高产优势的组合时，亲本要选择单株成铃数多或9月20日前收花率高及衣指高的中熟种。

（1）各产量因素对籽棉产量高低影响程度（敏感度）大小的顺序是：株铃数＞早熟性＞单铃重＞籽指。在株铃数中测试423个组合，以洞庭1号为对照（下同），因株铃数比对照增加而籽棉增产的组合367个，因株铃数减少而籽棉减产的组合66个；单铃重测试499个组合，因单铃重增加而籽棉增产的组合480个，因单铃重减轻而籽棉减产的组合19个；籽指测试465个组合，因籽指增加而籽棉增产的组合450个，因籽指减少而籽棉减产的组合15个。早熟性测试组合358个，因早熟性增加而籽棉增产的组合315个，因早熟性减低而籽棉减产的组合43个。

（2）各产量因素对皮棉产量高低影响程度（敏感度）大小的顺序是：株铃数＞衣指＞单铃重＞籽指＞衣分。在株铃数中测试412个组合，因株铃数比对照增加而皮棉增产的组合289个，因株铃数减少而皮棉减产的组合123个；单铃重测试397个组合，因单铃重增加而皮棉增产的组合369个，因单铃重减轻而皮棉减产的组合28个；衣指测试329个组合，因衣指增加而皮棉增产的组合193个，因衣指减少而皮棉减产的组合136个；籽指测试371个组合，因籽指增加而皮棉增产的组合345个，因籽指减少而皮棉减产的组合26个；衣分测试210个组合，因衣分增加而皮棉增产的组合12个，因衣分减少而皮棉减产的组合198个。

中国农业科学院棉花研究所（1991）研究陆海种间杂交种的籽棉产量、皮棉产量、铃数、衣指、籽指和果枝数都存在杂种优势，并筛选到产量高于陆地棉对照品种的杂交种，最好的杂交种可比对照品种增产21%～50%。

王国印等（1993）研究（陆×陆）杂交种的中亲优势（%）分别是：单株产量16.6＞单铃重9.9＞单株铃数7.9＞衣指5.8＞籽指5.5＞衣分1.8。

陈祖海等（1994）采用North Carolina Ⅱ交配设计，选用6个陆地棉族系种质系和3个常规品种组配18个杂种$F_1$代，研究陆地棉族系种质系在杂种优势中的作用，结果表明：皮棉产量优势最大，其余依次为籽棉产

量、铃数、单铃种籽数、单铃重。纤维品质优势表现较弱。研究还发现亲本间的遗传距离与杂种优势关系不明显，特殊配合力效应与优势率呈显著相关。

朱乾浩、许馥华（1994）在测定 20 个低酚棉杂交种中，杂种 $F_1$ 代竞争优势大于 10％的有 6 个，占 30％。主要是单铃重和单株结铃数的提高，且表现早熟。

纪家华等（1996）试验表明，杂种 $F_1$ 代皮棉总产的竞争优势最大，其余为衣分、衣指、单株铃数。

陈柏清等（1998）研究认为，8 月 13 日前的铃重优势在 5.9％～10.6％之间，达显著水平，以后优势转小。从而亲本之一选择适当铃大的品种，可发挥增产潜力。

肖松华、潘家驹等（1998）研究陆地棉芽黄品系和常规品种杂交，杂种 $F_1$ 代籽、皮棉产量的优势最大，分别达 10.6％和 10.8％，果枝数、果节数、铃数和早熟性次之。

刘飞虎等（1999）进行湘杂棉 1 号、湘杂棉 2 号与品种泗棉 3 号比较，皮棉产量竞争优势分别为 17.7％和 22.7％，增产的直接原因是衣分和铃重分别提高 12.0％～17.1％和 7.5％～19.7％，有效铃数无优势。由于叶片数和单叶面积的增加，使总叶面积比对照增加 34.1％和 24.3％，从而表现出 36.1％和 23.6％的干物质积累强度优势，这是棉花杂交种增产的物质基础。（陆×陆）杂交种的竞争优势（％），依次为皮棉产量 17.1～22.9＞衣指 10.1～28.1＞衣分 12.0～17.1＞铃重 7.5～19.7。

## 二、幼苗势

杂交种苗期生长优势的大小，对后期产量优势的高低具有非常深刻的影响。Marani（1968 c，1973）认为尤其在温度条件较差地区，幼苗优势起重要作用，因苗期过后，就很快转入生殖生长阶段。Adb-Alla（1973）发现陆地棉品种间杂交种根部生长的优势是由于显性或基因互作的结果。种间杂交种的苗期优势大于陆地棉的品种间杂交种。Karve（1973）杂交种的早期营养生长优势为正效应。Bidro（1973）认为这可使有效生长期缩短，从而相应地提高了植株皮棉日增重的效率（生产率指数）。

毛昌宝（1988）报道杂种优势越大的组合，营养生长越旺，成熟越晚。

张金发、靖深荣（1992）报道陆海杂交种的籽指高、出苗快、发芽率高、幼苗生活力强、节间长、植株高大、分枝多、果枝多、叶面积大，早期生长速度快、营养生长旺、干物质积累多，现蕾、开花比亲本早，但铃期较长，因而成熟期并不早，早熟性介于双亲之间，比陆地棉迟，比海岛棉早。

刘飞虎等（1999）用杂交种湘杂棉 1 号、湘杂棉 2 号与品种泗棉 3 号比，植株更高，横向发展更宽，株型较松散，这主要是由于主茎节间和果枝节间较长引起的；杂交种茎的伸长和出叶速度较快，为产量的提高打下了基础。

### 三、叶冠层

Anbries（1969）指出在一定的叶面积指数下，鸡脚叶截取的光比普通叶为多，早期结铃率比相应的普通阔叶品种高 50%，且早熟 4 天左右。

Karamis（1972）指出杂合鸡脚叶的叶型、早熟性和结铃性均介于鸡脚叶与普通叶之间，中间鸡脚叶型对降低叶冠层密度、改善透光条件有积极作用。

### 四、株高与早熟性

杂种 $F_1$ 代一般都表现早现蕾、早开花、早吐絮，且结铃开始的时间和其后的生长速率都早，对控制旺盛的营养生长有重要作用。早矮基因能促使杂种后代早发育、早成熟。在众多的类型中，陆地棉特早熟杂交种（生育期 105 天以内）比中熟型和晚熟型杂交种增产百分率更高，已是普遍现象。如果采用特早熟品种为父本，杂交种的成熟期一般都倾向于早熟父本。

杜春培（1947）以陆地棉鸿系 265 与斯字棉 2B 杂交，杂种 $F_1$ 代多数性状有明显的优势，生育期偏向于早熟亲本。

华兴鼐等（1963）报道海陆杂种 $F_1$ 代的一般性状界于两亲之间，而偏向于海岛棉；但出苗期早于双亲，青铃生长日数迟于双亲，株高、单株果枝数、叶面积、结铃数、不孕籽百分数、籽指等均超过双亲，突出表现是生长势旺、成熟偏晚。

为了改造杂交种的株型特点，尤其在机械操作情况下，可考虑具有显性的鸡脚叶基因 Lo、短果枝基因（cl1 或 cl2）和早矮基因（符号未定），以这些质量性状的材料为亲本，可控制杂交种营养生长向生殖生长的合理转换，同时也可使杂种 $F_1$ 代的株高比现有陆地棉表现较矮些，以防止倒

伏、控制增加烂铃。

中国农业科学院棉花研究所（1991）种间杂种的早熟性受亲本的影响，宜选择早熟的双亲配制组合，容易筛选出早熟、高产的组合。

孙贞、江卫、黄观武（1994）研究早熟海陆种间杂种的生育特性指出，早熟海陆种间杂种 MT 表现出：①能稳健地由营养生长转向生殖生长，苗期缩短，花铃期持续时间长，早熟不早衰。②从出苗开始就表现出显著的生长优势，其子叶大小为对照川杂 6 号的 1 倍。③3 叶期就现蕾，从出苗到现蕾仅 25 天。④开花高峰期出现早而集中，且持续时间长，早发不早衰。⑤直到生长后期棉行间仍有较大空隙，群体密度仍有增加的潜力。孙贞等（1994）又指出，矮秆早熟型海陆杂种能稳健地由营养生长转向生殖生长，苗期缩短，花铃期持续时间长，早熟不早衰，播期有较大的伸缩性，有利于前后作物的安排，可提高棉田的整体综合效益。

王淑民（1996）报道乌兹别克斯坦自 20 世纪 70 年代末利用陆地棉与美国细绒棉零式果枝育成的矮秆品种杂交，其杂种 $F_1$ 代产量增加 50％以上。矮秆杂交种的育成使棉株营养生长大为减弱，早熟性明显提高，产量优势明显。

乌兹别克科学院植物实验生物学研究所为获得产量高优势、营养生长低优势、早熟性强的杂交种，采用具特早熟、半矮生、鸡脚叶的亲本品种所选得的杂种后代，可有效调整光合作用，获得了产量和早熟性均具高优势的杂交种。

## 五、光合面积

棉花杂交种干物质的积累主要靠光合面积的扩大来实现，而并非光合强度的增加。

李大跃（1992）报道，杂交种川杂 4 号与亲本比较，养分净积累量在各生育期均较高，养分吸收强度优势在初花至盛铃期间更大，养分向生殖器官分配较早，再分配能力较强，是棉花杂交种生长优势和产量优势的营养生理基础。

邓仲虎（1995）试验证明，（陆×陆）杂交种叶面积的中亲优势达到30％，因而总干物质积累量表现明显优势，但光合速率并无提高。

刘飞虎等（1999a）棉花杂交种具有明显的光合面积优势，表现在单株叶片数、叶面积和单叶面积以及叶面积系数诸方面。8 月 8 日测定值，湘杂棉 1 号、湘杂棉 2 号单株叶片数比对照分别增加 8 片和 12 片。单叶面积增加 24.2％和 10.8％，因此单株叶面积增加 34.1％和 24.3％，这为干物质积累优势的形成打下了基础。

刘飞虎等（1999b）分析泗棉 3 号品种的叶绿素含量高于湘杂棉 1 号，与湘杂棉 2 号接近，棉花杂交种的叶绿素 a/b 值大于常规棉，即叶绿素 a 的相对含量较高。光合作用的作用光谱与叶绿素 a 的吸收光谱基本一致，说明光合作用中的光被叶绿素 a 吸收；光合作用的 PSⅠ和 PSⅡ的反应中色素分子是叶绿素 a，生育中期 3 次测定结果，叶绿素 a/b 值逐渐增加，相应的光合强度也有增加的趋势。

## 六、光合率

棉花种内（陆陆）和种间（陆海）杂交种的光合率表现有高度的杂种优势。陆地棉品种间杂交种 H4 的光合率为 64mg $CO_2$/（$dm^2$·h），比一般棉花品种的 40mg $CO_2$/（$dm^2$·h），超亲中值杂优率为 64％，比得上玉米、高粱的光合率。种间杂交种 H134 及瓦尔拉克希米在开花后 5～20 天的果枝叶光合率超亲中值优势率为 86％及 73％，从而棉铃干重也明显增加。

Gaziyants（1986）研究表明，陆地棉的光合速率存在加性、显性和上位性效应，叶面积呈超显性优势，说明显性基因较多。

Well 等（1986，1988）试验指出，陆地棉品种间杂种的总生物量大，这种优势来自于早期的快速生长。测定表明，杂种叶面积和冠层光合速率在早期生长阶段比亲本品种显著高，但单叶表现的光合效率则无显著差异。

前苏联一些试验也表明，陆地棉种内及其与海岛棉的种间杂种，光合速率高、叶绿素含量高、叶绿体光化学活性强、叶绿体片层发育好。

以上棉花杂交种的产量性状研究表明，杂交种的产量明显超过常规品种。产量优势主要表现在结铃数和铃重的增加及霜前花的增多。陆地棉品种间杂种 $F_1$ 代的产量优势效应一般超过中亲值 18％，利用杂种 $F_2$ 代的增产在 10％上下。陆地棉与海岛棉种间杂种 $F_1$ 代的生育特性介于双亲之间，产量一般略低于陆地棉。

杂种优势从理论上讲，包括正向优势和负向优势，虽然在许多情况下我们期待正向优势的出现，如高产量、高品质和高抗逆性，但有时负向优势，如早熟性，矮秆，薄铃壳、无棉酚等也起增产增质作用。对于产量的这种优势，中国农业科学院棉花研究所统计了 1976—1980 年主要产棉省

（自治区）15个科研教学单位的1885个陆地棉品种间的杂交组合，其中杂种$F_1$代减产的占29.2％，增产0％～10％的占22.1％，增产11％～20％的占18.5％，增产21％～30％的占13.5％，增产30％以上的占16.8％。陆地棉与海岛棉的种间杂种优势，杂种$F_1$代的产量比海岛棉亲本平均增产在61％上下，比陆地棉亲本减产9％～18％，个别杂交种平产或略增产而不显著，生育期接近陆地棉或略稍晚。

黄滋康统计20世纪80～90年代黄河流域15个棉花主要栽培品种（鲁棉1号、鲁棉2号、鲁棉6号，冀棉8号、冀棉11、冀棉12、冀棉24，豫棉1号、豫棉4号，河南69，徐州514，86-1，中棉所12、中棉所17、中棉所19）的平均铃重与衣分，分别为5.1g及40.3％；同期16个杂交种（渤优2号、中杂019、冀杂29，苏杂16，川杂1号、川杂3号、川杂4号，杂交早，湘杂1号、湘杂2号，中棉所28、中棉所29、中棉所38，鲁棉研15，皖杂40，标杂棉）的平均铃重与衣分分别为5.4g及40.2％，杂交种与品种比，衣分类似，铃重增加0.3g，同比增加6.5％。

# 第二节　棉花杂交种的产量优势

## 一、高产杂交种与常规高产品种的比较

在我国育成陆地棉杂交种110个中选出皮棉产量超过对照品种20％以上的19个高产杂交种（其中包括品种间杂交种15个，核不育系（两系）及胞质不育系（三系）各2个），占17.3％。而在我国育成陆地棉常规品种566个中按同样皮棉产量超过对照品种20％以上的比数选出53个高产品种，仅占的9.4％。两者相比，陆地棉杂交种比常规品种多出8个百分点，为常规品种的185％。

**（一）20世纪90年代以来育成最大年播种面积在10万hm²以上的陆地棉品种与品种间杂交种**

1. 20世纪90年代以来育成最大年播种面积在10万hm²以上的陆地棉品种82个　依次为：鲁棉1号、中棉所12、鲁棉6号、新棉33B、泗棉3号、徐州1818、DP99B、洞庭1号、苏棉2号、豫棉19、冀棉668、中棉所35、SGK321、中棉所41、中棉所30、新陆早13、鄂抗3号、鲁棉研18等，平均比对照增产皮棉12.9％，纤维长度29.6mm，比强度27.9cN/tex，断裂长度225km（表5-1）。

表 5-1　最大年播种面积超 10 万 hm² 陆地棉品种性状

| 品种 | 皮棉增产(%) | 纤维长度(mm) | 比强度(cN/tex) | 断裂长度(km) | 最大年面积(万hm²) | 品种 | 皮棉增产(%) | 纤维长度(mm) | 比强度(cN/tex) | 断裂长度(km) | 最大年面积(万hm²) |
|---|---|---|---|---|---|---|---|---|---|---|---|
| 中棉所12 | 17.5 | 29.9 | | 22.9 | 170 | 401 | 13.8 | 27.0 | | 23.2 | 22 |
| 中棉所16 | 22.2 | 29.4 | | 24.1 | 65 | 陕1155 | 28.2 | 28.5 | | 22.4 | 12 |
| 中棉所17 | 14.2 | 31.4 | | 25.5 | 28 | 徐州142 | 14.4 | 27.7 | | 21.5 | 23 |
| 中棉所19 | 2.6 | 29.8 | 25.3 | 24.3 | 34 | 徐州209 | 15.5 | 29.4 | | 22.1 | 27 |
| 中棉所23 | 17.1 | 27.4 | 27.5 | | 21 | 徐州514 | 9.7 | 28.3 | | 21.4 | 28 |
| 中棉所27 | 14.6 | 28.3 | 27.2 | | 14 | 徐州1214 | 9.7 | 30.8 | | 22.9 | 13 |
| 中棉所30 | 20.2 | 29.2 | 30.5 | | 16 | 徐州1818 | 18.5 | 28.6 | | 22.4 | 61 |
| 中棉所35 | 8.0 | 30.2 | 27.0 | | 30 | 徐棉214 | 21.3 | 27.1 | 27.6 | | 27 |
| 中棉所40 | 13.5 | 27.8 | 29.5 | | 18 | 苏棉2号 | -11.5 | 31.4 | | 23.7 | 40 |
| 中棉所41 | -2.2 | 29.9 | 28.8 | | 50 | 苏棉3号 | 1.7 | 29.7 | | 22.8 | 12 |
| 中棉所43 | 15.6 | 30.1 | 28.8 | | 20 | 苏棉5号 | -1.3 | 30.4 | | 24.3 | 16 |
| 中棉所44 | 10.9 | 30.1 | 30.8 | | 15 | 苏棉8号 | 11.4 | 27.9 | | 20.5 | 13 |
| 中棉所45 | 16.6 | 30.9 | 30.1 | | 40 | 苏棉9号 | 17.3 | 28.8 | | 18.7 | 19 |
| 中棉所47 | 26.5 | 29.4 | | | 10 | 苏棉12 | 3.7 | 28.3 | 27.5 | | 15 |

| 品种 | 皮棉增产(%) | 纤维长度(mm) | 比强度(cN/tex) | 断裂长度(km) | 最大年面积(万hm²) |
|---|---|---|---|---|---|
| 中棉所48 | 5.7 | 30.3 | 31.7 | | 15 |
| 中棉所49 | 17.5 | 30.5 | 26.7 | | 10 |
| 86—1 | 18.9 | 30.3 | | 21.3 | 23 |
| 河南69 | 4.8 | 31.1 | | 22.7 | 40 |
| 豫棉1号 | 6.9 | 29.9 | 25.9 | 23.2 | 41 |
| 豫棉11 | 8.0 | 30.3 | | | 20 |
| 豫棉15 | 12.3 | 30.5 | 26.7 | | 34 |
| 豫棉19 | 20.9 | 30.9 | 27.6 | | 37 |
| 冀棉8号 | 28.2 | 29.0 | | 21.3 | 53 |
| 冀棉11 | 26.5 | 29.1 | | 23.3 | 40 |
| 冀棉12 | 16.5 | 29.6 | | 21.7 | 27 |
| 冀棉24 | 19.7 | 28.6 | 24.3 | | 33 |
| 冀棉668 | 13.3 | 31.0 | 26.2 | | 28 |
| 鲁棉1号 | 35.5 | 29.5 | | 22.6 | 213 |

(续)

| 品种 | 皮棉增产(%) | 纤维长度(mm) | 比强度(cN/tex) | 断裂长度(km) | 最大年面积(万hm²) |
|---|---|---|---|---|---|
| 泗棉2号 | 11.2 | 29.1 | | 20.6 | 35 |
| 泗棉3号 | 5.8 | 30.5 | | 22.9 | 65 |
| 盐棉48 | 19.3 | 30.1 | | 22.1 | 24 |
| 南通5号 | 12.8 | 29.3 | | 21.6 | 13 |
| 沪棉204 | 6.6 | 30.9 | | 21.8 | 12 |
| 鄂棉6号 | 8.8 | 30.0 | | 22.8 | 34 |
| 鄂棉14 | 0.6 | 30.8 | | 24.0 | 10 |
| 鄂棉18 | 10.2 | 28.3 | 23.3 | | 16 |
| 鄂沙28 | 8.7 | 30.3 | | 21.0 | 34 |
| 鄂荆1号 | 2.9 | 30.5 | | 20.8 | 29 |
| 鄂荆92 | 11.7 | 31.8 | | 22.6 | 14 |
| 鄂抗棉3号 | 12.3 | 31.5 | 28.4 | | 11 |
| 洞庭1号 | 10.3 | 29.8 | | 22.7 | 47 |
| 岳红岱 | 17.9 | 30.0 | | 22.6 | 15 |

（续）

| 品种 | 皮棉增产(%) | 纤维长度(mm) | 比强度(cN/tex) | 断裂长度(km) | 最大年面积(万hm²) | 品种 | 皮棉增产(%) | 纤维长度(mm) | 比强度(cN/tex) | 断裂长度(km) | 最大年面积(万hm²) |
|---|---|---|---|---|---|---|---|---|---|---|---|
| 鲁棉2号 | 13.8 | 29.3 |  | 23.7 | 40 | 新陆早1号 | 11.1 | 30.0 |  | 22.0 | 26 |
| 鲁棉6号 | 13.6 | 31.4 |  | 21.3 | 93 | 新陆早7号 | 24.7 | 29.5 | 26.3 |  | 15 |
| 鲁棉9号 | 5.4 | 30.4 |  | 24.3 | 23 | 新陆早8号 | 20.3 | 29.1 | 25.8 |  | 10 |
| 鲁棉11 | 7.7 | 28.9 |  | 20.1 | 12 | 新陆早12 | 12.3 | 28.9 | 25.3 |  | 10 |
| 鲁棉研9号 | 9.2 | 30.8 | 30.7 |  | 26 | 新陆早13 |  | 30.6 | 25.8 |  | 15 |
| 鲁棉研21 | 5.6 | 30.4 | 29.4 |  | 16 | 军棉1号 | 5.3 | 29.5 |  | 22.4 | 29 |
| 鲁棉研22 | 2.6 | 29.6 | 29.2 |  | 11 | 黑山棉1号 | 20.8 | 28.1 |  | 22.0 | 10 |
| 山农丰抗6号 | 12.8 | 31.2 | 29.5 |  | 12 | 辽棉9号 | 18.0 | 29.5 | 26.4 |  | 25 |
| 晋棉12 | 22.4 | 28.1 | 25.7 |  | 10 | 朝阳棉1号 | 6.0 | 29.7 |  | 23.5 | 13 |
| 晋棉13 | 22.4 | 28.6 |  | 25.8 | 10 | 新棉33B | 19.5 | 30.3 | 30.1 |  | 87 |
| 晋棉19 | 17.3 | 27.7 | 28.3 |  | 14 | SGK321 | -7.8 | 29.2 | 29.4 |  | 28 |
| 晋棉31 | 10.3 | 30.6 | 32.7 |  | 10 | DP99B |  | 29.2 | 29.1 |  | 52 |
| 泾斯棉 | 13.0 | 29.2 |  | 20.8 | 16 | 平均 | 12.9 | 29.6 | 27.9 | 22.5 |  |
| 517 | 19.6 | 26.0 |  |  | 30 |  |  |  |  |  |  |

注：以上产量与纤维品质为历年各省及各棉区区域试验数据。

**2. 最大年播种面积在 10 万 hm² 以上的陆地棉品种间杂交种**　自 20世纪 90 年代以来育成最大年播面积在 10 万 hm² 以上的杂交种 8 个，其中抗病杂交种 7 个，为中棉所 29、标杂 A1、鲁棉研 15、鄂杂 1 号、湘杂1 号、湘杂 2 号、湘杂 3 号，平均增产皮棉 17.3%，纤维长度 30.0mm，比强度 28.5cN/tex。低酚杂交种 1 个，为皖杂 40（皖棉 13）皮棉增产16.4%，纤维长度 30.3mm，比强度 27.5cN/tex（表 5 - 2）。

表 5 - 2　最大年面积在 10 万 hm² 以上陆地棉品种间杂交种性状

| 杂交种 | 皮棉增产（%） | 纤维长度（mm） | 比强度（cN/tex） | 最大年播面积（万 hm²） |
|---|---|---|---|---|
| 抗病杂交种（7 个） | | | | |
| 中棉所 29 | 27.8 | 29.4 | 30.5 | 26 |
| 标杂 A1 | 21.0 | 29.9 | 26.7 | 10 |
| 鲁棉研 15 | 9.0 | 30.1 | 28.3 | 26 |
| 鄂杂 1 号 | 8.7 | 30.8 | 29.5 | 14 |
| 湘杂 1 号 | 15.6 | 30.5 | 27.5 | 16 |
| 湘杂 2 号 | 21.2 | 30.2 | 27.0 | 12 |
| 湘杂 3 号 | 17.6 | 29.1 | 28.6 | 10 |
| 平均 | 17.3 | 30.0 | 28.3 | |
| 低酚杂交种（1 个） | | | | |
| 皖杂 40（皖棉 13） | 16.4 | 30.1 | 27.5 | 8.6 |

注：最大年播面积根据全国农业推广总站相关年度的调查数字。

### （二）皮棉产量超过对照 20% 以上的陆地棉品种间杂交种

皮棉产量超过对照 20% 以上的陆地棉品种间杂交种〔包括核不育系（二系）杂交种及胞质不育系（三系）杂交种各 2 个〕共 19 个，皮棉产量比对照平均增加 24.7%，纤维长度 30.3mm，比强度 27.7cN/tex；皮棉产量比常规品种（23.4%）增产 1.3 个百分点，即增加 6.8%。其中皮棉增产在 27.0% 以上的有，中棉所 29、中棉所 39、渤优 1 号、标记 A2 和银棉 2 号 5 个；衣分在 40.8% 以上且纤维长度在 31.0mm 以上的有，中棉所 28、农大棉 6 号 2 个；纤维长度达 32.4mm，且比强度达 34.7cN/tex 的有中棉所 46 1 个。鲁 RH1 及银棉 2 号为抗虫杂交种，不育系杂交种标记 A2 增产皮棉 30.7%，纤维长度 31.6mm，比强度 32.0cN/tex（表

5-3）。

以上比较虽不是严格的在同一个试验里，而可以看出一个趋势，即棉花杂交种在育成比例数和丰产性能等方面均超过常规品种。

表5-3 皮棉产量超过对照20％以上的陆地棉品种间杂交种性状

| 杂交种 | 增产皮棉（％） | 纤维长度（mm） | 比强度（cN/tex） | 马克隆值 | 枯萎病指 | 黄萎病指 |
|---|---|---|---|---|---|---|
| 中棉所28 | 21.3 | 31.0 | 22.1 | | 抗 | 耐 |
| 中棉所29（虫） | 27.8 | 29.4 | 30.6 | 4.8 | 2.7 | 19.7 |
| 中棉所39（虫） | 27.3 | 28.9 | 27.5 | 3.8 | 9.9 | 30.3 |
| 中棉所46（虫） | 12.4 | 32.4 | 34.7 | 3.9 | 6.7 | 23.1 |
| 中棉所47虫 | 26.5 | 29.4 | 30.1 | 5.1 | 10.5 | 22.3 |
| 渤优1号（正反交） | 27.1 | 31.1 | 22.5 | | | |
| 渤优2号（正反交） | 23.4 | 31.5 | 21.9 | | | |
| 冀杂29 | 24.6 | 30.6 | 22.1 | | 抗 | 抗 |
| 标杂A1（虫） | 21.0 | 29.9 | 26.7 | 4.8 | 高抗 | 耐 |
| 农大棉6号 | 22.6 | 31.0 | 28.6 | 4.4 | 5.0 | 19.7 |
| 鲁杂H28 | 22.7 | 29.5 | 28.1 | 3.9 | 6.9 | 19.5 |
| 鄂杂3号 | 23.0 | 30.5 | 27.5 | 4.1 | 11.1 | 23.8 |
| 湘杂2号 | 21.2 | 30.2 | 27.0 | 4.8 | 抗 | 15.3 |
| 银山1号 | 24.6 | 28.8 | 29.5 | 4.1 | 5.8 | 32.7 |
| 银山2号 | 24.5 | 31.3 | 30.4 | 4.6 | 1.5 | 27.5 |
| 核不育系（两系） | | | | | | |
| 鲁RH1（虫） | 21.3 | 29.4 | 28.8 | 4.4 | 抗 | 耐 |
| 标记A2（优） | 30.7 | 31.6 | 32.0 | 4.8 | 0.4 | 15.3 |
| 胞质不育系（三系） | | | | | | |
| 银棉2号（虫） | 29.1 | 29.0 | 27.7 | 4.6 | 12.2 | 25.0 |
| 豫杂棉1号 | 20.3 | 30.9 | 27.6 | 4.8 | 0.6 | 18.7 |
| 平均 | 24.7 | 30.3 | 27.7 | 4.5 | | |

**（三）皮棉产量超过对照20％以上陆地棉品种间杂交种的亲本**

主要集中在中棉所12、乌干达3号（及从中选出的渤棉1号）、鲁棉1号、徐州58等丰产品种以及鸡脚叶形品种之间（表5-4），抗病性状主要来源于陕棉品种。

表 5-4　皮棉产量超过对照 20% 以上的陆地棉品种间杂交种亲本表

| 杂交种 | 组　合 |
|---|---|
| 品种间杂交种（15 个） | |
| 中棉所 28 | （中 12×4133） |
| 中棉所 29（虫） | （中 P1×中 422-RP4） |
| 中棉所 39（虫） | ［中 P4×Rg3（Bt）］ |
| 中棉所 46（虫） | （中 9618×中 092271） |
| 中棉所 47 虫 | 双价（Bt-CpTI） |
| 渤优 1 号（正反交） | （乌 3-165×徐 58-185） |
| 渤优 2 号（正反交） | （渤棉 1×鲁 1） |
| 冀杂 29 | （中 12→86-56×石 711） |
| 标杂 A1（虫） | 抗 28×［（冀 14 系）×超鸡脚 Y2-2］ |
| 农大棉 6 号 | （农大 94-7×372） |
| 鲁杂 H28 | （91288×42-1） |
| 鄂杂 3 号（A-92） | （荆 3262×荆 55173） |
| 湘杂 2 号 | （8891×中 12） |
| 银山 1 号 | （098×5331） |
| 银山 2 号 | |
| 核不育系（两系）杂交种 2 个 | |
| 鲁 RH1（虫） | 抗 A1→两用系 21A Bt |
| 标记 A2（优） | （HR1×鸡脚叶 98J） |
| 胞质不育系（三系）杂交种 2 个 | |
| 银棉 2 号（虫） | （P30A×18R） |
| 豫杂棉 1 号 | （19A×85R） |

## 二、棉花杂交种产量优势类型及适应区域

在皮棉产量超过对照 20% 与衣分超过 39% 的 26 个高产亲本品种中，分大铃大籽、中铃中籽、小铃小籽 3 种类型。

1. **大铃**（铃重 5.8~7.0g）**大籽**（11.0~13.3g）**品种**　有黑山棉 1 号、辽棉 11、辽棉 14、辽棉 15、科遗 2 号、新陆中 3 号、新陆中 8 号（冀 91-19）共 7 个，平均增产皮棉 23.8、24.3%。分布在特早熟棉区 43 个，西北内陆棉区 21 个，原黄河流域棉区的 21 个，其中 1 个已命名为新陆中 8 号列入西北内陆棉区。

2. **中铃**（铃重 5.1～5.8g）**中籽**（9.9～11.1g）**品种**　中棉所 50、冀棉 7 号、冀棉 8 号、冀棉 11，邯 682、晋棉 36、陕 1155、浙大 3 号、鄂抗棉 11、鄂棉 24、新陆早 6 号、新陆早 7 号共 12 个，平均增产皮棉 24.2%。分布在黄河流域棉区 7 个，长江流域棉区 3 个，西北内陆棉区 2 个。

3. **小铃**（铃重 4.4～5.1g）**小籽**（8.8～11.1g）**品种**　有豫棉 19、冀棉 10 号、渤棉 1 号、晋棉 4 号、晋棉 12、晋棉 13、晋棉 23、皖棉 73‐10 共 8 个，平均增产皮棉 21.6%。分布在黄河流域棉区的山西省 4 个，河南、河北、山东 3 省各 1 个，长江流域棉区 1 个。

从上可见，大铃大籽类型主要分布在特早熟棉区和西北内陆棉区，其中黄河流域棉区只有科遗 2 号 1 个品种。

黄河、长江两流域棉区育成的高产品种都属于中铃中籽及小铃小籽两个类型；只有新陆早 6 号、新陆早 7 号两个中铃品种属于西北内陆棉区。

以上 26 个高产品种中，大铃大籽、中铃中籽与小铃小籽 3 种铃型的比例分别为 23%：46%：31%，皮棉增产百分比依次为，大铃大籽 23.8%、中铃中籽 24.2% 及小铃小籽 21.6%。这个抽样高产品种统计说明，大铃大籽与中铃中籽两个类型的皮棉增产百分比近似，小铃小籽类型比前两者约减产一成。

由上可见，辽河流域棉区的品种属大铃类型，西北内陆棉区的品种属大、中铃类型，黄河及长江两流域棉区的品种大都属于中铃类型，其中少部分属小铃类型。按上述小铃类型比中铃类型约减产一成考虑，黄河及长江两流域棉区中有关育成小铃类型的省份宜向中铃的方向靠拢。

20 世纪 90 年代在长江流域中游地区由［（锦棉 2 号×荆棉 4 号）×安通 SP‐21］组合育成具有铃大、籽大、高衣分的鄂荆 1 号，铃重 5.9g，籽指 11.7g。1995 年种植 29 万 hm²，增产皮棉 2.9%。这说明在长江流域育成的大铃大籽品种增产幅度并不大。

此外，鸡脚叶型作为指示性状，除了在杂种 $F_1$ 代可区分"真"、伪杂种，保证杂交种子的纯度，以及在制种田里鸡脚叶不育系与正常叶恢复系种子既可分行播种又可混合播种，以蜜蜂传粉，则不需要"人工去雄"，从鸡脚叶（不育系）棉株上收获的种子即为杂交种子，制种成本低，制种效率高如标杂 A1，由河南省农业科学院植物保护研究所与河北省石家庄市农业科学院协作，用常规叶形转基因抗虫棉作母本，与超鸡脚叶无腺体的自交系作父本杂育成的抗虫、高产、鸡脚叶杂交种，在棉铃虫中度偏

重乃至重发病重的情况下，不需要化学防治能有效地控制危害，且对红铃虫的抗性也有效，是一个较常规叶型棉株降低治虫成本、集大棵、早熟、简化整枝、高产、优质等性状的杂交种。

张天真等（2002）总结了近年来陆地棉品种间杂种与陆海种间杂交种产量及产量因素优势的杂种优势表现（表5-5及表5-6）。从中可以看到，产量的优势十分明显，而产量因素中又以铃重、铃数和早熟性的优势较大，巧妙地处理好亲本与杂种后代间上述性状的遗传传递关系，就有很大可能选到高产的优质杂交种。

**表5-5  陆地棉品种间杂种优势的产量表现**

| 性状 | 优势类型 | 最小值 | 最大值 | 变异幅度 | 平均值 | 文献数 |
|---|---|---|---|---|---|---|
| 产量 | $F_1$ HMP | −1.4 | 84.5 | 10.23～39.23 | 24.73±14.5 | 40 |
|  | $F_1$ HMP | 3.9 | 79.6 | 6.77～41.57 | 24.17±17.4 | 21 |
|  | $F_2$ HMP | −0.7 | 38 | 1.92～20.44 | 11.18±9.26 | 13 |
|  | $F_2$ HMP | −1 | 49 | 5.1～28.9 | 17.0±11.9 | 13 |
| 铃重 | $F_1$ HMP | 2.3 | 17 | 4.49～11.27 | 7.88±3.39 | 30 |
|  | $F_1$ HMP | 0.4 | 19.7 | −0.11～14.35 | 7.12±7.23 | 6 |
|  | $F_2$ HMP | −1.1 | 10.7 | 0.16～7.38 | 3.77±3.61 | 11 |
|  | $F_2$ HMP | −4 | 4.6 | −2.12～5.72 | 1.8±3.92 | 4 |
| 铃数 | $F_1$ HMP | 2.2 | 38.7 | 6.11～24.61 | 15.36±9.25 | 21 |
|  | $F_1$ HMP | 0.9 | 16 | 0.73～13.77 | 7.25±6.52 | 4 |
|  | $F_2$ HMP | −4 | 19.1 | 0.91～15.98 | 8.4±7.49 | 7 |
|  | $F_2$ HMP | −1 | 10.9 | −2.02～9.18 | 3.58±5.60 | 4 |
| 衣分 | $F_1$ HMP | −1.8 | 6.1 | 0.19～3.19 | 1.69±1.50 | 30 |
|  | $F_1$ HMP | −5 | 6.9 | −4.26～3.82 | −0.22±4.04 | 6 |
|  | $F_2$ HMP | −6.1 | 2 | −2.32～2.44 | 0.06±2.38 | 10 |
|  | $F_2$ HMP | −6 | −0.1 | −5.13～0.09 | −2.52±2.61 | 4 |
| 早熟性 | $F_1$ HMP | 3.6 | 27 | 5.66～22.86 | 14.26±8.60 | 12 |
|  | $F_1$ HMP | 3 | 67.4 | −7.78～47.14 | 19.68±27.46 | 5 |
|  | $F_2$ HMP | 0 | 28 | −0.25～16.35 | 8.05±8.3 | 10 |
|  | $F_2$ HMP | −4 | 13 | −3.83～13.17 | 4.67±8.50 | 3 |

注：摘自《杂交棉育种及产业化》安徽农业科学院棉花研究所2002。

表 5-6 陆地棉与海岛棉种间杂种优势的产量表现

| 性状 | 优势类型 | 最小值 | 最大值 | 变异幅度 | 平均值 | 文献数 |
|---|---|---|---|---|---|---|
| 皮棉产量 | $F_1$ HMP | 11.6 | 82.0 | 18.86～73.36 | 46.11±27.25 | 6 |
| | $F_1$ HBP | 21.0 | 45.0 | 16.03～49.97 | 33±16.97 | 2 |
| 籽棉产量 | $F_1$ HMP | 23.8 | 91.2 | 9.84～105.16 | 57.5±47.66 | 2 |
| 铃数 | $F_1$ HMP | 35.2 | 79.6 | 34.37～80.73 | 57.55±23.18 | 4 |
| 铃重 | $F_1$ HMP | −6.9 | −3.0 | −6.51～−3.09 | −4.8±1.71 | 4 |
| 衣分 | $F_1$ HMP | −10.7 | −3.7 | −10.67～−4.69 | −7.68±2.99 | 4 |
| 衣指 | $F_1$ HMP | 2.6 | 5.0 | 2.82～4.78 | 3.8±0.98 | 4 |
| 籽指 | $F_1$ HMP | 17.9 | 22.1 | 18.61～22.15 | 20.38±1.77 | 4 |
| 株高 | $F_1$ HMP | 18.7 | 41.6 | 15.53～36.52 | 26.05±10.52 | 4 |
| 早熟性 | $F_1$ HMP | | | | 31.3 | 1 |

注：HMP 及 HBP 分别指中亲优势和超亲优势。摘自《杂交棉育种及产业化》安徽农业科学院棉花研究所，2002。

# 第六章　棉花纤维品质的杂种优势

## 第一节　纤维品质的遗传特性

### 一、陆地棉品种间杂交种的纤维遗传特性

陆地棉品种间杂交种的纤维特性比较稳定，与中亲值相近。过探先（1928）研究了纤维长度具有杂种优势。Verhalen（1967，1969），Maranie（1968a），Al-Rawi（1970）研究了上半部平均长度呈部分显性，但控制纤维特性的遗传主要是累加效应。Maranie（1968a），Al-Barri（1970）研究了纤维粗度较中亲值略呈优势。Verhalen（1969）测出纤维细度略为超显性。米德楚拉埃夫（1973）研究了当两个亲本的纤维长度、细度、强度相似时，品种间杂交后的这些性状优于亲本，而当双亲的这些性状有差异时，则杂种表现为中间型，C4725 及 C3374 被推荐作为优质纤维品质的母本。Innes（1974）用不同遗传背景的陆地棉品系测交，发现纤维长度和强度具有显著的上位性，同时也把遗传的多样性，包括种间渐渗都归到上位性。纤维成熟度显著地高于中亲值，纤维的伸长率有优势可予利用。Quisenberry（1975b）研究认为特殊配合力支配着纤维粗度。Syiam 等（1982）长细纤维呈超显性遗传，强度为部分显性。Davis 认为杂交种的纤维细度下降是由于纤维直径缩小，而不是纤维壁厚度的减少，这种纤维的实用范围较广。

总之，纤维特性是在双亲值范围内，与中亲值接近，虽然测出某些不完全显性、加性遗传变异也似占优势，但杂种优势水平较低。陆地棉品种间的杂交种，只要双亲的纤维性状表现好，杂种 $F_1$ 代也较好；杂种 $F_2$ 代的纤维品质大都仍保持较高的优势；对利用杂种 $F_2$ 代的组合，其双亲纤维长度的差距不宜超过 2mm，才能保证其整齐一致。

## 二、陆地棉与海岛棉种间杂交种的纤维遗传特性

陆地棉与海岛棉的杂种 $F_1$ 代，纤维长度与海岛棉相似，纤维整齐度低于双亲，纤维强度一般介于双亲之间，低于海岛棉亲本，纤维细度一般高于双亲。20 世纪 70～80 年代苏联研究种间杂交种纤维素含量表现显性或超显性，其合成速度不及陆地棉种内杂交种；陆海杂种的纤维素含量与其早熟性有关，迟熟杂交种的产量高，遗传表现低于双亲。陆海种间杂交种的上半部平均（2.5％跨长）长度为完全显性，在某些情况下为超显性，平均长度（50％跨距长度）的优势较低；纤维整齐度也较双亲低，细度读数为负优势，即纤维比任一亲本都细；纤维强力显示差异，断裂长度一般在亲本范围以内，有的表现优于中亲值，有的接近海岛棉亲本。Danran（1974）研究种间杂种，高产亲本与优良杂交种具有相关性。Percy 和 Turcotte（1988）提出比马棉的选择，通常是长细纤维类型与短粗纤维类型陆地棉杂交较好，杂种 $F_2$ 代分离出现粗短纤维的超亲类型。张金发等（1994）研究33 个陆海杂交种，纤维品质的中亲优势十分明显，大多数种间杂种纤维长度＞34mm，比强度＞25g/tex，马克隆值＜3.7，中亲优势均超过 10％，大多数杂种竞争优势超过15％，甚至优于海岛棉，表现超显性遗传；纤维整齐度降低幅度很小（－1.2％）。纪家华等（1996）研究表明马克隆值的竞争优势最大，其余为伸长率和2.5％跨长。中国农业科学院棉花研究所统计了1976—1980年主要产棉省（自治区）15个科研教学单位的陆地棉与海岛棉的种间杂种优势，杂种 $F_1$ 代的纤维明显增长到34～38mm，断裂长度高达33km 上下。

国内外研究一致表明，陆海种间杂种 $F_1$ 代，纤维长度为完全显性甚至超显性，与海岛棉相同或更长；纤维强力居双亲之间，显著高于陆地棉30％～50％，偏向或接近海岛棉，甚至高于海岛棉；纤维细度、成熟度和整齐度表现负向杂种优势，纤维比双亲细，成熟度比双亲差。陆海杂交种纤维细是纤维细胞直径变小而不是胞壁变薄，从而可筛选到成熟度较好的杂交种。由此可见，多数杂交种能比现有中长绒陆地棉产生更强的纤维，只要产量不低于陆地棉品种，生产这类杂交种的纤维，从市场需要和价格来衡量是可取的。

# 第二节　棉花生产用种的纤维品质

## 一、陆地棉品种的纤维品质

1. 农业部 2001—2006 年抽样测定棉花纤维品质结果　纤维长度

29.2mm，比细度 29.0cN/tex，马克隆值 4.4（表6-1）。

表 6-1　农业部 2001—2006 年抽样测定棉花纤维品质

| 年份 | 纤维长度（mm） | 比强度（cN/tex） | 马克隆值 |
|---|---|---|---|
| 2001 | 29.3 | 28.7 | 4.3 |
| 2002 | 29.1 | 29.0 | 4.3 |
| 2003 | 28.8 | 28.4 | 4.3 |
| 2004 | 29.5 | 29.2 | 4.4 |
| 2005 | 29.1 | 29.7 | 4.5 |
| 2006 | 29.4 | 28.9 | 4.6 |
| 平均 | 29.2 | 29.0 | 4.4 |

2. 2007 年抽样测定种植 126 个陆地棉品种和杂交种的纤维品质　20 世纪 80 年代初及以前育成纺低档 30 支纱以下的品种，如黄河流域的徐州 1818、鲁棉 1 号、冀棉 8 号及长江流域的泗棉 2 号、鄂沙 28 等；80～90 年代育成的纤维品质中等、纺 32-40 支纱的品种，如黄河流域的中棉所 12 及长江流域的泗棉 3 号等；同时也育成了纤维品质中上等、纺 40-60 支纱的品种中棉所 17 等。进入 21 世纪后陆地棉纤维品质又有了提高，现将 2007 年种植的 126 个陆地棉品种和杂交种的平均纤维长度为 29.5mm，比强度为 29.4cN/tex，马克隆值为 4.8（表 6-2）。

表 6-2　2007 年 126 个陆地棉品种和杂交种纤维品质

| 品　种名　称 | 纤维长度 mm | 比强度 cN/tex | 马克隆值 | 品　种名　称 | 纤维长度 mm | 比强度 cN/tex | 马克隆值 |
|---|---|---|---|---|---|---|---|
| 中棉所 29 | 27.8 | 27.1 | 4.7 | 皖棉 25 | 29.9 | 31.6 | 4.7 |
| 中棉所 35 | 29.2 | 28.4 | 4.7 | 皖棉 34 | 30.3 | 28.5 | 5.1 |
| 中棉所 40 | 29.8 | 28.3 | 4.2 | 皖杂 3 号 | 27.4 | 29.3 | 5.0 |
| 中棉所 41 | 28.9 | 28.4 | 4.9 | 皖杂 5 号 | 27.5 | 29.6 | 4.3 |
| 中棉所 43 | 28.2 | 28.0 | 4.8 | 皖杂 8 号 | 30.0 | 30.9 | 4.3 |
| 中棉所 48 | 30.5 | 29.6 | 5.1 | 皖杂 40 | 31.0 | 30.7 | 4.5 |
| 中棉所 49 | 29.5 | 29.2 | 4.3 | 鄂杂棉 5 号 | 31.8 | 31.4 | 5.3 |
| 中棉所 50 | 28.7 | 26.0 | 4.2 | 鄂杂棉 6 号 | 28.6 | 28.6 | 4.8 |
| 中棉所 53 | 29.2 | 27.7 | 5.7 | 鄂杂棉 8 号 | 28.3 | 27.3 | 4.8 |
| 中棉所 55 | 29.1 | 28.2 | 4.9 | 鄂杂棉 10 号 | 28.3 | 27.5 | 5.0 |
| 中棉所 59 | 29.3 | 28.0 | 5.4 | 鄂杂棉 11 | 28.2 | 26.6 | 5.2 |

| 品　种名　称 | 纤维长度 mm | 比强度 cN/tex | 马克隆值 | 品　种名　称 | 纤维长度 mm | 比强度 cN/tex | 马克隆值 |
|---|---|---|---|---|---|---|---|
| 中棉所 62 | 29.9 | 29.5 | 5.0 | 鄂杂棉 13 | 26.6 | 25.1 | 6.3 |
| 中植棉 2 号 | 28.3 | 27.3 | 4.4 | 鄂杂棉 14 | 26.8 | 26.0 | 5.7 |
| W8225 | 28.7 | 29.1 | 4.2 | 鄂杂棉 16 | 28.6 | 26.7 | 5.5 |
| 冀棉 298 | 28.7 | 27.2 | 5.4 | 鄂杂棉 17 | 31.2 | 32.0 | 5.5 |
| 冀棉 616 | 29.4 | 27.2 | 5.0 | 鄂杂棉 23 | 28.9 | 27.9 | 5.0 |
| 冀棉 668 | 27.3 | 25.8 | 5.3 | 鄂杂棉 24 | 29.4 | 28.6 | 5.2 |
| 冀棉 958 | 29.5 | 28.2 | 4.8 | 鄂杂棉 25 | 28.7 | 27.2 | 5.4 |
| 邯 284 | 29.3 | 28.7 | 4.7 | 鄂杂棉 26 | 28.0 | 27.3 | 4.3 |
| 邯 368 | 32.1 | 31.7 | 4.4 | 鄂杂棉 28 | 28.9 | 28.3 | 5.0 |
| 邯 4849 | 30.0 | 30.0 | 4.7 | 鄂杂棉 29 | 27.3 | 25.3 | 6.2 |
| 邯 682 | 31.3 | 31.0 | 4.2 | 赣棉杂 1 号 | 30.4 | 30.0 | 5.0 |
| 邯杂 429 | 32.0 | 31.5 | 4.6 | 湘杂棉 3 号 | 29.4 | 28.6 | 5.2 |
| 鲁棉研 15 | 28.5 | 27.9 | 4.7 | 湘杂棉 4 号 | 29.9 | 29.6 | 4.5 |
| 鲁棉研 16 | 29.0 | 28.4 | 3.7 | 湘杂棉 5 号 | 29.2 | 30.5 | 5.4 |
| 鲁棉研 17 | 28.9 | 27.7 | 4.5 | 湘杂棉 6 号 | 28.8 | 29.0 | 4.9 |
| 鲁棉研 21 | 29.1 | 28.3 | 4.3 | 湘杂棉 7 号 | 28.7 | 27.8 | 5.2 |
| 鲁棉研 24 | 29.7 | 29.4 | 4.1 | 湘杂棉 8 号 | 29.4 | 28.1 | 5.1 |
| 鲁棉研 25 | 28.4 | 27.4 | 4.6 | 湘杂棉 10 号 | 31.0 | 30.4 | 4.8 |
| 鲁棉研 27 | 28.1 | 27.4 | 4.5 | 湘杂棉 11 | 29.7 | 29.2 | 4.9 |
| 鲁棉研 28 | 29.2 | 28.8 | 4.6 | 湘杂棉 12 | 31.8 | 30.6 | 4.7 |
| 鲁棉研 31 | 28.1 | 28.7 | 4.7 | 湘杂棉 13 | 32.0 | 32.1 | 5.4 |
| 鲁 RH - 1 | 25.9 | 25.9 | 4.7 | 湘丰棉 1 号 | 28.7 | 27.5 | 4.8 |
| 晋棉 36 | 29.8 | 31.3 | 4.6 | 湘农杂 8 号 | 29.9 | 28.0 | 5.5 |
| 豫杂 35 | 28.6 | 29.5 | 4.4 | 川杂棉 13 | 30.8 | 30.0 | 4.2 |
| 山农圣杂 3 号 | 30.6 | 30.5 | 4.7 | 川杂棉 14 | 30.2 | 29.4 | 4.8 |
| 国抗棉 1 号 | 29.2 | 30.8 | 4.7 | 川杂棉 16 | 31.3 | 30.1 | 4.4 |
| 国抗杂 23 | 27.9 | 26.6 | 5.3 | 新陆早 12 | 29.2 | 29.1 | 3.9 |
| 国欣棉 3 号 | 30.2 | 28.9 | 5.0 | 新陆早 13 | 28.9 | 29.0 | 4.1 |
| 岱杂棉 1 号 | 29.7 | 28.7 | 4.7 | 新陆早 17 | 28.0 | 28.2 | 3.8 |
| 丰抗 1 号 | 29.1 | 29.5 | 4.7 | 新陆早 18 | 27.4 | 25.4 | 3.9 |
| 隆杂棉 1 号 | 30.0 | 29.6 | 4.5 | 新陆早 24 | 31.7 | 32.9 | 3.4 |

| 品 种名 称 | 纤维长度 mm | 比强度 cN/tex | 马克隆值 | 品 种名 称 | 纤维长度 mm | 比强度 cN/tex | 马克隆值 |
|---|---|---|---|---|---|---|---|
| 泛棉3号 | 28.0 | 26.7 | 5.3 | 新陆早25 | 33.8 | 34.8 | 4.3 |
| 南抗3号 | 31.8 | 31.0 | 6.2 | 新陆早26 | 29.7 | 28.6 | 4.9 |
| 南抗9号 | 30.8 | 30.8 | 4.9 | 新陆早29 | 31.9 | 34.0 | 3.3 |
| 南农6号 | 29.2 | 29.6 | 5.2 | 新陆早31 | 28.9 | 29.2 | 4.1 |
| 南农9号 | 29.8 | 26.5 | 6.4 | 新陆早33 | 29.2 | 30.0 | 4.0 |
| 科抗1号 | 28.3 | 27.8 | 5.5 | 新陆早35 | 31.3 | 32.1 | 4.1 |
| 科棉3号 | 30.7 | 31.9 | 4.8 | 新陆早36 | 29.4 | 28.8 | 4.2 |
| 科棉4号 | 28.6 | 31.3 | 5.0 | 新陆中28 | 29.4 | 27.8 | 4.0 |
| 科棉5号 | 32.2 | 37.1 | 4.2 | 新植1号 | 30.0 | 30.9 | 4.6 |
| 苏杂3号 | 32.1 | 32.2 | 5.3 | 鑫秋1号 | 29.4 | 28.0 | 4.8 |
| 苏杂棉66 | 31.7 | 33.9 | 4.8 | 鑫秋2号 | 29.8 | 30.6 | 4.7 |
| 苏棉20 | 29.4 | 26.9 | 5.3 | 艺新8号 | 29.9 | 29.9 | 4.5 |
| 泗抗1号 | 29.8 | 30.3 | 4.6 | 银硕1号 | 28.8 | 28.8 | 4.6 |
| 泗抗3号 | 28.9 | 27.0 | 5.1 | 银硕116 | 28.8 | 29.1 | 4.7 |
| 泗棉4号 | 30.3 | 30.1 | 4.7 | 神棉1号 | 28.7 | 27.9 | 4.9 |
| 泗杂3号 | 28.5 | 27.1 | 5.5 | 灵选2号 | 29.1 | 31.9 | 4.0 |
| 慈抗杂3号 | 30.2 | 32.2 | 4.9 | 宿禾2号 | 29.7 | 29.3 | 4.9 |
| 九杂4号 | 28.7 | 28.7 | 5.1 | 金农棉2号 | 29.9 | 30.0 | 4.9 |
| 九杂6号 | 30.2 | 31.2 | 5.0 | 红鹤3号 | 31.5 | 35.9 | 5.2 |
| 爱杂9号 | 30.2 | 31.5 | 4.2 | 楚杂180 | 31.0 | 30.9 | 5.1 |
| 升金棉10号 | 29.2 | 29.7 | 4.8 | 平均 | 29.5 | 29.4 | 4.8 |

2007年国家统计局对全国800多个县7万多农户种植意向的调查，全国棉花种植面积548万 hm²（8221万亩），比上年扩大7万 hm²（108万亩），增长1.3%。

（1）陆地棉纤维品质测试分棉区统计。

纤维长度：长江流域棉区、黄河流域棉区、西北内陆棉区的平均纤维长度分别为29.6mm、29.1mm、29.4mm，三棉区平均为29.4 mm。

纤维比强度：长江流域棉区、黄河流域棉区、西北内陆棉区的纤维比强度分别为：29.2cN/tex、28.7cN/tex、28.9cN/tex，三棉区平均为29.0cN/tex。

马克隆值：长江流域棉区、黄河流域棉区、西北内陆棉区的马克隆值分别为5.0、4.6、4.3，三棉区平均为4.7（表6-3）。

表6-3　陆地棉纤维品质分棉区统计

| 流域 | 纤维长度（mm） | 比强度（cN/tex） | 伸长率（%） | 马克隆值 |
|---|---|---|---|---|
| 长江流域 | 29.6 | 29.2 | 6.4 | 5.0 |
| 黄河流域 | 29.1 | 28.7 | 6.4 | 4.6 |
| 西北内陆 | 29.4 | 28.9 | 6.2 | 4.3 |
| 平均 | 29.4 | 29.0 | 6.4 | 4.7 |

（2）陆地棉纤维品质分省统计。其中比强度以江苏省最高为31.3cN/tex，四川、江西、安徽次之，为29.7～29.8cN/tex，河北、湖南29.0～29.1 cN/tex（全国平均值为29.0 cN/tex），湖北省最低为27.7cN/tex。分省统计的陆地棉纤维品质主要性状（表6-4）

表6-4　陆地棉纤维品质分省统计

| 省份 | 纤维长度（mm） | 整齐度（%） | 比强度（cN/tex） | 伸长率（%） | 马克隆值 | 反射率（%） | 黄度 | 纺纱指数 |
|---|---|---|---|---|---|---|---|---|
| 江苏 | 30.3 | 84.9 | 31.1 | 6.2 | 5.0 | 74.3 | 7.7 | 147 |
| 浙江 | 28.9 | 84.1 | 28.1 | 6.5 | 5.5 | 73.5 | 8.6 | 127 |
| 安徽 | 29.4 | 84.0 | 29.7 | 6.3 | 4.9 | 77.2 | 8.0 | 140 |
| 江西 | 30.3 | 84.4 | 29.8 | 6.3 | 5.1 | 72.0 | 8.2 | 138 |
| 湖北 | 28.4 | 83.8 | 27.7 | 6.4 | 5.2 | 74.4 | 8.1 | 126 |
| 湖南 | 29.6 | 84.3 | 29.0 | 6.4 | 5.0 | 73.6 | 7.9 | 136 |
| 四川 | 30.7 | 84.3 | 29.8 | 6.4 | 4.5 | 72.8 | 8.9 | 145 |
| 河北 | 29.6 | 83.6 | 29.1 | 6.4 | 4.6 | 74.0 | 8.2 | 137 |
| 山东 | 28.9 | 83.8 | 28.9 | 6.5 | 4.7 | 75.7 | 7.8 | 136 |
| 河南 | 28.9 | 84.3 | 28.7 | 6.4 | 4.9 | 75.7 | 8.0 | 137 |
| 陕西 | 27.3 | 82.9 | 28.1 | 6.5 | 4.5 | 70.5 | 8.4 | 124 |
| 新疆 | 29.4 | 83.1 | 28.9 | 6.2 | 4.3 | 77.8 | 7.4 | 139 |
| 平均 | 29.4 | 83.9 | 29.0 | 6.4 | 4.7 | 74.9 | 8.0 | 137 |

（3）2007年我国棉纤维比强度分级国家标准（表6-5）。

表6-5　2007年我国棉纤维比强度分级国家标准

| 品质分级 | 很差 | 差 | 中等 | 强 | 很强 |
|---|---|---|---|---|---|
| 纤维比强度（cN/tex） | <24.0 | 24.0～25.9 | 26.0～28.9 | 29.0～30.4 | >31.0 |

## 二、陆地棉中优质纤维生产品种

陆地棉中优质纤维品种类（纤维长度＞29mm，断裂长度＞24km）30个，包括中棉所16、中棉所17、中棉所19，苏棉5号及鄂棉14等，比对照品种平均增产皮棉7.8％，纤维长度30.4mm，比普通品种长0.1mm；断裂长度24.7km，比普通品种增加1.7km（表6-6）。

**表6-6 中优纤维品种（纤维长度＞29mm，断裂长度＞24km）性状**

| 品　种 | 皮棉增产（％） | 纤维长度（mm） | 断裂长度（km） |
|---|---|---|---|
| 石短5号 | ≤ | 32.0 | 26.2 |
| 中棉所7号 | 32.8 | 30.6 | 24.7 |
| 中棉所10号（夏棉） | 17.0 | 30.3 | 24.1 |
| 中棉所13（低酚） | −5.6 | 30.6 | 25.1 |
| 中棉所16 | 22.2 | 29.4 | 24.1 |
| 中棉所17 | 14.2 | 31.4 | 25.0 |
| 中棉所18（低酚） | 0.4 | 30.9 | 24.7 |
| 中棉所19 | 6.2 | 29.8 | 24.3 |
| 科遗2号 | 21.6 | 30.9 | 24.6 |
| 北农1号 | 2.6 | 29.4 | 24.3 |
| 豫棉5号 | −5.4 | 29.4 | 24.1 |
| 冀棉22 | −3.1 | 32.8 | 24.4 |
| 鲁棉3号 | −4.9 | 30.8 | 24.0 |
| 鲁棉9号 | 5.4 | 30.4 | 24.3 |
| 鲁棉10号 | 10.3 | 31.2 | 25.8 |
| 鲁抗1号 | 3.8 | 29.6 | 24.0 |
| 晋棉10号 | 8.6 | 29.6 | 24.5 |
| 晋棉13 | 22.4 | 28.6 | 25.8 |
| 晋棉18 | 11.6 | 29.3 | 26.5 |
| 陕2786 | 9.3 | 31.0 | 24.2 |
| 秦534（远2） | 22.2 | 29.0 | 24.3 |
| 西农78-6 | −4.0 | 32.8 | 25.6 |
| 西农岱16抗 | 13.6 | 30.6 | 24.3 |
| 苏棉5号 | −1.3 | 30.4 | 24.3 |
| 江苏棉1号 | 0.4 | 32.7 | 24.4 |
| 苏抗3118 | 14.1 | 29.0 | 24.5 |

| 品　　种 | 皮棉增产（%） | 纤维长度（mm） | 断裂长度（km） |
|---|---|---|---|
| 鄂棉 13 | 2.6 | 29.1 | 24.4 |
| 鄂棉 14 | 0.6 | 30.8 | 24.0 |
| 川棉 109 | 7.8 | 29.3 | 24.1 |
| 新陆中 4 号 | −2.6 | 30.5 | 25.0 |
| 平均 | −2.6 | 30.4 | 24.7 |
| 普通品种 | 13.6 | 29.4 | 22.4 |

注：作对照用的普通品种为最大年面积在 20 万 hm² 以上且数据俱全的品种。

## 三、中国与美国和澳大利亚原棉品质的比较

### （一）与美国棉花纤维品质的比较

美国棉花品种主要属于爱字、岱字、斯字和佩字 4 个系列。其中，后 3 个系列属一般品种，纤维长度 27.6～27.9mm，比强度 21.3～22.8gf/tex（折合 27.0～28.8cN/tex），而第 1 个属优质系列爱字棉的纤维长度为 30.0mm，比强度 26.3gf/tex（折合 33.3cN/tex）（表 6 - 7）。

表 6 - 7　美国四个系列品种的纤维品质

| 品种系列 | 品种数 | 主体长度（mm） | 比强度（gf/tex） | 马克隆值 |
|---|---|---|---|---|
| 爱字棉 | 15 | 30.0 | 26.3 | 4.1 |
| 岱字棉 | 35 | 27.6 | 22.8 | 4.4 |
| 佩字棉 | 20 | 27.9 | 22.4 | 4.5 |
| 斯字棉 | 4 | 27.9 | 21.3 | 4.4 |

根据《Cotton Farming's 2000 Guide To Seed》中资料整理。

以上美国主要栽培的岱字棉、斯字棉及佩字棉品种与我国的一般品种品质类似，但美国非主流优质纤维爱字棉系列包括 15 个品种，而我国的优质棉品种数量较少，且批量生产的历史相对较短。

中美棉花品种联合试验：①1983 年中国 34 个栽培品种与美国 27 个 Pee Dee 优质品种（系）在我国 7 个试点试验结果，美国优质棉的纤维强力优于我国栽培品种。②1986—1987 年和 1991—1992 年两轮中美品种（系）联合试验结果：中国栽培品种比美国优质系增产 17.5%，纤维长度与马克隆值类同；而中国栽培品种的比强度比美国优质系低 4.1cN/tex；其中中优质品种中棉所 17 的纤维品质略低于或接近美国优质 PD 棉品系（傅小琼等，1995）。

1. **纤维长度** ①中国棉花纤维长度在 28.6mm 及以上的百分比为 87.8%，美国为 21.5%；②中国棉花纤维长度在 27.8mm 及以下的百分比为 12.2%，美国为 78.8%。③中国棉花 2001 年纤维长度与 1998 年的相比，主体长度从 28mm 提高到 29mm；美国这两个年度的棉花主体纤维长度分别为 27.4mm 和 27.2mm，基本没有变化。④2001 年中国和美国棉花的纤维长度平均值分别为 29.3mm 和 27.4mm，中国比美国长 1.9mm。⑤美国商业上棉花长度较短，是由于采用机器采收，叶屑被引入籽棉中，一般需要经过 3～4 次籽棉清理和 2～3 次皮棉清理，导致棉纤维主体长度减短 1～2mm，同时也造成比强度和整齐度下降，短纤维含量、棉结和索丝数量增加。

2. **纤维比强度** ①中国和美国在 27cN/tex 及以下的分别为 36% 和 37.8%。②在 28～30cN/tex 档次的，中国和美国分别为 39.6% 和 49.3%，美国高近 10 个百分点；③在 31～34cN/tex 档次的，中国和美国分别为 21.8% 和 12.9%，中国高 8.9 个百分点。④中国和美国的平均值分别为 28.7cN/tex 和 27.7cN/tex，中国高 1cN/tex。

3. **纤维马克隆值** ①中国和美国马克隆平均值分别为 4.4 和 4.6。②4.4 以上范围内，中国占 60.3%，美国占 74.9%，美国高 14.6 个百分点。③4.6 以下的中国高 8.6 个百分点。

4. **纤维整齐度** 中国和美国分别平均为 83.3% 和 81.3%，中国高 2 个百分点。

中国和美国棉花长、强、细的综合比较：①中国棉花没有 25mm 及以下类型的原棉，大都在 26～29mm 长度范围中，中国原棉品质优于美国棉花，与美棉具有竞争优势；而在 30mm 及以上适纺高支纱的中国原棉偏粗，马克隆值偏高，在 4.5 以上，为纺高支纱的瓶颈。渝棉 1 号品种的马克隆值较低，为 3.8。我国高强纤维品种的纤维长、强、细搭配尚不完善，要加强调整。②美国棉花品质较好的 Acala1517 - 95、Acala1517 - 91 两个品种的马克隆值高限分别为 4.2 和 4.0，但种植面积不大。

**（二）与澳大利亚原棉品质的比较**

1. **纤维长度** ①29.4mm 及以上档次，澳大利亚占 41%，中国占 61.7%，中国高出 20.7 个百分点。②27～28.6mm 档次，澳大利亚占 58.5%，中国占 37.3%。中国原棉的长度明显优于澳棉。

2. **纤维比强度** 主体为 30～32gf/tex，与 29 及以上比例的澳棉为 94.3%，高出中国原棉 30.3 个百分点，整体水平远高于中国。

**3. 纤维马克隆值**　在 4.6～4.9 范围内的，澳大利亚占 41.5％，澳棉马克隆值过高（在 3.8 以上），与当地雨量充沛、光照充足、温度较高的气候特点有关；中国占 27.1％。

**4. 纤维整齐度**　中国稍高于澳大利亚。

## 第三节　陆地棉优质品种和杂交种的纤维品质

我国育成陆地棉优质纤维品种和杂交种 77 个，分两类为：优质纤维品质 66 个（其中品种 29 个、杂交种 37 个）；强纤维品质 11 个（其中品种 4 个、杂交种 7 个）。

### 一、优质纤维品种和杂交种

纤维长度 30.1～32.3mm，比强度 30.1～33.5cN/tex。

#### （一）优质纤维品种

优质纤维品种（纤维长度 30.1～32.3mm），比强度（30.1～33.5cN/tex）共 29 个，平均纤维长度 30.9mm，比强度 31.5cN/tex。各参试品种在不同试验条件下比对照品种增产皮棉百分比的平均为 7.5％（表 6-8）。

表 6-8　优质纤维品种主要性状

| 品　　种 | 皮棉增产<br>（％） | 纤维长度<br>（mm） | 比强度<br>（cN/tex） | 枯萎病 | 黄萎病 |
|---|---|---|---|---|---|
| 中棉所 45（抗虫） | 16.6 | 30.1 | 30.8 | 9.6 抗 | 13.3 抗 |
| 中棉所 51（抗虫）棕色 | 3.7 | 30.5 | 30.4 | 5.5 抗 | 26.1 耐 |
| 中 51504 | −1.5 | 31.5 | 32.4 | 抗 | 耐 |
| 星棉 2 号（抗虫） | 6.0 | 31.5 | 30.5 | 11.1 耐 | 16.3 抗 |
| 冀棉 958 | 6.3 | 30.0 | 32.1 | 高抗 | 耐 |
| 鲁棉研 22（抗虫） | 7.0 | 31.3 | 31.9 | 抗 | 耐 |
| 晋棉 31 | 10.3 | 30.6 | 30.7 | 23.4 感 | 53.9 感 |
| 苏棉 24 | 6.9 | 30.4 | 32.4 | 10.7 耐 | 42.8 感 |
| 科棉 4 号 | 8.3 | 30.1 | 30.2 | 6.5 抗 | 18.8 抗 |
| 泗抗 3 号 | 14.8 | 30.1 | 30.5 | 抗 | 耐 |
| 泗优 1 号 | −3.7 | 30.3 | 33.0 | | |
| 大丰 30 | 14.6 | 30.4 | 30.1 | 12.8 耐 | 30.5 耐 |
| 南农优 3 号 | 0.1 | 30.8 | 32.4 | 6.4 抗 | 42.7 感 |

（续）

| 品　种 | 皮棉增产（%） | 纤维长度（mm） | 比强度（cN/tex） | 枯萎病 | 黄萎病 |
|---|---|---|---|---|---|
| 浙大 3 号（耐盐） | 22.1 | 30.4 | 31.7 | 8.9 抗 | 18.9 抗 |
| 鄂抗棉 7 号 | 4.9 | 31.7 | 30.7 | 3.5 高抗 | |
| 鄂抗棉 11 | 21.5 | 31.9 | 32.6 | 耐 | 耐 |
| 鄂抗棉 12 | 2.2 | 30.2 | 32.4 | 抗 | 耐 |
| 赣棉 11 | 8.3 | 30.8 | 31.6 | | |
| 赣棉 12（赣农大 6） | −4.7 | 31.2 | 31.4 | | |
| 赣 47 | 3.5 | 30.5 | 30.5 | | |
| 红鹤 1 号 | −7.9 | 32.3 | 32.0 | | |
| 川棉 82 | 11.0 | 30.1 | 31.0 | 21.7 感 | 27.9 耐 |
| 新陆早 30 | −4.8 | 31.0 | 32.5 | | |
| 新陆早 32 | 4.4 | 30.5 | 31.4 | 2.5 高抗 | |
| 新陆中 6 号（低酚） | 11.9 | 31.3 | 30.1 | | |
| 新陆中 9 号 | 12.7 | 32.2 | 32.1 | 11.1 耐 | 感 |
| 新陆中 13 | | 31.5 | 30.8 | 抗 | 耐 |
| 新陆中 15 | | 32.3 | 32.1 | 高抗 | |
| 新陆中 23 | 14.7 | 31.8 | 33.5 | 15.9 耐 | 7.1 高抗 |
| 辽棉 19（抗虫） | 21.0 | 30.0 | 30.1 | 0.7 高抗 | 8.9 高抗 |
| 平均 | 7.5 | 30.9 | 31.5 | | |

注：纤维内在品质 20 世纪 90 年代按比强度 cN/tex（ICC）及马克隆值表示，2001 年以后按 cN/tex（HVICC）表示。为统一比较起见，凡原 ICC（cN/tex）×1.29 折算为（HVICC）。

### （二）优质纤维杂交种

优质纤维杂交种（纤维长度 30.1～33.0mm），比强度（30.1～33.9cN/tex）共 38 个，平均纤维长度 31.1mm，比强度 31.3cN/tex。各参试杂交种在不同试验条件下比对照品种增产皮棉百分比的平均为 9.6%（表 6 - 9）。

#### 表 6 - 9　优质纤维杂交种主要性状

| 杂交种 | 皮棉增产（%） | 纤维长度（mm） | 比强度（cN/tex） | 枯萎病 | 黄萎病 |
|---|---|---|---|---|---|
| 中棉所 48 | 5.7 | 30.3 | 31.7 | 17.6 耐 | 28.2 耐 |
| 中棉所 52（抗虫） | 8.2 | 30.7 | 32.3 | 12.2 耐 | 25.6 耐 |
| GKZ19 | 8.6 | 30.1 | 30.5 | | |

| 杂交种 | 皮棉增产（%） | 纤维长度（mm） | 比强度（cN/tex） | 枯萎病 | 黄萎病 |
|---|---|---|---|---|---|
| 豫杂 37 | 17.2 | 30.3 | 30.3 | 1.5 高抗 | 20.5 耐 |
| 标杂 A2 | 30.7 | 31.6 | 32.0 | 0.4 高抗 | 15.3 抗 |
| 银山 2 号 | 24.5 | 31.3 | 30.4 | 1.5 高抗 | 27.5 耐 |
| 冀杂 1 号 | 13.1 | 30.7 | 31.6 | 高抗 | 抗 |
| 冀杂 3268（抗虫） | 14.6 | 31.6 | 31.6 | 抗 | 抗 |
| 鲁棉研 15（抗虫） | 9.2 | 30.7 | 30.7 | 抗 | 耐 |
| 鲁棉研 23（抗虫） | 12.5 | 31.1 | 30.2 | 耐 | 耐 |
| 苏杂棉 66（抗虫） | | 30.7 | 30.6 | 抗 | 耐 |
| 苏棉 2186（抗虫） | 1.0 | 30.3 | 32.2 | 16.2 耐 | 28.4 耐 |
| 宁杂棉 3 号（抗虫） | 4.7 | 30.1 | 28.8 | 抗 | 耐 |
| 科棉 3 号（抗虫） | 9.7 | 32.6 | 33.5 | 6.9 抗 | 28.5 耐 |
| 南农优 3 号 | 0.1 | 30.8 | 32.4 | 6.4 抗 | 42.7 感 |
| 泗杂 2 号 | 3.3 | 30.8 | 31.6 | 6.6 抗 | |
| 皖棉 25（抗虫） | —0.5 | 30.2 | 31.0 | | 18.2 抗 |
| 皖棉 32（九杂 6） | 9.3 | 31.5 | 30.2 | | |
| 皖棉 38（淮杂棕） | 15.2 | 30.4 | 30.7 | 13.8 耐 | 34.6 耐 |
| 鄂杂 5 号 | 11.8 | 31.8 | 31.6 | 12.9 耐 | |
| 鄂杂 6 号 | 6.7 | 30.9 | 32.1 | 耐 | |
| 鄂杂 7 号（龙杂 1） | 4.3 | 32.6 | 33.5 | 耐 | |
| 鄂杂 8 号 | 1.9 | 31.6 | 31.7 | 耐 | |
| 鄂杂棉 10 号 | 7.6 | 30.4 | 30.1 | 感 | 32.8 耐 |
| 鄂杂棉 11 | 11.3 | 31.8 | 30.4 | 耐 | 耐 |
| 鄂杂棉 12 | 10.8 | 31.1 | 30.8 | 抗 | 耐 |
| 鄂杂棉 13 | 7.6 | 32.3 | 32.3 | 耐 | 耐 |
| 鄂杂棉 14 | 6.0 | 33.0 | 33.7 | 耐 | 耐 |
| 鄂杂棉 15 | 4.2 | 32.4 | 31.0 | 7.9 抗 | 21.5 耐 |
| 鄂杂棉 24 | 6.9 | 30.7 | 30.4 | 耐 | 耐 |
| 楚杂 180 | 7.3 | 30.0 | 30.1 | | |
| 三杂 4 号 | 14.8 | 30.2 | 31.1 | 5.3 抗 | |
| 华杂棉 1 号 | 12.0 | 31.2 | 31.6 | 耐 | 耐 |
| 湘杂棉 11 | 6.2 | 31.2 | 31.0 | 耐 | 耐 |
| 赣棉杂 1 号 | 12.0 | 30.5 | 31.9 | 8.0 抗 | |

| 杂交种 | 皮棉增产（%） | 纤维长度（mm） | 比强度（cN/tex） | 枯萎病 | 黄萎病 |
|---|---|---|---|---|---|
| 川杂5号 | 9.7 | 30.4 | 30.1 | 耐 | 耐 |
| 川杂15（抗虫） | 1.4 | 31.6 | 32.3 | 6.8抗 | 34.4耐 |
| 新彩棉9号（棕） | 25.3 | 30.7 | 33.9 | | |
| 平均 | 9.6 | 31.1 | 31.4 | | |

以上优质纤维品种和优质纤维杂交种相比，在类似的测试数量和试验水平下，杂交种比品种增产皮棉2.1个百分点，纤维品质类同，长度略增加0.2mm，比强度略减少0.1cN/tex。

## 二、强长纤维品种和杂交种

强纤维品种和杂交种（纤维长度≥30.0mm，比强度≥35.0cN/tex）。

### （一）强纤维品种

1. **强纤维品种3个** 平均纤维长度31.3mm，比强度35.9cN/tex，各参试杂交种在不同试验条件下比对照品种平均减产皮棉3.0%（表6-12）。

2. **长纤维品种1个** 纤维长度33.9mm，比强度32.3cN/tex，缺产量记录（表6-10）。

表6-10 强（长）纤维品种主要性状

| 品　种 | 皮棉增产（%） | 纤维长度（mm） | 比强度（cN/tex） | 枯萎病 | 黄萎病 |
|---|---|---|---|---|---|
| 强纤维（纤维强度35.5～36.6cN/tex） | | | | | |
| 科棉5号 | −0.1 | 31.6 | 35.5 | 10.0抗 | 31.9耐 |
| 渝棉1号 | −6.0 | 30.5 | 35.7 | 10.3耐 | 23.4耐 |
| 蜀棉2号 | −3.0 | 31.8 | 36.6 | 抗 | 耐 |
| 平均 | −3.0 | 31.3 | 35.9 | | |
| 长纤维（纤维长度33.9mm） | | | | | |
| 冀优48 | | 33.9 | 32.3 | 4.8高抗 | 15.6抗 |

### （二）强和特强纤维杂交种

1. **强纤维杂交种4个** 为中棉所46、苏杂3号、鄂杂棉9号、渝杂1号，平均纤维长度31.4mm，比强度34.6cN/tex，各参试杂交种在不同试验条件下比对照品种平均增产皮棉为5.2%（表6-11）。

中国棉花杂交种与杂种优势利用

**2. 特强纤维杂交种 3 个** 为湘杂 4 号、湘杂 5 号、新陆中 24，平均纤维长度 32.6mm，比强度 37.7cN/tex，各参试杂交种在不同试验条件下比对照品种平均增产皮棉 1.8%（表6-11）。

表 6-11 强与特强纤维杂交种主要性状

| 杂交种 | 皮棉增产（%） | 纤维长度（mm） | 比强度（cN/tex） | 枯萎病 | 黄萎病 |
|---|---|---|---|---|---|
| 强纤维（纤维强度 34.3～35.1cN/tex）（4 个） | | | | | |
| 中棉所 46（抗虫） | 12.4 | 32.4 | 34.7 | 6.7抗 | 23.1耐 |
| 苏杂 3 号（抗虫） | 0.4 | 30.3 | 34.3 | 耐 | 耐 |
| 鄂杂棉 9 号 | 6.0 | 31.0 | 34.3 | 耐 | |
| 渝杂 1 号（抗虫） | 1.9 | 31.8 | 35.1 | 4.7高抗 | 34.2耐 |
| 平均 | 5.2 | 31.4 | 34.6 | | |
| 特强纤维杂交种（纤维强度 36.6～39.2cN/tex）（3 个） | | | | | |
| 湘杂 4 号 | 5.0 | 31.0 | 36.6 | 抗 | |
| 湘杂 5 号 | 8.3 | 32.6 | 39.2 | 3.8高抗 | 11.6抗 |
| 新陆中 24 | −7.9 | 34.3 | 37.4 | | |
| 平均 | 1.8 | 32.6 | 37.7 | | |

综合以上品种和杂交种的对比：强纤维杂交种与品种比，皮棉增产 8.2 个百分点，纤维长度略高 0.1mm，比强度略低 1.3cN/tex。可见，扩大利用棉花强和特强纤维杂交种，比品种也可略收到增加产量和改进纤维品质的效果。

## （三）海岛棉品种的纤维品质

我国近年种植的海岛棉品种有新海 28 和银田 1 号，其纤维品质列如表 6-12。

表 6-12 2 个海岛棉品种的纤维品质

| 品种名称 | 纤维长度 mm | 整齐度指数% | 比强度 cN/tex | 伸长率% | 马克隆值 | 反射率% | 黄度 | 纺纱均匀指数 |
|---|---|---|---|---|---|---|---|---|
| 新海 28 | 37.1 | 86.4 | 48.8 | 5.2 | 4.1 | 78.5 | 7.8 | 231 |
| 银田 1 号 | 33.0 | 84.6 | 31.9 | 6.4 | 4.2 | 69.1 | 6.6 | 158 |

# 第四节　陆地棉与海岛棉种间
# 杂交种的纤维品质

陆地棉与海岛棉种间杂交种 4 个，分甲、乙两类。

甲类 3 个，为川 HB3、宁杂 1 号、浙长 1 号，平均皮棉比对照减产 18.4%，纤维长度 37.3mm，比强度 37.3cN/tex；略超过海岛棉（纤维长度 36.0mm，比强度 36.5cN/tex）的水平。

乙类 1 个，为新（307H×36211R），皮棉比对照增产 23.2%，纤维长度 34.0mm，比强度 32.9cN/tex，皮棉产量高，纤维品质一般（表 6-13）。

表 6-13　陆地棉与海岛棉杂交种主要性状

| 杂　交　种 | | 皮棉增产（%） | 纤维长度（mm） | 比强度（cN/tex） | 马克隆值 |
|---|---|---|---|---|---|
| 陆海杂种（甲） | 川 HB3 | −19.0 | 35.9 | 36.0 | 3.1 |
| | 宁杂 1 号 | −27.3 | 39.1 | 40.0 | |
| | 浙长 1 号 | −8.9 | 37.0 | 36.0 | |
| | 平均 | −18.4 | 37.3 | 37.3 | |
| 陆海杂种（乙） | 新（307H×36211R） | 23.2 | 34.0 | 32.9 | 3.6 |

表 6-13 数据说明，陆地棉与海岛棉的种间杂种，杂种 $F_1$ 代的生育特性介于双亲之间，不同程度地偏向海岛棉，产量低于陆地棉，纤维品质接近海岛棉，仅新（307H×36211R）一个皮棉增产显著，但纤维品质一般。

综上所述，我国 20 世纪 70 年代人工去雄制种的早期陆地棉品种间丰产杂交种，与对照品种比，增产皮棉 20% 上下，纤维长度 30mm，而纤维比强度及衣分较低，且不抗病。进入 80～90 年代育成的杂交种随着亲本抗病性能和纤维品质的提高，抗枯萎病性状从原来的感病级提高到了抗级标准，病指在 10 上下；抗黄萎病性能也提高到耐级水平，病指在 20～25 之间；纤维比强度，由原来的 24.5cN/tex 提高到 90 年代初的 27.5cN/tex 及末期的 28.4cN/tex，皮棉增产在 15% 上下。

我国对海陆种间杂种产量与品质表现的研究足可以追溯至 20 世纪 50～60 年代，云南开远木棉试验场（1957）选育的海陆杂种一代单产籽棉 2 310kg/hm²，由于杂种 $F_2$ 代分离严重，不能利用，但可以宿根栽培保持杂种优势。

华兴鼐（1958）选育的陆海杂种 $F_1$ 代，籽棉单产 3 000 kg/hm$^2$，认为陆地棉应采用早熟品种，以提早杂交种的成熟期。

潘家驹（1961）认为陆海杂种 $F_1$ 代的主要经济性状一般呈显性，生育期及产量接近陆地棉，显著超过海岛棉；以早熟陆地棉为母本，优质海岛棉为父本，可获得成熟早、品质好和产量高的杂交种。

黄滋康（1961）试验陆海杂种长绒棉，杂种 $F_1$ 代的出苗、现蕾和开花期与陆地棉相似，吐絮期介乎双亲之间，且现蕾结铃多；以中早熟、丰产陆地棉为母本，早熟、优质海岛棉为父本，选配的（中棉所 2 号×长 4923）组合经育苗移栽，产量接近陆地棉岱字棉 15，显著超过海岛棉亲本，纤维长度表现超亲优势，纤维细度倾向于海岛棉亲本，纤维强力呈中亲值；试验证明利用陆海杂种优势也可在黄河流域棉区生产长绒棉。

曲健木（1962）试验表明，正确选配陆海杂种的亲本，尤以陆地棉作母本，其杂种 $F_1$ 代比海岛棉增产 2 倍以上，且纤维品质良好。

中国农业科学院江苏分院（1962）以（彭泽 1 号×长 4923）组合配制的杂交种宁杂 1 号，生育期 117 天，纤维品质表现超亲优势。

新疆库尔勒育种站（1963）、上海市农业科学院（1964）及浙江农业大学（1965）的试验也均表现了较好的纤维品质，产量比陆地棉亲本减产，而比海岛棉则大幅度增产。

靖深蓉（1988）以中熟丰产陆地棉为母本，与早熟半矮秆海岛棉杂交的陆海杂种 $F_1$ 代在山东安丘试种单产皮棉 900 kg/hm$^2$。又用陆地棉与显性无腺体海岛棉杂交，再用陆地棉为母本，杂种 $F_1$ 代为父本连续回交，育成显性无腺体陆地棉种质。种仁棉酚含量 0.009％，纤维长度 31 mm，纤维比强度 31 g/tex，马克隆值 3.9，早熟性好。该种质是陆地棉唯一具有显性基因控制腺体性状的新类型。

湖北省种子公司及华中农业大学（1993—1994）在武汉试验从以色列引进的陆海种间杂交种，杂种 $F_1$ 代表现早发、早熟、不早衰，最好组合比对照品种鄂荆 1 号增产 18.6％，纤维长度 34.3 mm，纤维比强度 31.9 g/tex，马克隆值 4.5，杂种 $F_2$ 代分离严重。

陆地棉与海岛棉的种间杂种优势，虽纤维品质表现较好，而绝对产量不如陆地棉品种间杂交种高，从而在生产上未有大面积种植。

需要注意：在多个目标性状选择时，应重视在保证丰产的前提下，统筹兼顾；对某一性状不可苛求，才有可能确保综合优良性状的比较顺利选择。

2005 年农业部抽样测试海岛棉品种新海 18 的纤维长度为 34.7mm，比强度为 38.3cN/tex，马克隆值为 4.3。

张天真等（2002）在"棉花杂种优势的遗传育种研究"一文中列出的陆地棉品种间杂种优势的表现及陆地棉与海岛棉种间杂种优势的表现两表的纤维品质部分附后（表 6-14 和表 6-15）。

表 6-14　陆地棉品种间纤维品质杂种优势的表现

| 性状 | 优势类型 | 最小值 | 最大值 | 变异幅度 | 平均值 | 文献数 |
|---|---|---|---|---|---|---|
| 纤维长度 | $F_1$ HMP | −0.5 | 6.5 | 0.93~3.71 | 2.32±1.39 | 26 |
| | $F_1$ HMP | −1 | 3.9 | −1.31~2.37 | 0.53±1.84 | 6 |
| | $F_2$ HMP | 0 | 2.7 | 0.26~2.1 | 1.18±0.92 | 12 |
| | $F_2$ HMP | | | | 0.4 | 1 |
| 比强度 | $F_1$ HMP | −1.9 | 4.4 | −0.8~2.94 | 1.07±1.87 | 25 |
| | $F_1$ HMP | −6.8 | 9.6 | −5.57~5.27 | −0.15±5.42 | 6 |
| | $F_2$ HMP | −2.3 | 3.5 | −1.23~1.97 | 0.37±1.60 | 12 |
| | $F_2$ HMP | | | | −5.9 | 1 |
| 马克隆值 | $F_1$ HMP | −2.9 | 3.0 | −1.44~1.50 | 0.03±1.47 | 21 |
| | $F_1$ HMP | −4.8 | −2.2 | −4.82~−2.42 | −3.62±1.20 | 5 |
| | $F_2$ HMP | −3.6 | 2.1 | −2.4~1.32 | −0.54±1.86 | 10 |
| | $F_2$ HMP | | | | −2.4 | 1 |

注：摘自《杂交棉育种及产业化》安徽省农业科学院棉花研究所，2002。

表 6-15　陆地棉与海岛棉种间纤维品质杂种优势的表现

| 性状 | 优势类型 | 最小值 | 最大值 | 变异幅度 | 平均值 | 文献数 |
|---|---|---|---|---|---|---|
| 纤维长度 | $F_1$ HMP | 11.4 | 18 | 10.03~17.43 | 13.73±3.70 | 3 |
| 比强度 | $F_1$ HMP | 6.4 | 14.1 | 6.87~14.87 | 10.87±4.00 | 3 |
| 马克隆值 | $F_1$ HMP | −21.1 | −11 | −20.26~−9.14 | −14.7±5.56 | 3 |

注：HMP 及 HBP 分别指中亲优势和超亲优势。摘自《杂交棉育种及产业化》安徽省农业科学院棉花研究所，2002。

从表 6-14 和表 6-15 资料也可看出，无论陆地棉种内杂交种或陆地棉与海岛棉种间杂交种，在纤维长度和比强度上都表现出不同程度的正向优势，而马克隆值表现负向优势。

# 第七章 棉花抗枯、黄萎病的 杂种优势

周宝良、钱思颖（1994）提出棉属野生种为棉花育种工作提供了类型丰富的抗源及优质潜力的基因。除纤维品质、抗虫和种子无酚育种方面取得的成就外，也已从（陆地棉×司笃克氏棉）、（陆地棉×亚洲棉×斯特提棉）后代中选到了抗枯萎病、耐黄萎病的种质材料。

曾慕衡、张云青、高永成（1995）在不同接菌量的条件下，对感病和抗病品种的病株率和病情指数研究表明：不同接菌量间的品种病情指数存在显著差异，并随接菌量的增大而提高，如 $750g/m^2$ 和 $1\,000g/m^2$ 接菌量的病情指数极显著高于 $250g/m^2$ 的，表现出品种病情指数随接菌量的增大而提高。品种病株率与接菌量之间呈显著正相关和直线回归关系。在品种选育进程中，加大接菌量可加速选育进度和提高抗病育种效果。

郭长佐（1997）25 年来采用常规杂交法育成 4 个抗病棉花品种的基本方法和经验在于对抗病品种遗传规律的了解与掌握，提出以抗病材料作杂交配组的母本，可使育成新抗病类型的可能性增大；在重病圃中连续选择是较快获得稳定材料的捷径；种质资源的广泛收集与创造是育成抗病新品种基因库的基础，常规育种与生物技术育种相结合是育成抗病品种的关键。

张相琼、张东铭（1998）选用含棉花核雄性不育基因 msc1 的两用系473A、抗枯萎病品种陕棉 9 号及抗枯黄萎病品种中棉所 12，通过杂交转育、病圃与非病圃、可育株与不育株的双重双向选择，育成抗枯萎、耐黄萎病和抗黄萎病的核不育两用系抗 A1 和抗 A2，经过对其抗性遗传、抗性与产量配合力的研究，采用抗 A1 和抗 A2 作母本，育成 2 个杂交种川杂 9 号和川杂 11 应用于生产。

徐秋华、张献龙（2002）利用 RAPD 标记对 51 个抗枯萎病陆地棉生产品种进行分子水平的遗传多样性分析，其中有 41 个品种在具多态性的随机引物上扩增，得到 82 个多态性位点。应用 NTSYS pc1.80 数据分析软件，非加权平均法（UPGMA）聚类。51 个品种之间的平均成对 Jac-

ard's 相似系数为 0.598；有 17 个品种在遗传上的相似性较大，相似系数大于 0.700。品种对相似系数在平均值附近（0.50，0.70）区间上所占的比例最大，为 66.9%。遗传差异较大（相似系数小于 0.50）的品种所占的比例仅为 16%。总体来说，我国抗枯萎病棉花品种之间的相似性较高、陆地棉品种资源的遗传多样性水平较低，主要原因是抗枯萎病品种资源狭窄；从而在亚洲棉、海岛棉和其他棉属种内引进抗病基因已成为棉花抗枯萎病育种取得突破性进展的关键。在以上研究同时，以相似系数矩阵为基础，构建了 51 个抗枯萎病陆地棉品种的 UPGMA 树状聚类图。

# 第一节  棉花抗枯萎病、黄萎病品种选育

棉花黄萎病，1935 年传入我国。自 20 世纪 80 年代末棉枯萎病得到控制后，黄萎病上升为棉花第一大病害，1993 年全国大面积发生，至目前发病面积达到全国棉田面积的一半以上。棉花黄萎病属于土传、维管束病害，化学防治难以奏效，选育抗病品种是防治该病的主要方法。

黄萎病抗性鉴定证明，在三大栽培棉种（陆地棉、亚洲棉及海岛棉）中，仅海岛棉高抗黄萎病，但利用普通杂交育种手段尚难以获得高抗黄萎病的高产品种。但目前已可能从海岛棉中分离出克隆抗黄萎病基因，并转移到陆地棉中选育抗病丰产的陆地棉品种。

中国农业大学植病系齐俊生课题组，经过 10 年从海岛棉中分离获得了具有自主知识产权的抗黄萎病基因 At7，通过转基因选育出高抗黄萎病的株系。利用棉花黄萎病菌强致病力落叶型 V991 菌系的毒素诱导高抗黄萎病海岛棉，然后用抑制性消减杂交（Suppression Subtractive Hybridization，SSH）方法，获得 10 个差异片段，分别命名为 At1～At10，其中的 At7 获得了全长 cDNA。这个全长 cDNA，原核表达对黄萎病菌具有较强的抑制作用，分别转化了烟草、拟南芥和棉花。对转 At7 基因获得的陆地棉种子，在黄萎病菌加强接种（接种量约为正常值的 30 倍以上，达到每克土含有 30 个孢子）条件下筛选出 11 株表型无病植株。经过分子检测，其中 9 株为转基因植株。用黄萎病菌毒素（测定毒素蛋白含量为 2.2μg/mL）浸泡检测转基因植株叶片，对黄萎病菌毒素具有极强的耐受理力，抗萎蔫时间与对照相比，达 5 倍以上。2005 年冬将该 9 株转基因抗黄萎病植株后代在海南繁殖加代、分收单株，获得转基因第 3 代种子。

2006年将该第3代单株在超强接种病圃（100×107）育苗后，带病土移栽至田间种植株行；在发病高峰期调查，感病对照发病率达到99.1%，病指82.0；高抗株系与对照相比，差异高达11倍；转基因株行中有16个株行达到抗黄萎病水平，发病率变化在22.6%～55.8%之间（表7-1），病指在7.3～19.1之间，其中1个株系达到高抗水平，病株率22.6%，病指7.2；同时，抗及高抗黄萎病的株行表现出结铃性好、铃大等丰产特性。2006年8月26日农业部、中国农业科学院棉花研究所等机构的专家对该项目进行考察，认为在攻克棉花黄萎病方面取得重大突破，已获得具有自主知识产权的专利（表7-1）。

表7-1　抗枯黄萎病病级指标

| 病级 | 枯萎病指（%） | 黄萎病指（%） |
|---|---|---|
| 高抗 | <5.0 | <10.0 |
| 抗 | 5.1～10.0 | 10.1～20.0 |
| 耐 | 10.1～20.0 | 20.1～35.0 |
| 感 | >20.0 | >35.0 |

## 一、高抗枯萎病、抗耐黄萎病品种选育

1. **高抗枯萎病、高抗黄萎病品种**（12个）　为中棉所21（兼耐蚜）、中棉所31（兼抗棉铃虫）、中棉所32、中棉所49、豫棉21、豫早73、晋棉27、辽棉15、辽棉16、辽棉17、辽棉18、辽棉19，平均增产皮棉16.4%，纤维长度30.0mm，比强度28.5cN/tex（表7-2）。

2. **高抗枯萎病、抗黄萎病品种**（18个）　为中棉所12、中棉所24、中99、中3474、豫棉18、豫棉19、豫棉20、豫棉22、豫棉112、豫668、冀优48、鲁棉14、晋棉23、陕1155、川棉239、新陆早12、新陆中14、辽棉12，平均增产皮棉14.0%，纤维长度29.8mm，比强度28.0N/tex（表7-3）。

3. **高抗枯萎、耐黄萎病品种**（26个）　为中棉所19、中棉所25、中棉所27、中棉所35、中棉所41、中棉所43、中棉所44、豫棉15、冀棉14、冀棉20、冀棉21、冀棉668、省早441、鲁棉研19、新研96-48、银山4号、华丰6号、晋棉18、晋棉19、陕401、陕2234、陕4080、秦远4号、苏3118、南农1号、鄂抗棉3号，平均皮棉增产11.3%，纤维长度29.5mm，比强度28.1cN/tex（表7-4）。

**表7-2 高抗枯萎、高抗黄萎病品种性状**

| 品种 | 皮棉增产(%) | 纤维长度(mm) | 比强度(cN/tex) | 病指 枯萎 | 病指 黄萎 |
|---|---|---|---|---|---|
| 中棉所21 | 8.4 | | | 4.4 高抗 | 9.2 高抗 |
| 中棉所31 | 27.3 | 28.7 | 28.5 | 4.3 高抗 | 7.7 高抗 |
| 中棉所32 | 7.8 | 28.6 | 28.5 | 2.4 高抗 | 12.5 高抗 |
| 中棉所49 | 17.5 | 30.5 | 26.7 | 0.0 高抗 | 1.5 高抗 |
| 豫棉21 | 14.8 | 28.8 | 28.0 | 4.1 高抗 | 9.4 高抗 |
| 豫早73 | 11.6 | 29.9 | 28.4 | 0.0 高抗 | 2.2 高抗 |
| 晋棉27 | 13.4 | 29.9 | 32.5 | 3.4 高抗 | 9.7 高抗 |

| 品种 | 皮棉增产(%) | 纤维长度(mm) | 比强度(cN/tex) | 病指 枯萎 | 病指 黄萎 |
|---|---|---|---|---|---|
| 辽棉15 | 20.1 | 29.8 | 28.4 | 0.5 高抗 | 8.1 高抗 |
| 辽棉16 | 15.6 | 30.0 | 27.7 | 0.6 高抗 | 7.2 高抗 |
| 辽棉17 | 21.5 | 30.3 | 28.4 | 0.5 高抗 | 7.3 高抗 |
| 辽棉18 | 18.0 | 30.3 | 29.4 | 0.4 高抗 | 7.2 高抗 |
| 辽棉19 | 21.0 | 30.0 | 30.1 | 0.7 高抗 | 8.9 高抗 |
| 平均 | 16.4 | 30.0 | 28.5 | | |

表7-3 高抗枯萎病、抗黄萎病品种性状

| 品种 | 皮棉增产(%) | 纤维长度(mm) | 比强度(cN/tex) | 病指 枯萎 | 病指 黄萎 |
|---|---|---|---|---|---|
| 中棉所12 | 17.5 | 29.9 | | 4.1高抗 | |
| 中棉所24 | 15.6 | 29.2 | 29.5 | 0.9高抗 | 12.1抗 |
| 中99 | 8.5 | 29.9 | | 3.2高抗 | 12.6抗 |
| 中3474 | 5.0 | 30.0 | 28.3 | 3.0高抗 | 14.0抗 |
| 豫棉18 | 11.5 | 29.1 | 27.6 | 0.2高抗 | 18抗 |
| 豫棉19 | 20.9 | 30.9 | 27.0 | 2.1高抗 | 11.8抗 |
| 豫棉20 | 18.8 | 30.5 | 27.0 | 高抗 | 13.1抗 |
| 豫棉22 | 12.4 | 29.3 | 29.5 | 4.6高抗 | 18.8抗 |
| 豫棉112 | 10.0 | 29.7 | 26.7 | 1.2高抗 | 13.9抗 |
| 豫668 | 18.9 | 29.5 | 27.1 | 1.0高抗 | 13.6抗 |
| 冀优48 | | 33.9 | 32.3 | 4.8高抗 | 15.6抗 |
| 鲁棉14 | 12.0 | 30.7 | 28.0 | 4.5高抗 | 13.4抗 |
| 晋棉23 | 20.0 | 28.1 | 28.0 | 4.6高抗 | 11.5抗 |
| 陕1155 | 28.2 | 28.5 | | 2.3高抗 | 14.8抗 |
| 川棉239 | 1.0 | 28.8 | 26.6 | 4.0高抗 | 18.5抗 |
| 新陆早12 | | 28.9 | 25.3 | 高抗 | 抗 |
| 新陆中14 | 6.9 | 29.9 | 27.8 | 1.9高抗 | 14.0抗 |
| 辽棉12 | 17.0 | 29.0 | 27.8 | 0.6高抗 | 11.4抗 |
| 平均 | 14.0 | 29.8 | 28.0 | | |

表7-4　高抗枯萎、耐黄萎病品种性状

| 品种 | 皮棉增产(%) | 纤维长度(mm) | 比强度(cN/tex) | 病指 枯萎 | 病指 黄萎 |
|---|---|---|---|---|---|
| 中棉所19 | 2.6 | 29.8 | | 1.1 高抗 | 耐 |
| 中棉所25 | 10.0 | 30.8 | 28.5 | 0 高抗 | 25.3 耐 |
| 中棉所27 | 14.6 | 28.3 | 27.5 | 1.1 高抗 | 24.7 耐 |
| 中棉所35 | 9.3 | 30.2 | 28.8 | 3.4 高抗 | 28.4 耐 |
| 中棉所41 | 1.6 | 29.7 | 28.6 | 5.0 高抗 | 28.2 耐 |
| 中棉所43 | 15.6 | 30.1 | 28.8 | 4.4 高抗 | 20.6 耐 |
| 中棉所44 | 10.7 | 28.8 | 28.0 | 5.0 高抗 | 20.2 耐 |
| 豫棉15 | 12.3 | 30.5 | 26.7 | 0 高抗 | 20.1 耐 |
| 冀棉14 | 9.5 | 31.6 | | 2.4 高抗 | 23.2 耐 |
| 冀棉20 | 11.7 | 29.8 | | 高抗 | 耐 |
| 冀棉21 | 18.2 | 28.1 | | 高抗 | 耐 |
| 冀棉668 | 13.3 | 31.0 | 26.2 | 高抗 | 耐 |
| 省早441 | 14.0 | 26.8 | 26.4 | 2.4 高抗 | 29.6 耐 |
| 鲁棉研19 | 18.1 | 27.2 | 29.0 | 高抗 | 耐 |
| 新研96-48 | 7.3 | 29.8 | 28.0 | 高抗 | 耐 |
| 银山4号 | 5.9 | 30.5 | 28.9 | 4.9 高抗 | 22.6 耐 |
| 华丰6号 | 18.2 | 30.2 | 29.3 | 高抗 | 耐 |
| 晋棉18(抗虫) | 11.6 | 29.3 | | 3.4 高抗 | 27.7 耐 |
| 晋棉19 | 17.3 | 27.7 | 28.3 | 2.7 高抗 | 23.3 耐 |
| 陕401 | 13.8 | 27.0 | | 3.2 高抗 | 耐 |
| 陕2234 | 13.3 | 29.9 | | 3.9 高抗 | 20.8 耐 |
| 陕4080 | 3.9 | 31.1 | 27.1 | 4.1 高抗 | 20.8 耐 |
| 秦远4号 | 13.5 | 28.6 | 28.3 | 3.8 高抗 | 21.5 耐 |
| 苏3118 | 14.1 | 29.0 | | 3.4 高抗 | 25.0 耐 |
| 南农1号 | 0 | 29.6 | | 4.6 高抗 | 29.0 耐 |
| 鄂抗棉3号 | 12.3 | 31.5 | 28.4 | 3.6 高抗 | 34.4 耐 |
| 平均 | 11.3 | 29.5 | 28.1 | | |

表 7-5 抗枯萎、抗黄萎病品种性状

| 品种 | 皮棉增产(%) | 纤维长度(mm) | 比强度(cN/tex) | 病指 枯萎 | 病指 黄萎 |
|---|---|---|---|---|---|
| 中棉所23 | 17.1 | 27.4 | 25.3 | 5.9抗 | 5.9抗 |
| 中棉所30虫 | 20.2 | 29.2 | 27.2 | 6.7抗 | 6.7抗 |
| 中棉所36 | 16.8 | 29.3 | 29.9 | 7.2抗 | 7.2抗 |
| 中棉所45虫 | 16.6 | 30.1 | 30.8 | 9.6抗 | 9.6抗 |
| 鲁棉9号 | 5.4 | 30.4 | | 7.0抗 | 7.0抗 |
| 陕早2786 | 9.3 | 31.0 | | 抗 | 抗 |
| 运1729 | 12.2 | 29.4 | 30.2 | 7.9抗 | 7.9高抗 |
| 科棉4号 | 8.3 | 30.1 | 30.2 | 6.5抗 | 18.8抗 |
| 浙905 | 9.5 | 29.7 | 29.0 | 6.6抗 | 19.4抗 |
| 皖棉14 | 17.5 | 30.5 | 32.5 | 抗 | 抗 |
| 湘棉16 | 12.5 | 28.3 | | 抗 | 抗 |
| 川棉65 | 1.7 | 29.6 | 28.0 | 6.8抗 | 18.5抗 |
| 新陆早23 | 6.9 | 30.3 | 27.6 | 抗 | 抗 |
| 新陆中3号 | 26.5 | 28.8 | | 抗 | 抗 |
| 辽棉7号 | 20.0 | 29.2 | | 抗 | 抗 |
| 辽棉10号 | 23.6 | 27.3 | 25.8 | 抗 | 抗 |
| 辽棉11 | 26.8 | | 27.1 | 抗 | 抗 |
| 辽棉14 | 21.3 | 29.6 | 26.4 | 5.5抗 | 18.6抗 |
| 平均 | 15.1 | 29.4 | 28.3 | | |

表7-6　抗枯萎、耐黄萎病品种性状（冀豫）

| 品种 | 皮棉增产(%) | 纤维长度(mm) | 比强度(cN/tex) | 枯萎 | 黄萎 |
|---|---|---|---|---|---|
| 中棉所16 | 22.2 | 29.4 | | 抗 | 耐 |
| 中棉所17 | 14.2 | 31.4 | | 抗 | 耐 |
| 中棉所20 | | 28.6 | 27.2 | 抗 | 耐 |
| 中棉所22 | 5.0 | 29.6 | 27.4 | 抗 | 耐 |
| 中棉所50 | 23.6 | 29.5 | 27.8 | 抗 | 耐 |
| 中抗5号 | -1.5 | 31.3 | 32.4 | 抗 | 耐 |
| 中51504 | | 31.5 | | 抗 | 耐 |
| 豫棉2号 | 0 | 30.2 | | 抗 | 耐 |
| 宛早654 | 6.2 | 30.2 | | 抗 | 耐 |
| 冀棉3号 | 22.3 | 28.5 | | 抗 | 耐 |
| 冀棉15 | 8.7 | 29.3 | | 抗 | 耐 |
| 冀棉19 | -7.5 | 28.9 | | 抗 | 耐 |
| 冀棉22 | -3.1 | 32.8 | | 抗 | 耐 |
| 冀棉25 | 4.6 | 28.9 | 24.4 | 抗 | 耐 |
| 冀棉26 | 11.5 | 29.9 | 25.5 | 抗 | 耐 |
| 冀棉27 低酚 | 7.5 | 28.2 | 24.5 | 抗 | 耐 |

第七章 棉花抗枯、黄萎病的杂种优势

| 品 种 | 皮棉增产(%) | 纤维长度(mm) | 比强度(cN/tex) | 病指 | |
|---|---|---|---|---|---|
| | | | | 枯萎 | 黄萎 |
| 冀棉516 | 11.8 | 29.7 | 29.9 | 抗 | 耐 |
| 邯郸109虫 | -3.6 | 29.6 | 29.3 | 抗 | 耐 |
| 邯无23 | | 27.8 | 25.3 | 抗 | 耐 |
| 邯716 | 21.8 | 27.3 | 24.9 | 抗 | 耐 |
| 邯682虫 | 19.7 | 29.4 | 27.2 | 抗 | 耐 |
| 邯4849 | 11.1 | 29.1 | 26.4 | 抗 | 耐 |
| 丰抗棉1号 | | 28.3 | 24.6 | 抗 | 耐 |

| 品 种 | 皮棉增产(%) | 纤维长度(mm) | 比强度(cN/tex) | 病指 | |
|---|---|---|---|---|---|
| | | | | 枯萎 | 黄萎 |
| 豫棉4号 | 14.7 | 27.7 | | 抗 | 耐 |
| 豫棉9号 | 12.8 | 28.3 | 25.9 | 抗 | 耐 |
| 豫棉11 | 8.0 | 30.3 | 29.7 | 抗 | 耐 |
| 豫棉12 | 5.7 | 29.1 | 27.6 | 抗 | 耐 |
| 豫棉14 | 9.2 | 28.8 | 27.0 | 抗 | 耐 |
| 豫棉16 | 7.7 | 28.1 | 29.2 | 抗 | 耐 |
| 豫棉17 | 6.3 | 30.7 | | 抗 | 耐 |
| 豫79-13 | 15.8 | 30.4 | | 抗 | 耐 |

表 7-7 抗枯萎、耐黄萎病品种性状（鲁晋陕）

| 品 种 | 皮棉增产(%) | 纤维长度(mm) | 比强度(cN/tex) | 病指 枯萎 | 病指 黄萎 |
|---|---|---|---|---|---|
| 鲁棉 7 号 | 6.8 | 29.2 | | 抗 | 耐 |
| 鲁棉 11 | 7.7 | 28.9 | | 抗 | 耐 |
| 鲁棉 12 低酚 | 10.6 | 32.0 | 30.3 | 抗 | 耐 |
| 鲁棉研 16 虫 | 7.1 | 29.6 | 28.8 | 抗 | 耐 |
| 鲁棉研 17 虫 | 6.4 | 29.1 | 29.9 | 抗 | 耐 |
| 鲁棉研 18 虫 | -0.1 | 29.3 | 29.4 | 抗 | 耐 |
| 鲁棉研 21 虫 | 10.4 | 30.4 | | 抗 | 耐 |
| 晋棉 8 号 | 9.5 | 29.7 | | 抗 | 耐 |
| 晋棉 16 | 15.0 | 29.1 | 28.4 | 抗 | 耐 |
| 晋棉 17 | 14.3 | 27.7 | 29.4 | 抗 | 耐 |
| 晋棉 20 | 10.1 | 29.2 | 26.4 | 抗 | 耐 |
| 晋棉 25 | 12.3 | 27.2 | 26.2 | 抗 | 耐 |
| 晋棉 29 | 17.3 | 28.1 | 26.4 | 抗 | 耐 |
| 晋棉 35 | 14.7 | 28.7 | 31.1 | 抗 | 耐 |

（续）

| 品　种 | 皮棉增产(%) | 纤维长度(mm) | 比强度(cN/tex) | 病指 枯萎 | 病指 黄萎 |
|---|---|---|---|---|---|
| 运城509 | 14.8 | 28.6 | | 抗 | 耐 |
| 秦荔514 | -5.7 | 28.2 | | 抗 | 耐 |
| 秦荔534 | 22.2 | 29.0 | | 抗 | 耐 |
| 西农78-6 | -4.0 | 32.8 | | 抗 | 耐 |
| 西农岱16抗 | 13.6 | 30.6 | | 抗 | 耐 |
| 鲁棉研22虫 | 7.0 | 31.3 | 31.9 | 抗 | 耐 |
| 鲁无401 | 7.7 | 32.7 | | 抗 | 耐 |
| 鲁80-9 | 20.1 | 29.0 | | 抗 | 耐 |
| 鲁742 | 4.2 | 29.0 | 29.3 | 抗 | 耐 |
| 滨棉1号 | 8.2 | 28.4 | 27.7 | 抗 | 耐 |
| 晋棉3号 | 12.4 | 28.0 | | 抗 | 耐 |

表7-8 抗枯萎、耐黄萎病品种性状（长江流域西北内陆）

| 品种 | 皮棉增产(%) | 纤维长度(mm) | 比强度(cN/tex) | 病指 枯萎 | 病指 黄萎 |
|---|---|---|---|---|---|
| 徐棉219 | 21.3 | 27.1 | 27.6 | 9.5 抗 | 33.9 耐 |
| 科棉5号 | -0.1 | 31.6 | 35.5 | 10.0 抗 | 31.9 耐 |
| 泗抗3号 | 14.8 | 30.1 | 30.5 | 抗 | 耐 |
| 皖棉5号 | 6.0 | 29.2 | | 抗 | 耐 |
| 鄂抗棉4号 | 8.4 | 30.2 | 32.4 | 9.8 抗 | 32.4 耐 |
| 鄂抗棉12 | 2.2 | 30.2 | 32.4 | 抗 | 耐 |
| 鄂抗虫棉1号 | 3.7 | 30.0 | 28.1 | 6.9 抗 | 25.4 耐 |
| 华抗棉1号 | 2.3 | 29.5 | 27.7 | 抗 | 耐 |
| 赣棉8号 | 11.8 | 28.2 | | 9.6 抗 | 20.3 耐 |
| 川棉45 | 10.3 | 29.9 | 27.0 | 抗 | 耐 |
| 川棉109 | 0.7 | 29.0 | 25.9 | 7.5 抗 | 耐 |
| 川棉243 | 8.9 | 29.7 | 27.2 | 6.1 抗 | 23.0 耐 |
| 蜀棉1号 | 8.1 | 28.7 | 26.1 | 抗 | 耐 |
| 蜀棉2号 | -3.0 | 31.8 | 36.6 | 抗 | 耐 |
| 蜀棉3号 | 12.2 | 28.4 | 29.5 | 抗 | 耐 |
| 绵育3号 | 8.7 | 30.3 | 26.4 | 9.3 抗 | 33.8 耐 |
| 绵83-21 | 4.8 | 29.6 | | 抗 | 耐 |
| 新陆早13 | 12.3 | 30.6 | 25.8 | 抗 | 耐 |
| 新陆早18 | -5.3 | 29.9 | 28.0 | 抗 | 耐 |
| 新陆早20 | 1.0 | 31.4 | 29.9 | 抗 | 耐 |
| 新陆中21 | 5.3 | 29.4 | 28.6 | 抗 | 耐 |
| 平均 | 8.7 | 29.5 | 28.2 | | |

## 二、抗枯萎病、抗耐黄萎病

**1. 抗枯萎、抗黄萎病品种**（18个） 为中棉所23、中棉所30、中棉所36、中棉所45、鲁棉9号、陕早2786、运1729、科棉4号、浙905、皖棉14、湘棉16、川棉65、新陆早23、新陆中3号、辽棉7号、辽棉10号、辽棉11、辽棉14，平均皮棉增产15.1%，纤维长度29.4mm，比强度28.3cN/tex（表7-5）。

**2. 抗枯萎、耐黄萎病品种**（77个） 是在生产上起主要作用的类型。如中棉所16、中棉所17、中棉所20、中棉所22、中棉所50、中抗5号、中51504、豫棉2号、豫棉4号、豫棉9号、豫棉11、豫棉12、豫棉14、豫棉16、豫棉17、豫79-13、宛早654、冀棉3号、冀棉15、冀棉19、冀棉22、冀棉25、冀棉26、冀棉27、冀棉516、邯郸109、邯无23、邯716、邯682、邯4849、丰抗棉1号、鲁棉7号、鲁棉11、鲁棉12、鲁棉研16、鲁棉研17、鲁棉研18、鲁棉研21、鲁棉研22、鲁无401、鲁80-9、鲁742、滨棉1号、晋棉3号、晋棉8号、晋棉16、晋棉17、晋棉20、晋棉25、晋棉29、晋棉35、运城87-509、秦荔514、秦荔534、西农78-6、西农岱16、徐棉219、科棉5号、泗抗3号、皖棉5号、鄂抗棉4号、鄂抗棉12、鄂抗虫棉1号、华抗棉1号、赣棉8号、川棉45、川棉109、川棉243、蜀棉1号、蜀棉2号、蜀棉3号、绵育3号、绵83-21、新陆早13、新陆早18、新陆早20、新陆中21，平均皮棉增产8.7%，纤维长度29.5mm，比强度28.2cN/tex〔表7-6（冀豫）、表7-7（鲁晋陕）、表7-8（长江流域西北内陆）〕。

以上5种不同高抗、抗枯萎及高抗、抗、耐黄萎病品种的产量和纤维品质汇总性状（表7-9）。

**表7-9 高抗及抗枯、黄萎病品种汇总性状**

| 品　　种 | 皮棉增产<br>（%） | 纤维长度<br>（mm） | 比强度<br>（cN/tex） |
|---|---|---|---|
| 高抗枯萎、高抗黄萎病品种（12个） | 16.4 | 30.0 | 28.5 |
| 抗黄萎病、高抗枯萎病品种（18个） | 14.0 | 29.8 | 28.0 |
| 抗黄萎病、抗枯萎病品种（18个） | 15.1 | 29.4 | 28.3 |
| 耐黄萎病、高抗枯萎病品种（26个） | 11.3 | 29.5 | 28.1 |
| 耐黄萎病、抗枯萎病品种（77个） | 8.7 | 29.5 | 28.2 |

从表7-9中可清楚地看出：在育成的抗耐枯黄萎病品种中包括：①

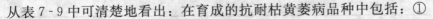

高抗枯萎、高抗黄萎病品种皮棉增产数高达 16.4%；②两个抗黄萎病类型的品种，如抗黄萎病、高抗枯萎病及抗黄萎病、抗枯萎病品种的皮棉增产数较高，在 14.0%～15.1%。③两个耐黄萎病类型的品种，如耐黄萎病、高抗枯萎病及耐黄萎病、抗枯萎病的皮棉增产数较低，在 8.7%～11.3%之间。这说明了抗、耐黄萎病对皮棉增产的重要性。④纤维品质没有明显的差别。

## 第二节　棉花抗、耐枯、黄萎病杂交种选育

从 20 世纪 90 年代至 21 世纪初，大面积生产上的感病品种又为如下以抗枯萎耐黄萎为主的（包括高抗枯萎抗黄萎及高抗枯萎耐黄萎病）62个杂交种替代，增产皮棉 13.6%～18.6%，纤维长度 30.0～30.5mm，比强度 28.4～30.3cN/tex。

1. **高抗枯萎、抗黄萎病**（包括个别高抗黄萎）**杂交种**（9个）　如国抗杂 1 号、国抗杂 2 号、中棉所 29、豫杂棉 1 号、豫杂 35、标记 A2、农大棉 6 号、湘杂 5 号、湘杂 6 号，平均增产皮棉 18.6%，纤维长度 30.5mm，比强度 30.3cN/tex（表 7 - 10）。

表 7 - 10　高抗枯萎、抗黄萎病（包括个别高抗黄萎）杂交种性状

| 杂交种 | 皮棉增产(%) | 纤维长度(mm) | 比强度(cN/tex) | 病　指 | |
|---|---|---|---|---|---|
| | | | | 枯　萎 | 黄　萎 |
| 国抗杂 1 号（GKz1）（虫） | 19.3 | 29.5 | 26.2 | 2.5 高抗 | 8.7 高抗 |
| 国抗杂 2 号（GKz2）（虫） | 19.1 | 30.2 | 29.3 | 0.9 高抗 | 11.0 抗 |
| 中棉所 29（虫） | 27.8 | 29.4 | 30.5 | 2.7 高抗 | 19.7 抗 |
| 豫杂棉 1 号（三系） | 20.3 | 30.9 | 27.6 | 0.6 高抗 | 18.7 抗 |
| 豫杂 35（虫） | 10.9 | 31.1 | 29.3 | 3.8 高抗 | 16.7 抗 |
| 标记 A2（优） | 30.7 | 31.6 | 32.0 | 0.4 高抗 | 15.3 抗 |
| 农大棉 6 号（杂） | 22.6 | 31.0 | 28.6 | 5.0 高抗 | 19.7 抗 |
| 湘杂 5 号（优） | 8.3 | 32.6 | 39.2 | 3.8 高抗 | 11.6 抗 |
| 湘杂 6 号（虫） | 8.1 | 28.4 | 29.9 | 3.5 高抗 | 12.2 抗 |
| 平均 | 18.6 | 30.5 | 30.3 | | |

2. **高抗枯萎、耐黄萎病杂交种**（9个） 如豫杂 37、银山 2 号、冀杂66、标记杂 1 号、鲁棉研 25、苏杂 26、南农 6 号、皖棉 19、渝杂 1 号，平均增产皮棉 13.6%，纤维长度 30.0mm，比强度 28.9cN/tex（表 7 - 11）。

表 7 - 11 高抗枯萎、耐黄萎病杂交种性状

| 杂交种 | 皮棉增产（%） | 纤维长度（mm） | 比强度（cN/tex） | 病 指 | |
|---|---|---|---|---|---|
| | | | | 枯 萎 | 黄 萎 |
| 豫杂 37 | 17.2 | 30.3 | 30.3 | 1.5 高抗 | 20.5 耐 |
| 银山 2 号 | 24.5 | 31.3 | 30.4 | 1.5 高抗 | 27.5 耐 |
| 冀杂 66（虫） | 13.1 | 28.9 | 28.8 | 高抗 | 耐 |
| 标记杂 1 号（虫） | 21.0 | 29.9 | 26.7 | 高抗 | 耐 |
| 鲁棉研 25（虫） | 18.2 | 29.6 | 28.9 | 高抗 | 耐 |
| 苏杂 26 | 8.1 | 29.6 | 25.0 | 2.3 高抗 | 26.0 耐 |
| 南农 6 号 | 2.8 | 29.0 | 28.4 | 3.3 高抗 | 25.6 耐 |
| 皖棉 19（九杂 4） | 15.4 | 30.0 | 26.2 | 高抗 | 耐 |
| 渝杂 1 号（虫） | 1.9 | 31.8 | 35.1 | 4.7 高抗 | 34.2 耐 |
| 平均 | 13.6 | 30.0 | 28.9 | | |

3. **抗枯萎、抗黄萎病杂交种**（5个） 如中棉所 38、冀杂 29、开棉5 号、鲁杂 H28、湘杂 2 号，平均增产皮棉 18.2%，纤维长度 30.1mm，比强度 28.4cN/tex（表 7 - 12）。

表 7 - 12 抗枯萎、抗黄萎病杂交种性状

| 杂交种 | 皮棉增产（%） | 纤维长度（mm） | 比强度（cN/tex） | 病 指 | |
|---|---|---|---|---|---|
| | | | | 枯 萎 | 黄 萎 |
| 中棉所 38（虫） | 17.2 | 29.9 | 28.5 | 5.7 抗 | 15.0 抗 |
| 冀杂 29（冀棉 18） | 24.6 | 30.6 | [22.1] | 抗 | 抗 |
| 开棉 5 号 | 4.2 | 30.3 | 29.8 | 7.5 抗 | 14.6 抗 |
| 鲁杂 H28 | 22.7 | 29.5 | 28.1 | 6.9 抗 | 19.5 抗 |
| 湘杂 2 号 | 21.2 | 30.2 | 27.0 | 抗 | 15.3 抗 |
| 平均 | 18.2 | 30.1 | 28.4 | | |

注：比强度项下的 [ ] 为断裂长度（km）。

4. **抗枯萎、耐黄萎病杂交种**（23个） 如中棉所 39、中棉所 46、中杂 019、中杂 028、银山 1 号、鲁棉研 15、鲁棉研 24、鲁 RH1、邯杂306、邯杂 98 - 1、苏杂 16、科棉 3 号、皖棉 16、皖棉 24、鄂杂 1 号、鄂

杂棉12、鄂杂棉15、鄂杂棉18、川杂9号、川杂11、川杂13、川杂14、川杂15，平均增产皮棉14.5%，纤维长度30.5mm，比强度29.6cN/tex（表7-13）。

表7-13 抗枯萎、耐黄萎病杂交种性状

| 杂交种 | 皮棉增产（%） | 纤维长度（mm） | 比强度（cN/tex） | 病指 | |
|---|---|---|---|---|---|
| | | | | 枯萎 | 黄萎 |
| 中棉所39（虫） | 27.3 | 28.9 | 27.5 | 9.9抗 | 30.3耐 |
| 中棉所46（中980）虫 | 12.4 | 32.4 | 34.7 | 6.7抗 | 23.1耐 |
| 中杂019 | 15.9 | 30.2 | [24.1] | 抗 | 耐 |
| 中杂028 | 21.3 | 31.0 | [22.1] | 抗 | 耐 |
| 银山1号 | 41.4 | 28.8 | 29.5 | 5.8抗 | 32.7耐 |
| 鲁棉研15（虫） | 9.2 | 30.7 | 30.7 | 抗 | 耐 |
| 鲁棉研24（虫） | 18.5 | 30.1 | 28.8 | 抗 | 耐 |
| 鲁RH1（虫） | 21.3 | 29.4 | 28.8 | 抗 | 耐 |
| 邯杂306（Kz41）（虫） | | 29.0 | 29.8 | 抗 | 耐 |
| 邯杂98-1（GKz11）三系 | | 29.6 | 29.7 | 抗 | 耐 |
| 苏杂16 | 12.8 | 30.3 | [22.2] | 抗 | 耐 |
| 科棉3号（虫优） | 8.7 | 31.3 | 32.4 | 6.4抗 | 29.1耐 |
| 皖棉16 | 13.9 | 30.9 | 27.6 | 10.0抗 | 24.0耐 |
| 皖棉24（皖杂3号） | 17.6 | 30.2 | 29.7 | 5.2抗 | 26.2耐 |
| 鄂杂1号（荆杂96-1） | 6.8 | 30.8 | 29.5 | 6.9抗 | 25.2耐 |
| 鄂杂棉12 | 10.8 | 31.1 | 30.8 | 抗 | 耐 |
| 鄂杂棉15 | 4.2 | 32.4 | 31.0 | 7.9抗 | 21.5耐 |
| 鄂杂棉18 | 10.8 | 31.6 | 28.4 | 抗 | 耐 |
| 川杂9号 | 9.8 | 30.1 | 27.0 | 抗 | 耐 |
| 川杂11 | 13.5 | 29.6 | 26.7 | 抗 | 耐 |
| 川杂13（虫） | 9.3 | 30.4 | 28.8 | 9.7抗 | 29.6耐 |
| 川杂14（虫） | 17.1 | 30.7 | 29.2 | 6.8抗 | 22.3耐 |
| 川杂15（虫） | 1.4 | 31.6 | 32.3 | 6.8抗 | 34.4耐 |
| 平均 | 14.5 | 30.5 | 29.6 | | |

注：比强度项下的［］为断裂长度（km）。

**5. 高抗枯萎、感黄萎病杂交种**（4个） 如鲁棉13、苏棉17、南抗3号、南农9号，平均增产皮棉9.1％，纤维长度29.7mm，比强度26.9cN/tex（表7-14）。

表7-14 高抗枯萎、感黄萎病杂交种性状

| 杂交种 | 皮棉增产（％） | 纤维长度（mm） | 比强度（cN/tex） | 病指 | |
|---|---|---|---|---|---|
| | | | | 枯萎 | 黄萎 |
| 鲁棉13（杂） | 12.5 | 31.3 | | 高抗 | 感 |
| 苏棉17（宁杂307） | 10.7 | 28.3 | 27.6 | 4.2 高抗 | 52.3 感 |
| 南农9号（杂） | 5.7 | 28.9 | 27.2 | 4.9 高抗 | 45.0 感 |
| 南抗3号（杂） | 7.3 | 30.1 | 25.8 | 1.8 高抗 | 37.3 感 |
| 平均 | 9.1 | 29.7 | 26.9 | | |

**6. 抗枯萎病**（未提黄萎病）**杂交种**（9个） 为荆杂1029、三杂4号、泗杂2号、皖棉18、鄂杂2号、鄂杂4号、湘杂4号、赣棉杂1号、赣杂106，平均增产皮棉9.7％，纤维长度29.9mm，比强度30.5cN/tex（表7-15）。

表7-15 抗枯萎杂交种性状

| 杂交种 | 皮棉增产（％） | 纤维长度（mm） | 比强度（cN/tex） | 病指 | |
|---|---|---|---|---|---|
| | | | | 枯萎 | 黄萎 |
| 荆杂1029 | 8.1 | 29.3 | 27.4 | 7.8 抗 | |
| 三杂4号（SHD1-3） | 14.8 | 30.2 | 31.1 | 5.3 抗 | |
| 泗杂2号 | 3.3 | 30.8 | 31.6 | 6.6 抗 | |
| 皖棉18（虫） | 19.4 | 29.9 | 28.6 | 抗 | 鸡脚叶 |
| 鄂杂2号（荆杂A5） | 9.7 | 28.4 | 28.1 | 7.6 抗 | |
| 鄂杂4号 | 8.1 | 29.3 | 27.4 | 7.8 抗 | |
| 湘杂4号（优） | 5.0 | 31.0 | 36.6 | 抗 | |
| 赣棉杂1号（优） | 12.0 | 30.5 | 31.9 | 8.0 抗 | |
| 赣杂106 | 6.7 | 29.6 | 31.6 | 8.8 抗 | |
| 平均 | 9.7 | 29.9 | 30.5 | | |

**7. 抗枯萎、感黄萎病杂交种**（2个） 如苏棉23、皖棉20，平均增产皮棉9.5％，纤维长度29.1mm，比强度28.3cN/tex（表7-16）。

表7-16  抗枯萎、感黄萎杂交种性状

| 杂交种 | 皮棉增产（%） | 纤维长度（mm） | 比强度（cN/tex） | 病 指 | |
|---|---|---|---|---|---|
| | | | | 枯 萎 | 黄 萎 |
| 苏棉23 | 6.0 | 30.8 | 29.4 | 8.5抗 | 63.1感 |
| 皖棉20虫 | 13.0 | 27.4 | 27.1 | 抗 | 感 |
| 平均 | 9.5 | 29.1 | 28.3 | | |

**8. 耐枯萎、耐黄萎病杂交种**（3个）    为中棉所47、川杂5号、川杂6号，平均增产皮棉16.4％，纤维长度29.9mm，比强度中棉所47与川杂5号为30.1cN/tex，川杂6号断裂长度为23.4km（表7-17）。

表7-17  耐枯萎、耐黄萎病杂交种性状

| 杂交种 | 皮棉增产（%） | 纤维长度（mm） | 比强度（cN/tex） | 病 指 | |
|---|---|---|---|---|---|
| | | | | 枯 萎 | 黄 萎 |
| 中棉所47（虫） | 26.5 | 29.4 | 30.1 | 10.5耐 | 22.3耐 |
| 川杂5号 | 9.7 | 30.4 | 30.0 | 耐 | 耐 |
| 川杂6号 | 13.1 | 29.9 | [23.4] | 耐 | 耐 |
| 平均 | 16.4 | 29.9 | | | |

注：比强度项下的 ［ ］ 为断裂长度（km）。

以上不同类别抗、耐、感黄萎病及抗、耐枯萎病杂交种的产量与品质性状（表7-18）。

表7-18  抗、耐、感黄萎病及抗、耐枯萎病杂交种
的产量与纤维品质性状汇总

| 杂交种 | 皮棉增产（%） | 纤维长度（mm） | 比强度（cN/tex） |
|---|---|---|---|
| 抗黄萎、高抗枯萎病杂交种（9个） | 18.6 | 30.5 | 30.3 |
| 抗黄萎、抗枯萎病杂交种（5个） | 18.2 | 30.1 | 28.4 |
| 耐黄萎、高抗枯萎病杂交种（9个） | 13.6 | 30.0 | 28.9 |
| 耐黄萎、抗枯萎病杂交种（23个） | 14.5 | 30.5 | 29.6 |
| 耐黄萎、耐枯萎病杂交种（3个） | 16.4 | 29.9 | 30.1 |
| 感黄萎、高抗枯萎病杂交种（4个） | 9.1 | 29.7 | 26.9 |
| 感黄萎、抗枯萎病杂交种（2个） | 9.5 | 29.1 | 28.3 |
| 未列黄萎、抗枯萎杂交种（8个） | 9.7 | 29.9 | 30.5 |

从表7-18中可清楚地看出：在育成的抗耐枯黄萎病杂交种中包括：

①抗黄萎高抗枯萎病杂交种及抗黄萎抗枯萎病杂交种皮棉增产 18.2%～18.6%；②耐黄萎高抗枯萎病杂交种、耐黄萎抗枯萎病杂交种及耐黄萎耐枯萎病杂交种皮棉增产 13.6%～16.4%；③感黄萎高抗枯萎病杂交种、感黄萎抗枯萎病杂交种及未列黄萎、抗枯萎杂交种皮棉增产 9.1%～9.7%。这说明了抗、耐黄萎病对皮棉增产的重要性。纤维长度，抗黄萎高抗枯萎病杂交种、抗黄萎抗枯萎病杂交种、耐黄萎高抗枯萎病杂交种、耐黄萎抗枯萎病杂交种 4 类的在 30.0～30.5mm，其余的 4 类均在 29.1～29.9mm 之间。

抗、耐黄萎病及抗枯萎病杂交种与品种的比较：

表 7 - 18 抗、耐、感黄萎病及抗、耐枯萎病 63 个杂交种的产量与纤维品质性状与表 7 - 9 高抗及抗枯、黄萎病 151 个品种性状相比，可明显看到，其中抗、耐黄萎病及抗、高抗枯萎病的 4 项杂交种皮棉增产在 14.5%～18.6%之间，而同样抗、耐黄萎病的 4 项品种皮棉增产仅在 8.7%～15.2%之间；纤维长度，杂交种在 30.0～30.5mm，品种在 29.4～29.8mm；比强度，杂交种在 28.4～30.3cN/tex，品种在 28.1～28.5cN/tex 之间，均略偏低。

从表 7 - 18 的前 4 项中还可看出：抗黄萎病的 2 项皮棉增产在 18.2%～18.6%之间，明显高于耐黄萎病 2 项的 13.6%～14.5%；而感黄萎病的 2 项仅增产皮棉 9.1%～9.5%。

可见，育成抗病品种和杂交种性状的提高，可分为以下 3 个方面：

（1）抗枯萎病性能从原来的感病级提高到抗病级水平，平均病指在 8 上下；黄萎病大部从感病级提高到耐病级水平，平均病指在 20 上下。辽宁品种的特点是对枯、黄萎病的抗性已提高到了兼抗及部分高抗水平。

（2）由于衣分从原来的 35%～36%提高到 39%以上，在籽棉产量相仿的情况下，皮棉增产明显。如 20 世纪 60 年代育成的耐病、丰产品种中棉所 3 号比感病对照岱字棉 15 增产皮棉 13.3%；70～80 年代育成的抗病、丰产品种 86 - 1 及中棉所 12 比抗病对照陕 401 与晋棉 7 号平均增产皮棉18.2%；90年代育成的包括纤维品质综合提高了的抗病品种平均增产皮棉在9%上下。

（3）纤维品质的改进，在保持原来中等纤维长度 29mm 的基础上，20 世纪 90 年代育成的抗病品种平均纤维比强度为 28.4cN/tex，抗病杂交种的平均纤维比强度达到 29.0cN/tex；尤以抗枯萎、耐黄萎病、强纤维渝棉 1 号品种和渝杂 1 号杂交种的纤维长度达到 30.5～31.8mm，比强度达到 35.1～35.7cN/tex；湘杂 5 号与新陆中 24 杂交种的比强度高达 37.4～39.2cN/tex。

从表 7-18 性状汇总表的抗、耐、感黄萎病及抗、耐枯萎病杂交种与表 7-9 性状汇总表的高抗及抗枯、黄萎病品种比较：①抗黄萎、高抗枯萎病杂交种类比品种类，皮棉增产 4.6 个百分点，纤维长度加长 0.7mm，比强度增加 2.3cN/tex；②抗黄萎、抗枯萎病杂交种类比品种类，皮棉增产 3.1 个百分点，纤维长度增长 0.7mm，比强度增加 0.1cN/tex；③耐黄萎、高抗枯萎病杂交种比品种类，皮棉增产 2.3 个百分点，纤维长度增长 0.5mm，比强度增加 0.8cN/tex；④耐黄萎、抗枯萎病杂交种比品种类，皮棉增产 5.8 个百分点，纤维长度增长 1.0mm，比强度增加 1.4cN/tex。总平均，杂交种类比品种类皮棉增产 4.0 个百分点，纤维长度增长 0.7mm，比强度增加 1.2cN/tex（表 7-19）。

表 7-19　抗耐病杂交种类比品种类产量纤维品质增长情况表

| 种　类 | 皮棉增产（%） | 纤维长度（mm） | 比强度（cN/tex） |
|---|---|---|---|
| 抗黄萎、高抗枯萎 | 4.6 | 0.7 | 2.3 |
| 抗黄萎、抗枯萎 | 3.1 | 0.7 | 0.1 |
| 耐黄萎病、高抗枯萎 | 2.3 | 0.5 | 0.8 |
| 耐黄萎病、抗枯萎 | 5.8 | 1.0 | 1.4 |
| 平均 | 4.0 | 0.7 | 1.2 |

由此可见，大力推广棉花杂交种，尤其是优质抗病杂交种，即杂种优势的利用在棉花生产上具有宽广的前途。

我国自 20 世纪中后期至 2005 年在黄河流域育成抗枯、黄萎病品种和杂交种 171 个，占全流域育成品种和杂交种总数的 58.1%；长江流域育成抗枯、黄萎病品种和杂交种 119 个，占全流域育成品种和杂交种总数的 44.6%；西北内陆棉区和北部特早熟棉区分别育成抗枯、黄萎病品种和杂交种 24 个及 13 个，各占该流域育成品种和杂交种总数的 35.8% 及 32.5%。从而在大面积生产上基本控制了棉枯、黄萎病为害。

枯、黄萎病在黄河与辽河两流域发生蔓延较早，20 世纪50～60 年代已开始进行抗病育种工作，育成的品种和杂交种大都属于抗枯萎、耐黄萎类型，枯、黄萎病的兼抗类型也主要先在这两个棉区育成。

20 世纪 50～90 年代育成棉花抗病品种按不同棉区分布的产量、品质与病指（表 7-20）。

表 7-20　20 世纪 50~90 年代不同棉区育成棉花抗病品种的
产量、品质与病指

| 年代 | 棉区 | 病害 | 衣分 (%) | 皮棉增产 (%) | 纤维长度 (mm) | 比强度 (cN /tex) | 马克隆值 | 病指 | | 品种数 |
|---|---|---|---|---|---|---|---|---|---|---|
| | | | | | | | | 枯萎 | 黄萎 | |
| 50~70 | 辽宁 | 耐黄 | 34.7 | 15.7 | 26.9 | 26.6 | | — | 20.1 | 3 |
| | 黄河 | 抗枯 | 38.2 | 10.9 | 28.7 | 25.0 | | 7.8 | — | 12 |
| 80~90 | 黄河 | 抗枯耐黄 | 39.4 | 10.4 | 29.0 | 26.6 | 4.3 | 9.9 | 20.3 | 45 |
| | 长江 | 抗枯耐黄 | 41.1 | 9.6 | 29.6 | 26.5 | 4.6 | 10.7 | 19.0 | 32 |
| | 辽宁 | 抗枯黄 | 39.2 | 17.8 | 29.1 | 26.8 | 4.2 | 3.2 | 15.7 | 7 |
| | 新疆 | 抗枯耐黄 | 39.9 | 11.3 | 29.4 | 27.0 | 4.0 | 9.8 | 25.7 | 10 |

注：20 世纪 50~70 年代黄河流域种植的徐州 1818、鲁棉 1 号及冀棉 8 号，长江流域的洞庭 1 号、鄂沙 28 及鄂荆 1 号都属感病品种；而 80 年代及 90 年代种植的均为抗（耐）病品种。

# 第八章　棉花抗棉铃虫的杂种优势

本章分抗棉铃虫品种与杂交种及抗棉铃虫优质纤维品种与杂交种两类。这些通过生物转抗虫基因育成的新品种和新杂交种一般增产皮棉6.3%～7.0%，尤其是河北、山东两省的棉田已全部种植了转基因抗虫棉。

## 第一节　抗棉铃虫品种与杂交种

### （一）抗棉铃虫品种

抗棉铃虫品种 40 个，为中棉所 30、中棉所 31、中棉所 32、中棉所 33、中棉所 37、中棉所 41、中棉所 50、中棉所 58、中植棉 2 号、冀丰 106、冀丰 197、SGK321、邯郸 109、邯 682、邯 5158、国欣棉 3 号、鑫秋 1 号、鲁棉研 17、鲁棉研 18、鲁棉研 19、鲁棉研 21、鲁棉研 28、鲁棉研 29、华丰 6 号、国抗 12、晋棉 26、晋棉 33、晋棉 34、晋棉 35、晋棉 36、晋棉 44、运彩 N8283、国抗 1 号、国抗 22、鄂抗棉 3 号、鄂抗棉 9 号、鄂抗虫棉 1 号、川棉 239、新陆棉 1 号及辽棉 19，比对照品种平均增产皮棉 12.4%，纤维长度 29.3mm，比强度 28.6cN/tex（表 8 - 1）。

### （二）抗棉铃虫杂交种

抗棉铃虫杂交种 30 个，为中棉所 38、中棉所 39、中棉所 47、中棉所 57、银棉 2 号、豫杂 35、开棉 5 号、银山 1 号、冀杂 66、标记杂 1 号、邯杂 306、邯杂 98 - 1、国欣棉 6 号、鲁棉研 20、鲁棉研 23、鲁棉研 24、鲁棉研 25、鲁 RH1、W8225、国抗杂 1 号、国抗杂 2 号、南抗 3 号、皖棉 18、皖棉 20、湘杂棉 6 号、湘杂棉 7 号、湘杂棉 8 号、川杂 12、川杂 13、川杂 14，比对照品种平均增产皮棉 16.5%，纤维长度 29.7mm，比强度 28.7cN/tex（表 8 - 2）。

抗棉铃虫杂交种与品种比，杂交种比品种多增产皮棉 4.1 个百分点，纤维长度多 0.4mm，比强度多 0.1cN/tex。

表8-1 抗棉铃虫品种性状

| 品种 | 皮棉增产(%) | 纤维长度(mm) | 比强度(cN/tex) | 病指 枯萎 | 病指 黄萎 |
|---|---|---|---|---|---|
| 中棉所30 | 20.2 | 29.2 | 27.2 | 6.7 | 13.6 |
| 中棉所31 | 27.3 | 28.7 | 28.5 | 4.3 | 7.7 |
| 中棉所32 | 7.8 | 28.6 | 28.5 | 2.4 | 12.5 |
| 中棉所33 | 21.6 | 29.4 | 30.1 | 11.9 | 10.4 |
| 中棉所37 | 15.2 | 29.0 | 27.8 | 5.0 | |
| 中棉所41 | 1.6 | 29.7 | 28.6 | 5.0 | 28.2 |
| 中棉所50 | 23.6 | 29.5 | 27.8 | 抗 | 耐 |
| 中棉所58 | 9.9 | 28.8 | 28.5 | 耐 | 耐 |
| 中植棉2号 | 12.2 | 29.0 | 29.2 | 高抗 | 抗 |
| 冀丰106 | 22.1 | 29.0 | 30.4 | 4.1 | 42.9 |
| 鲁棉研28 | 15.6 | 29.9 | 29.4 | 高抗 | 耐 |
| 鲁棉研29 | 9.6 | 30.0 | 30.2 | 抗 | 耐 |
| 华丰6号 | 18.2 | 30.2 | 29.3 | 高抗 | 耐 |
| 国抗12 | 17.4 | 29.0 | 29.5 | | |
| 晋棉26 | 5.0 | 28.7 | 27.1 | 12.9 | 22.3 |
| 晋棉33 | 16.2 | 30.0 | 28.8 | 16.5 | 40.8 |
| 晋棉34 | 21.0 | 30.3 | 27.2 | | |
| 晋棉35 | 14.7 | 28.7 | 31.1 | 7.9 | 34.5 |
| 晋棉36 | 20.7 | 29.4 | 30.1 | 12.9 | 47.0 |
| 晋棉44 | 12.8 | 27.9 | 27.4 | 7.3 | 25.7 |

（续）

| 品　种 | 皮棉增产(%) | 纤维长度(mm) | 比强度(cN/tex) | 病指 枯萎 | 病指 黄萎 |
|---|---|---|---|---|---|
| 运彩N8283 | 15.7 | 26.5 | 26.1 | 6.1 | 41.6 |
| 国抗1号 | -2.8 | 30.6 | 28.9 | 抗 | 1.9 |
| 国抗22 | 8.4 | 28.5 | 29.3 | 11.5 | 1.9 |
| 鄂抗棉3号 | 12.3 | 31.5 | 28.4 | 3.6 | 34.4 |
| 鄂抗棉9号 | 10.1 | 29.6 | 27.8 | 4.3 | 24.1 |
| 鄂抗虫棉1号 | 3.7 | 30.0 | 28.1 | 抗 | 耐 |
| 川棉239抗螨 | 1.0 | 28.8 | 26.6 | 4.0 | 18.5 |
| 新陆棉1号 | 6.4 | 30.3 | 28.9 | 127耐 | 7.6高抗 |
| 辽棉19 | 21.0 | 30.0 | 30.1 | 0.7 | 8.9 |
| 平均 | 12.4 | 29.3 | 28.6 | | |

| 品　种 | 皮棉增产(%) | 纤维长度(mm) | 比强度(cN/tex) | 病指 枯萎 | 病指 黄萎 |
|---|---|---|---|---|---|
| 冀丰197 | 18.9 | 29.9 | 27.0 | 4.3 | 52.2 |
| SGK321 | 1.9 | 28.4 | 25.9 | 耐 | 耐 |
| 邯郸109 | -3.6 | 29.6 | 29.3 | 抗 | 耐 |
| 邯682 | 21.8 | 29.4 | 28.5 | 抗 | 耐 |
| 邯5158 | 10.0 | 29.6 | 28.4 | 高抗 | 抗 |
| 国欣棉3 | 10.8 | 29.0 | 28.0 | 耐 | 抗 |
| 鑫秋1号 | 11.0 | 29.7 | 29.2 | 耐 | 耐 |
| 鲁棉研17 | 6.4 | 29.1 | 28.8 | 抗 | 耐 |
| 鲁棉研18 | -0.1 | 29.3 | 29.9 | 抗 | 耐 |
| 鲁棉研19 | 18.1 | 27.2 | 29.0 | 高抗 | 耐 |
| 鲁棉研21 | 10.4 | 30.4 | 29.4 | 抗 | 耐 |

表8-2 抗铃虫杂交种性状

| 杂交种 | 皮棉增产(%) | 纤维长度(mm) | 比强度(cN/tex) | 病指 枯萎 | 病指 黄萎 |
|---|---|---|---|---|---|
| 中棉所38(中抗杂A) | 20.0 | 29.9 | 28.5 | 5.7抗 | 15.0抗 |
| 中棉所39 | 27.3 | 28.9 | 27.5 | 9.9抗 | 30.3耐 |
| 中棉所47(中抗杂7号) | 28.9 | 29.4 | 28.8 | 10.5耐 | 22.3耐 |
| 中棉所57 | 21.3 | 29.5 | 29.5 | 高抗 | 耐 |
| 银棉2号(三系) | 29.1 | 29.0 | 27.7 | 12.2耐 | 25.0耐 |
| 豫杂35 | 10.9 | 31.1 | 29.3 | 3.8高抗 | 16.7抗 |
| 开棉5号 | 4.2 | 30.3 | 29.8 | 7.5抗 | 15.6抗 |
| 鲁棉研25 | 13.1 | 30.0 | 29.4 | 高抗 | 耐 |
| W8225 | 6.3 | 29.5 | 30.2 | 耐 | 耐 |
| 鲁RH1 | 21.3 | 29.4 | 28.8 | 抗 | 耐 |
| 国抗杂1号 | 19.3 | 29.5 | 26.1 | 2.5高抗 | 8.7高抗 |
| 国抗杂2号 | 19.1 | 30.2 | 29.3 | 0.9高抗 | 11.0抗 |
| 南抗3号 | 7.3 | 30.1 | 25.8 | 1.8高抗 | 37.3感 |
| 皖棉18(淮杂2号) | 19.4 | 29.9 | 28.6 | 抗 | 鸡脚叶 |

中国棉花杂交种与杂种优势利用

| 杂交种 | 皮棉增产(%) | 纤维长度(mm) | 比强度(cN/tex) | 病指 | |
|---|---|---|---|---|---|
| | | | | 枯萎 | 黄萎 |
| 银山1号 | 41.4 | 28.8 | 29.5 | 5.8抗 | 32.7耐 |
| 冀杂66 | 13.1 | 28.9 | 28.8 | 高抗 | 耐 |
| 棕记杂1号 | 21.0 | 29.9 | 26.7 | 高抗 | 耐 |
| 邯杂306 | | 29.0 | 29.8 | 抗 | 耐 |
| 邯杂98-1 | | 29.6 | 29.7 | 抗 | 耐 |
| 国欣棉6号 | 15.6 | 30.2 | 28.5 | 耐 | 耐 |
| 鲁棉研20 | 10.7 | 29.9 | 29.9 | 耐 | 耐 |
| 鲁棉研23 | 12.5 | 31.1 | 30.2 | 耐 | 耐 |
| 鲁棉研24 | 18.5 | 30.1 | 28.8 | 抗 | 耐 |

| 杂交种 | 皮棉增产(%) | 纤维长度(mm) | 比强度(cN/tex) | 病指 | |
|---|---|---|---|---|---|
| | | | | 枯萎 | 黄萎 |
| 皖棉20（丰杂1） | 13.0 | 27.4 | 27.1 | 抗 | 感 |
| 湘杂棉6号 | 8.1 | 28.4 | 29.9 | 3.5高抗 | 12.2抗 |
| 湘杂棉7号 | 12.8 | 31.0 | 28.5 | 17.8抗 | 19.3抗 |
| 湘杂棉8号 | 15.3 | 29.4 | 27.8 | 14.0耐 | 28.0耐 |
| 川杂12 | 4.9 | 30.8 | 29.3 | 19.2耐 | 22.0耐 |
| 川杂13 | 9.3 | 30.4 | 28.8 | 9.7抗 | 29.6耐 |
| 川杂14 | 17.0 | 30.7 | 29.2 | 6.8抗 | 22.3耐 |
| 平均 | 16.5 | 29.7 | 28.7 | | |

## 第二节　抗棉铃虫优质纤维品种与杂交种

### （一）抗棉铃虫优质纤维品种

抗棉铃虫优质纤维品种 6 个，为中棉所 45、冀棉 958、邯棉 802、鲁棉研 22、鲁棉研 27 及星棉 2 号，比对照品种平均增产皮棉 11.2%，纤维长度 30.3mm，比强度 31.2cN/tex（表 8-3）。

表 8-3　抗棉铃虫优质纤维品种性状

| 品　种 | 皮棉增产（%） | 纤维长度（mm） | 比强度（cN/tex） | 病　指 | |
|---|---|---|---|---|---|
| | | | | 枯　萎 | 黄　萎 |
| 中棉所 45 | 16.6 | 30.1 | 30.8 | 9.6 | 13.3 |
| 冀棉 958 | 6.3 | 30.0 | 31.6 | 高抗 | 耐 |
| 邯棉 802 | 12.0 | 29.5 | 31.4 | 高抗 | 耐 |
| 鲁棉研 22 | 7.0 | 31.3 | 31.9 | 抗 | 耐 |
| 鲁棉研 27 | 19.2 | 29.6 | 31.0 | 高抗 | 耐 |
| 星棉 2 号（豫） | 6.0 | 31.5 | 30.5 | 11.1 | 16.3 |
| 平均 | 11.2 | 30.3 | 31.2 | | |

### （二）抗棉铃虫优质纤维杂交种

抗棉铃虫优质纤维杂交种 12 个，为中棉所 48（中杂 3 号）、豫杂 37、冀杂 1 号、冀杂 3268、鲁棉研 15、科棉 3 号、银山 2 号、慈抗杂 3 号、皖棉 25（灵杂 1 号）、湘杂棉 11、鄂杂棉 24 及渝杂 1 号（科棉 1 号）比对照品种平均增产皮棉 10.1%，纤维长度 30.9mm，比强度 31.5cN/tex（表 8-4）。

表 8-4　抗棉铃虫优质纤维杂交种性状

| 杂交种 | 皮棉增产（%） | 纤维长度（mm） | 比强度（cN/tex） | 病　指 | |
|---|---|---|---|---|---|
| | | | | 枯　萎 | 黄　萎 |
| 中棉所 48 | 5.7 | 30.3 | 31.7 | 17.6 耐 | 28.2 耐 |
| 豫杂 37 | 17.2 | 30.3 | 30.3 | 1.5 高抗 | 20.5 耐 |
| 冀杂 1 号 | 13.1 | 30.7 | 31.2 | 高抗 | 抗 |
| 冀杂 3268 | 14.6 | 31.6 | 31.6 | 抗 | 抗 |
| 鲁棉研 15 | 9.2 | 30.7 | 30.7 | 抗 | 耐 |
| 渝杂 1 号 | 2.3 | 31.8 | 35.1 | 4.7 高抗 | 34.2 耐 |

| 杂交种 | 皮棉增产（%） | 纤维长度（mm） | 比强度（cN/tex） | 病 指 | |
|---|---|---|---|---|---|
| | | | | 枯萎 | 黄萎 |
| 科棉 3 号 | 9.7 | 32.6 | 33.5 | 6.9 抗 | 28.5 耐 |
| 银山 2 号 | 24.5 | 31.3 | 30.4 | 1.5 高抗 | 27.5 耐 |
| 慈抗杂 3 号 | 11.7 | 29.9 | 30.5 | 20.4 感 | 34.9 耐 |
| 皖棉 25 | −0.5 | 30.2 | 31.0 | | 18.2 抗 |
| 湘杂棉 11 | 6.2 | 31.2 | 31.0 | 耐 | 耐 |
| 鄂杂棉 24 | 6.9 | 30.7 | 30.4 | 耐 | 耐 |
| 平均 | 10.1 | 30.9 | 31.5 | | |

抗棉铃虫优质纤维杂交种和品种比，杂交种比对照的产量低于品种 1.1 个百分点，纤维长度杂交种高 0.6mm，纤维比强度杂交种高 0.3cN/tex，都大体类同。

以上两类的比较，由于参试材料和地点并非统一部署，所得到杂交种和品种表现相差的结果也不显著；而从杂交种比品种总的表现居优势这点考虑，抗棉铃虫杂交种类可在广大棉铃虫危害地区种植，抗棉铃虫优质纤维杂交种类可在要求纺高支纱且棉铃虫危害的地区种植。

病虫为害是棉花生长的不利因素，同时还有诸多可引起棉花不能正常生长的因素，如肥、水、气、温、光等的不足引起的产量下降和品质变劣，构成棉花生长的各种逆境（即不利环境）；从而棉花抗逆境能力的大小，也是衡量能否高产和稳产的重要标志。棉花杂交种无论是种内杂交或是种间杂交都表现出对各种逆境良好的适应能力或抗衡能力。一些研究者（Miller，1964；Hawkins，1965；Thomson，1971）发现：棉花杂交种在低产水平条件下的增产百分率远高于高产水平条件下的增产百分率，这使人看到了棉花杂种优势利用的另一种综合杂种优势效应，即对多种抗逆境能力的表现，这种能力在多数情况下又贯穿于棉花个体生长和群体发育的一生，由于它们反复地相互作用和积累，尤其使杂种 $F_1$ 代明显地超过亲本。

# 第九章　特殊性状的棉花杂交种及优势表现

## 第一节　低　酚　棉

我国常年的棉花生产除留足种子与榨棉籽油外，尚有相当数量的棉籽蛋白可供作食用蛋白利用；而棉饼粕的脱毒、去酚则成本增加。如全国有 1/3 的棉田种植低酚棉，除收获皮棉外，不需另占用土地和资金投入，约有 400kt 棉籽蛋白可作食品利用，同时也是发展畜牧业的好办法。

棉酚是棉株抗虫及抗真菌病害天然防御机制的重要因素，田鼠等啮齿类动物喜为害棉酚含量低的棉株；而种子低棉酚（棉酚迟缓发育）、棉株高棉酚新类型的种子，能利用其棉籽蛋白作食品与饲料的营养源；而种子发芽后形成的棉酚，在生长期间对害虫与兽畜能起抗生作用；从而在低酚棉育种工作中更要重视这一类型的选育；再结合棉仁高蛋白、高赖氨酸，棉油高含亚油酸的选育，便更可提高棉籽与棉籽油的营养与经济价值。

低酚棉未在生产上大面积发展的主要原因是其丰产性不如普通种植的有酚棉品种（朱乾浩、许馥华，1994）。研究表明高产组合（中棉所 13×浙棉 9 号）的单株结铃数和单铃重有了较大幅度的提高，籽棉产量、铃重、单株结铃数和果枝数有显著的竞争优势，早熟性较好，霜前花率中亲优势为 24%，是增加产量的基础；杂种 F₁ 代的纤维长度和比强度略高于亲本的平均值，而纤维细度有所降低，杂种 F₂ 代蛋白质含量和蛋白质指数的优势明显，是解决棉籽蛋白综合利用的重要因素。

### 一、低酚棉品种

20 世纪 70～90 年代育成的低酚棉品种有中棉所 18、晋棉 14 及冀棉 27 等 32 个，平均衣分 39.4%，比对照增产霜前皮棉 5.0%，纤维长度 29.5mm，断裂长度 22.6km 或比强度 27.5cN/tex，马克隆值 4.4，多数品种抗枯萎病、耐黄萎病（表 9-1）。

表 9-1　低酚棉品种的主要性状

| 品　种 | 衣分（%） | 霜前皮棉增产（%） | 纤维长度（mm） | 断裂长度（km） | 比强度（cN/tex） | 马克隆值 |
|---|---|---|---|---|---|---|
| 中棉所 13 | 41.0 | −5.6 | 30.6 | 25.1 | | |
| 中棉所 18 | 35.8 | 0.4 | 30.9 | 24.7 | | |
| 中棉所 20 | 36.6 | 10.0 | 28.6 | | 27.2 | 4.5 |
| 中棉所 22 | 40.0 | 5.0 | 29.6 | | 27.4 | 4.6 |
| 豫棉 2 号 | 39.5 | 0.0 | 30.2 | 22.7 | | |
| 豫棉 6 号 | 39.0 | 5.3 | 30.4 | 21.5 | | |
| 豫无 19 | 37.6 | −3.3 | 27.8 | 22.1 | | |
| 冀棉 19 | 39.0 | −7.5 | 28.9 | 21.1 | | |
| 冀棉 21 | 36.7 | 18.2 | 28.1 | 20.9 | | |
| 冀棉 27 | 39.8 | 7.5 | 28.2 | | 24.5 | 4.3 |
| 邯无 23 | 37.6 | | 27.8 | | 25.3 | 4.7 |
| 鲁棉 12 | 37.5 | 10.6 | 32.0 | 22.9 | | |
| 鲁无 401 | 37.1 | 7.7 | 32.7 | 22.7 | | |
| 聊无 19B | 39.6 | | 29.1 | 21.7 | | |
| 晋棉 14 | 37.8 | 3.9 | 29.6 | 22.7 | | |
| 晋棉 22 | 37.5 | 10.7 | 27.6 | | 27.5 | 4.2 |
| 汾低 99 | 37.2 | 0.0 | 28.3 | | 29.0 | |
| 浙棉 9 号 | 41.6 | −1.2 | 29.6 | 23.1 | | |
| 浙棉 10 号 | 42.0 | 0.0 | 29.8 | | 26.4 | 4.5 |
| 皖棉 5 号 | 41.0 | 6.0 | 29.2 | 21.7 | | |
| 皖棉 14 | 43.0 | 17.2 | 30.5 | | 32.5 | 4.2 |
| 澧无 76-47 | 41.0 | 11.3 | 32.6 | | | |
| 湘棉 11 | 38.4 | 0.7 | 28.8 | 21.7 | | |
| 湘棉 13 | 40.9 | 0.9 | 28.6 | 24.6 | | |
| 湘棉 18 | 42.2 | 15.8 | 28.5 | | 25.9 | 5.0 |
| 湘无 84-13 | 40.6 | 1.3 | 29.3 | 21.0 | | |
| 绵无 4176 | 42.5 | 2.9 | 29.6 | 21.8 | | |
| 新陆早 3 号 | 38.6 | 0.7 | 28.6 | 22.7 | | |
| 新陆早 15 | | 2.5 | 29.7 | | 27.2 | 4.3 |
| 新陆中 1 号 | 39.5 | 2.8 | 28.9 | 24.9 | | |
| 新陆中 6 号 | 39.0 | 11.9 | 31.3 | | 30.1 | 3.8 |
| 辽棉 13 | 42.0 | 5.0 | 29.5 | | 27.1 | |
| 平均 | 39.4 | 5.0 | 29.5 | 22.6 | 27.5 | 4.4 |

注：低酚棉品种棉酚含量＜0.02%。

## 二、低酚棉杂交种

种子无棉酚、棉株高棉酚、抗虫、无农药残毒的棉花杂交种是棉花杂交种育种的重要方向。20世纪80～90年代育成低酚棉杂交种2个，平均衣分41.9％，增产皮棉17.1％，纤维长度29.6mm，比强度28.3cN/tex，马克隆值4.8（表9-2）。其中皖棉13（皖杂40）最大年播种面积3.3万hm²。

**表9-2 低酚棉杂交种的主要性状**

| 组 合 | 衣分（%） | 皮棉增产（%） | 纤维长度（mm） | 比强度（cN/tex） | 马克隆值 |
|---|---|---|---|---|---|
| 皖棉13（皖杂40） | 41.0 | 16.5 | 30.2 | 28.8 | 4.9 |
| 皖棉21（淮杂3号） | 42.8 | 17.6 | 29.0 | 27.6 | 4.6 |
| 平均 | 41.9 | 17.1 | 29.6 | 28.3 | 4.8 |

2个低酚棉杂交种，与32个低酚棉品种比，两者存在数量上的差别且来源不同，所得的纤维长度和比强度类似，而杂交种比品种增产皮棉12.1个百分点的趋势仅供参考。

# 第二节 彩絮棉

## 一、彩絮棉色泽遗传研究

孙贞（1996）通过对6组杂交F₂代分离情况卡方分析结果，三组棕色棉，有色与白色之比符合13∶3的理论值；两组绿色棉，有色与白色之比符合15∶1的理论值。认定彩色性状的遗传是由2对显性基因控制，而且棕色棉可以认为有基因的抑制作用，绿色棉有累加作用。石玉真等（2001）研究棕絮棕绒与白絮白绒杂交F₂代分离的植株有：棕絮棕绒、白絮棕绒、白絮白绒三种类型，经卡方测验，符合9∶3∶4的比例，所以棕絮棕绒的遗传受2对主效基因控制；绿絮绿绒与白絮白绒杂交，其遗传规律与棕絮棕绒相似。

## 二、彩絮棉品种

彩絮棉品种按纤维颜色分棕色和绿色两类，根据已育成品种统计：11个棕色品种的平均为，衣分34.3％，皮棉减产8.5％，纤维长度

27.5mm，比强度 24.9cN/tex，马克隆值 3.7；7 个绿色品种的平均衣分为 26.8％，因试验的正确性差，皮棉减产数不明，纤维长度 26.4mm，比强度 23.9cN/tex，马克隆值 2.6。棕色和绿色两类品种的纤维长度分别比普通品种短 1.9mm 及 3.0mm，比强度分别降低 2.2 及 3.2cN/tex，马克隆值分别降低 0.9 及 2.0（表 9‑3）。

表 9‑3　彩絮棉品种的主要性状

| 品　种 | | 衣分（%） | 皮棉增产（%） | 纤维长度（mm） | 比强度（cN/tex） | 马克隆值 |
|---|---|---|---|---|---|---|
| 棕絮 | 中棕絮 1 号 | 35.0 | −20.0 | 28.6 | 28.0 | 4.1 |
| | 中棕 2‑63 | 32.8 | −25.0 | 26.0 | 22.8 | 3.8 |
| | 晋 TC‑03 | 32.0 | −23.2 | 25.5 | 22.5 | 2.9 |
| | 鄂棕 67 | 30.3 | | 28.8 | 24.9 | 3.5 |
| | 鄂棕 75 | 28.6 | | 28.2 | 24.1 | 3.0 |
| | 湘棕 41‑1 | 37.1 | −19.0 | 28.6 | 21.3 | 4.1 |
| | 湘彩棉 2 号 | 38.0 | −17.4 | 27.3 | 24.3 | 3.5 |
| | 新彩棉 1 号 | 33.0 | | 29.4 | 28.1 | 3.4 |
| | 新彩棉 5 号 | 36.3 | 20.1 | 26.9 | 29.0 | 3.5 |
| | 新彩棉 6 号 | 38.8 | 31.9 | 27.2 | 22.3 | 3.8 |
| | 运彩 N8283 | 35.5 | −15.7 | 26.5 | 26.1 | 4.6 |
| | 平均 | 34.3 | −8.5 | 27.5 | 24.9 | 3.7 |
| 绿絮 | 中绿絮 1 号 | 25.2 | −50.0 | 27.4 | 21.7 | 2.8 |
| | 湘彩棉 1 号 | 31.3 | −30.0 | 28.9 | 24.0 | 3.2 |
| | 川绿 G100‑88 | 20.0 | | 23.8 | 16.8 | 2.6 |
| | 新彩棉 3 号 | 26.7 | | 27.6 | 19.7 | 2.5 |
| | 新彩棉 7 号 | 26.8 | | 26.0 | 24.0 | 2.7 |
| | 新彩棉 8 号 | 28.8 | | 26.1 | 26.3 | 2.4 |
| | 陇绿棉 2 号 | 24.8 | | 27.1 | 21.2 | 2.8 |
| | 平均 | 26.8 | | 26.4 | 23.9 | 2.6 |

　　注：普通品种一般增产 13.6％，纤维长度 29.4mm，比强度 27.1cN/tex，马克隆值 4.6。

## 三、彩絮棉杂交种

　　育成棕絮彩棉杂交种 3 个，为中棉所 51、鄂棕杂 A‑98 及湘棕杂 16，平均生育期 129 天，衣分 36.0％，纤维长度 31.0mm，比强度 27.0cN/tex，马克隆值 4.3。绿色彩絮杂交种湘绿杂 18 一个，生育期 138 天，衣分

40.2%，纤维长度 29.5mm，比强度 26.4cN/tex，马克隆值 3.2(表 9 - 4)。

**表 9 - 4 彩絮棉杂交种的主要性状**

| 组　合 | 衣分（%） | 皮棉增产（%） | 对照品种 | 纤维长度（mm） | 比强度（cN/tex） | 马克隆值 |
|---|---|---|---|---|---|---|
| 中棉所 51(中棕杂 BZ12) | 37.3 | | | 31.3 | 30.4 | 4.3 |
| 鄂棕杂 A - 98 | 33.3 | 10.0 | 鄂抗 10 号 | 29.2 | 25.9 | 3.8 |
| 湘棕杂 16 | 37.5 | ≤ | 湘杂 2 号 | 32.5 | 24.5 | 4.7 |
| 以上棕杂类　平均 | 36.0 | | | 31.0 | 27.0 | 4.3 |
| 湘绿杂 18 | 40.2 | | 新彩 3 号 | 29.5 | 26.4 | 3.2 |

棕絮和绿絮杂交种比棕絮和绿絮品种的纤维长度分别增加 3.5mm 及 3.1mm，比强度分别增加 2.1cN/tex 及 2.5cN/tex，马克隆值分别增加 0.6 及 0.4。

# 第三节　鸡脚叶、水旱地两用及其他性状的品种和杂交种

## 一、鸡脚叶标记三系杂交种的杂种优势

陆地棉鸡脚叶是阔叶的显性突变体，呈鸡爪形。鸡脚叶棉具有群体通风透光性能好、对虫害有抗避性能和早熟等优点，且又是良好的杂种标记性状，便于制种和保障纯度。

朱伟、王德学（2006）将鸡脚叶性状转育到棉花细胞质雄性不育系、保持系和恢复系中，育成具有鸡脚叶型的不育系、保持系和恢复系，用鸡脚叶不育系与阔叶恢复系杂交，或阔叶不育系与鸡脚叶恢复系杂交，便能获得鸡脚叶标记的三系杂交种。

鸡脚叶标记的三系杂交种具有显著的杂种优势，主要表现为生育期短、结铃集中、吐絮畅、烂铃少，以及鸡脚叶具有形态抗虫的特点，可在无霜期短的北部特早熟棉区及纬度较低、无霜期较长的黄河与长江流域棉区作麦后棉和油（油菜）后棉种植。

值得重视的是，根据鸡脚叶指示性状在杂种 $F_1$ 代可区分"真"、"伪"杂种，从而保证杂交种子的纯度；在制种田里，鸡脚叶不育系与正常叶恢复系种子既可分行播种又可混合播种，如以蜜蜂传粉，则不需要"人工去雄"，从鸡脚叶（不育系）棉株上收获的种子即为杂交种子，制种成本低，

效率高。

超鸡脚叶 A 与正常叶 R 的杂交种的纤维品质优于正常叶 A 与正常叶 R 的杂交种，原因是后者营养生长过旺，乃至徒长，群体通风透光差，烂铃较严重。

### 二、水旱地两用品种和杂交种

我国棉区幅员辽阔，生态条件复杂，经兴修水利，扩大了棉田的灌溉面积，但仍有相当数量的如黄土高原的旱塬与南方丘陵岗地没有灌溉条件的棉田，棉花生长全靠自然降雨；如河北黑龙港旱地棉区仅部分棉田在冬季能浇上一次水，生长季节则再无水可浇。春季干旱，等雨播种，播期推迟。收麦季节（初夏）干旱及伏旱，也都是胁迫棉花生育推迟的重要原因。有灌溉条件的水浇地仍有一定数量的棉田灌溉周期过长，尤其遇到旱年，棉株生育滞缓。①为使我国在不同生态类型棉区、不同旱涝年份，能比种植当前的品种，更趋平衡增产，应从选择对水分的钝感性着手，开展抗（耐）旱及水旱地两用品种和杂交种的选育工作。如中棉所 12 属灌溉生态型，84S-14 属旱地生态型。②有些品种和杂交种对水分胁迫和高水肥反应不敏感，适应能力较强，具有较好的平衡增产潜力，稳产性较好，能适应多变的生态条件，确立水旱交替选择的试验程序及多种生态条件选择鉴定的评价方法，育成了丰产、抗逆性好的晋棉 13。③如华北平原旱地，以春旱夏涝为主，采用苗期反复干旱为主的抗旱鉴定法，选择对水肥不敏感的材料。长江中游丘陵岗地，以苗蕾期多雨和花铃期干旱为主，采用旱池及形态生理指标的间接评价法，以伏旱高温为重点，育成了耐伏旱、高温的赣棉 6 号和赣棉 8 号。④一般雨涝年份，早熟基因型表现较好；干旱年份，对晚熟基因型有利。应根据气候特点，提高有利类型的选择标准，适当放宽不利类型的入选尺度。⑤在出现极大的干旱、雨涝、病虫暴发、低温死苗、阴雨烂铃，这为抗逆性选择提供了不可多得的机遇。因而，即使非目标性状，也不可轻易错过选择的机遇。为及时对试验材料做出准确评价，可增设在胁迫较重（生育期降雨控制在 300mm 以下）的旱棚中选择。

### 三、其他性状

1. **麦后直播短季棉**　在单位面积上，为获得小麦和棉花的最高产量，投入最少的劳力与成本，改当前麦棉间套作为麦棉连作——麦后直播棉花，办法是选育适于晚播早熟的小麦品种和超短季棉花杂交种。如长江流域在 10 月底、11 月初拔柴种麦，5 月下旬收麦播棉；黄河流域在 10 月下半月拔柴种麦，6 月上旬收麦种棉。即割麦期比现在提前 3～5 天，播麦期比正常秋播麦推迟 15～20 天，采用适于晚播早熟的小麦品种与适当增加播种量，达到冬前小麦应有的总茎数和产量要求的合理群体结构。棉花播期比现有的夏播品种推迟 10～15 天（麦后栽大苗的播期不变），拔秆期比原来的一熟棉提早半个月；也即在现有春播棉种 135 天、夏播棉种 115 天生育期的基础上，育成有效开花期不少于 20 天、生育期 100～105 天且适于"密矮早"栽培及机械化操作的早熟短季棉花杂交种。由于早熟性的杂种优势非常突出，因此利用杂种优势将早熟和高产相结合较为容易，在未来的优势组合选配中，特早熟高产杂交种的培育将成为重要的发展方向。

**2. 适于机械化操作及抗除草剂** 要提高劳动生产率，必须用机器代替人工，现在棉田由机械操作的耕耙播、中耕、施肥、灌溉、治虫外，株间除草、收花及整枝工序仍由人工进行。夏播棉较之春播棉，从种性分析，赘芽少且吐絮集中；从而再结合适于机械化操作和抗除草剂性状的选育，所获得的这种新的棉花类型有可能首先在夏播短季棉中得到突破。

**3. 芽黄** 肖松华、潘家驹（1996）陆地棉芽黄品系和常规品种杂交，杂种 $F_1$ 代具有明显的杂种优势。籽、皮棉产量的优势分别为 10.6% 和 10.8%，果枝数、果节数、铃数和早熟性次之，纤维品质的优势较小。10 个组合杂种 $F_1$ 代皮棉产量的竞争优势率超过 15%，尤以（nv22×苏棉 3 号）、（v16v17×鲁棉 11）两个组合较为突出。杂种 $F_1$ 代的性状变异主要受基因型控制，在研究 16 个性状同时具有显著或极显著的亲本一般配合力和组合的特殊配合力的差异中，芽黄品系和常规品种间杂种优势的利用潜力较大。

**4. 多茸毛** Thomson（1971）报道最高产量超过 1 800 kg/hm$^2$ 的陆地棉品种间杂种 $F_1$ 代，其一个或两个亲本为非洲多毛陆地棉。新墨西哥种间杂交种产量优势最高的组合也有一个多毛海岛棉亲本，很可能 E1097 是茸毛性状转入海岛棉后超亲分离的稳定材料，它是新墨西哥州产量最高组合的亲本之一，其早熟性配合力特别显著。

**5. 不孕子** 陆海杂交种的不孕子多，是影响产量及其在纺织工业上利用的一个障碍，用亲本品种回交可使不孕子降低 50% 左右，因此采用人工辅助授粉或在异交率高的地区，陆海杂种与栽培品种交替种植可降低种间杂交种的不孕子数。

# 第十章 棉花杂交种制种技术

我国在 20 世纪 60 年代以前制成的棉花杂交种，由于采用直播法，用种量大，未能在大面积生产上采用；而自 70 年代以来，随着精量点播、营养钵育苗移栽和地膜覆盖等技术的推广，田间播种量减少，棉花杂种优势才得以扩大在较大面积上利用。采用人工去雄授粉法制种，种子生产费工、成本相对较高，采用不育系制种可提高制种效率、降低生产成本。我国棉花杂交种的制种技术，经历了由人工去雄开始，进而兼用核雄性不育二系和胞质不育三系，到近期网室蜜蜂授粉试验成功的进展过程，这其中中国农业科学院棉花研究所、四川省农业科学院棉花研究所和新疆生产建设兵团农七师农业科学研究所都做出了大量的开创性工作。

## 第一节 人工去雄及不去雄授粉制种

### 一、人工去雄授粉制种

棉花花器大，用手工去除母本花朵中的雄蕊，然后授以父本花粉，一人一天约可产生 1kg 种子。人工去雄不存在不育基因的限制，可以自由选配组合，且杂种 $F_2$ 代不产生不育个体，可以继续使用。

山东惠民地区农业科学研究所张毓钟、黄滋康（1978，1979）先后以（乌干达 3 号-165×徐州 58-185）及（渤棉 1 号×鲁棉 1 号）组合配制的渤优 1 号、渤优 2 号两个杂交种，采用了正反交法，制种田等量分块种植的亲本互为父母本，剥下的雄蕾分别摊放，次日正反交授粉，土地得到充分利用，提高了制种产量。

中国农业科学院棉花研究所邢以华（1988）以（中 521×中 6331）组合配制的中杂 019 杂交种，采用稀植、去早晚蕾、正反交、全株杂交法，1 个劳力 1 天制种产种子 0.9kg。人工去雄制种田的面积，利用杂种 $F_1$ 代的约占杂交棉田面积的 1%～2%。

河北省农业科学院棉花研究所和新乐县创制的授粉指套及花粉袋等简

易器具，使用于去雄杂交，提高了工作效率，异交率高，且不伤子房，每工日可制种 1.8kg。

兰家祥等（2001）以鄂杂棉 3 号试验，杂种制种田：杂种 $F_1$ 代繁殖田：杂种 $F_2$ 代利用田的面积比例为 1：100：10000。

湖北芜湖农场建立了"以亲本自交保纯为基础、冷库储藏种子为保障、隔离扩繁两圃提纯为关键"及"小瓶正反交授粉、适时整枝结扎"的高效杂交制种技术规程。选择连片的棉田，采用营养钵育苗移栽或双膜栽培、合理稀植、严格去杂、拔除病株，防止人为机械混杂，确保了种子纯度，制种田产种量达 1 800kg/hm$^2$。

强学杰等（2002）种子田采用：①120cm 等行距，株距 33cm，稀植2.5 万株/hm$^2$，父母本等量分块种植。②实行责任制，取下的雄蕾分别摊放，把花粉放入 5℃冰箱里，次日正反交授粉，发现有漏去雄的花朵坚决摘除。③充分利用季节，适当延长制种时间。过去河南省南阳地区的自然条件只能制种 30～40 天。采用提前双膜育苗，早培细管，6 月 15 日前后开始授粉，8 月 25 日结束，历时 70 天，把开始授粉前的花和小铃摘除干净，避免自交成铃。6 月份每天投工 45 人，7～8 月份增加到 75 人，成铃率为 60%～84%。8 月 24～25 日授粉的花，最迟在 11 月 12 日吐絮。铃重 5.6g，籽指 12g。8 月 5 日打边心，并把以后现的蕾和 25 日后开的花全部摘除，以集中营养攻铃重，促早熟。④冷藏花粉、雨日套管授粉。2001 年 6 月中旬至 8 月上旬有 10 个雨日，在雨前、雨后或冒雨（严防花粉着水）套管授粉，平均成铃率为 59%。⑤强化授粉质量，提高杂交铃的结籽率。环涂柱头授粉量大且均匀的杂交成铃率高达 44.8%，比点涂花粉的提高 14 个百分点；畸形桃率为 5.9%，降低 76%；铃重 6.7g，增加 3.1g；每铃结种子 36.5 粒，种子重 4.2g，分别增加 17.8 粒和 1.9g。

## 二、人工不去雄授粉制种

### （一）利用长柱头性状

苏联 Симонгулян（1991）采用长柱头海岛棉为母本，陆地棉为父本，清晨套管不去雄授粉，杂交率 90%。每人管理 0.03hm$^2$，获杂交种子 375kg/hm$^2$。

中国农业科学院棉花研究所袁有禄（1993）研究长柱头与正常柱头在上午 8：30 时母本散粉前的杂交率分别为 92% 和 67%。正常柱头的杂交率在上午 9：30 时后已降低到 50%，10：30～11：00 时仅为 8.5%；而长柱头的杂交率，至 11：00 时仍保持在 66％，整个上午授粉的杂交率为77％，显著高于正常柱头的 48％。说明采用长柱头性状可延长不去雄花朵的授粉时间，是简化去雄工序的有效办法。

张凤鑫等（1995）通过海岛棉、陆地棉野生种系、陆地棉栽培品种的多重杂交，育成长柱头系 101-1 及 101-2。柱头高出雄蕊群 12mm 以上，自花难于授粉，杂交前可不去雄。长柱头系的花粉具备正常授粉能力，人工辅助授粉结实正常。

### （二）利用柱头外露性状（又称开放花蕾）

纪家华等（1996）试验表明，柱头外露种质系的绝对产量不及常规陆地棉，但近年育成柱头外露种质 93y23 和 94-168 系的产量已接近常规陆地棉。陆地棉与柱头外露种质系杂交，其杂交种的产量及构成因素具有杂种优势，为棉花杂交制种提供了新材料。

李育强等（1998）湖南安江农业学校在陆海杂种后代中选出在现蕾7～10天后柱头露出花冠且雄蕊退化、花药数及花粉量少、天然自交成铃率极低（5％左右）的陆早 1 号，与常规陆地棉杂交，杂种 F$_1$ 代全部表现柱头正常。利用该系天然自交率低的性状与其他棉花品种不去雄开放授粉，可获得高纯度的杂种种子。

金林等（2001）研究认为：①E-81 品系，无论是异交授粉或辅助自交授粉，均因单铃种子数降低而影响到种子的生产量，其异交率仅较正常花蕾提高 8 个百分点，利用价值不明显。②利用柱头外露材料制种尽管简化了去雄这一环节，但由于随着授粉时间的推迟，异交率下降，纯度难以保证，且单铃种子量与正常花蕾相比降低近一半，在亲本繁殖时需要辅助自交授粉，但单铃种子量仍不能提高，种子生产成本并不降低。③这一性状的不利原因，是柱头在现蕾 7 天后已露出花冠，风吹、日晒、雨淋等外来因素使柱头受到伤害，接受花粉能力降低，单铃种子数大大下降。

### （三）利用指示性状

棉花指示性状是基因突变产生的异于正常性状的突变体。在杂交制种过程中，利用具有隐性（或显性）指示性状的品种（系）作母本（或父本），以具有相对显性（或隐性）性状的品种（系）作父本（或母本），不去雄人工辅助授粉，根据指示性状的有无，剔除假杂种，即可获得真杂种，从而提高制种效率，降低制种成本。迄今，指示性状可用于杂种优势利用的主要有芽黄、无腺体、紫红叶和叶基无红斑等。

**1. 芽黄** 芽黄是隐性突变性状，选用具有芽黄性状的棉花品种（系）

为母本，以常规非芽黄品种（系）为父本，母本不去雄，用父本花粉进行人工辅助授粉，从母本植株上采收种子。由于母本没有去雄，采收的种子包括杂种种子和自交种子两个类型。播种这些混合种子，凡利用芽黄指示性状的在苗期拔去黄苗，留下的绿苗即为真杂交种。

20世纪60年代初，华兴鼐等利用回交法将芽黄性状转育到彭泽1号中，育成芽黄彭泽1号；利用这一指示性状，进行陆地棉与海岛棉种间杂交，育成中长绒杂交种。

南京农业大学潘家驹、张天真等（1981—1994）以陆地棉芽黄品系和常规品种杂交，杂种 $F_1$ 代的优势依次为产量、早熟性及纤维品质。（湖北芽黄×PD9364）组合皮棉产量较对照增产15%。1985—1988年在南京、江浦和靖江三地的天然异交率分别为12.3%、19.9%和21.9%。芽黄品系与正常陆地棉品种之间的天然异交率只要在20%以上，就有可能用于直播棉花的大田生产；又以芽黄品系不去雄辅助授粉，杂交率为64%。在苗期以叶形、叶色和腺体鉴定真假杂种，保证了杂交种的纯度。

**2. 无腺体**  湖南省棉花科学研究所（1988）以低酚棉湘棉4号作母本，有酚棉作父本，在上午8：00～9：30时进行不去雄辅助授粉制种，杂交率在70%以上，比人工去雄制种的工效显著提高。

中国农业科学院棉花研究所袁有禄等（1997）利用陆地棉显性无腺体品系 $N_1$ 为父本，与中棉所 19-4133 为母本不去雄辅助授粉，获得的真杂种率为52.4%；而与 $ms_5ms_6$ 双隐性不育系为母本杂交的组合，真杂种率为99.3%。以上杂交组合的皮棉产量较对照中棉所12具竞争优势；应用无腺体性状的材料，可在苗期根据下胚轴腺体性状的表现，剔除因自身花粉授粉结实的假杂种。

**3. 红叶、紫叶**  河北省农业科学院棉花研究所用红叶棉在上午8：00～10：30时不去雄套管授粉，杂种率为90%。

浙江农业大学许复华、戴日春（1983）报道，紫叶棉所有器官外部具有紫色，色素为日光红。用它与中棉所7号杂交，杂种 $F_1$ 代植株表现浅紫色，采用不去雄人工整个上午授粉，收获的种子中杂交种所占比例达49.6%。用具有此性状的品种作杂交亲本所获得的杂交 $F_1$ 代皮棉产量无竞争优势。

**4. 子叶无紫色基点**  陆地棉子叶基部与叶柄相连处存在紫色基点，而突变个体在该部位无紫色基点，近似海岛棉的子叶，在苗期容易鉴别，是一个较好的指示性状。

5. **鸡脚海岛棉** 河北农学院（1959—1961）利用鸡脚海岛棉不去雄授粉，杂种率为 50%。

### （四）提前授冷藏花粉套管制种

湖南省澧县棉花试验站（1987）采用不去雄提前授冷藏花粉套管制种法，每天下午采集花粉于 20℃以下低温冷藏，次日上午 5～8 时棉花开花散粉前授粉，同时套管与雄蕊隔离，杂交率达 95%。每个工日可生产杂交种子 0.7～1kg。

实践证明，无论使用哪一种不去雄授粉法，提高杂交率的关键一环，是杂交时间的选择，如果能保证在上午 8：30 前完成授粉工作，一般杂交率都可达 90%以上。

### 三、制种田

为了避免与其他品种杂交，制种田的隔离空间应在 100m 以上，父母本相邻种植，母本区面积一般大于父本区 4～5 倍，行距宜适当放大，以利于去雄、授粉工作。

对生育期不同的双亲品种，应注意调整播种期，使其花期协调一致。在陆地棉与海岛棉杂交时，陆地棉应比海岛棉迟播15～25天。

为了保证杂交种子的纯度，父母本田在开花前应及时严格去杂。收获前，再一次淘汰不良株，然后混收杂交铃种子留种。

在杂交制种的同时，应另设父母本品种的繁殖区，注意选优提纯，保证亲本的纯度。

## 第二节　不育系制种

### 一、利用核雄性不育"一系两用法"

利用核雄性不育系进行杂交种的种子生产，可将雄性不育兄妹交系统中分离出的可育株（Msms）当成保持系，不育株（msms）当成不育系，在此基础上进行不育系繁殖和杂交种的种子生产，这种方式称为"一系两用法"或称"二系法"（图10-1）。

四川省农业科学院棉花研究所从 20 世纪 80 年代开始利用洞 A 单隐性核雄性不育系进行"一系两用法"制种。核不育系在开花时大约有 50%可育株在制种田需要拔除，为保证拔除可育株后制种田密度达到

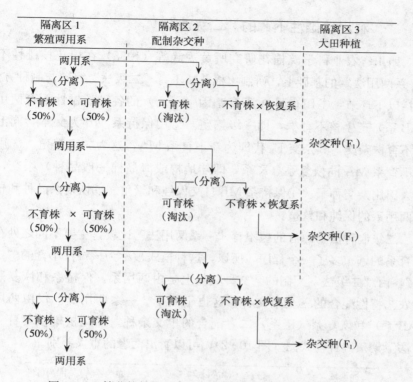

图 10-1　棉花核雄性不育"一系两用法"繁殖制种模式图

30 000株/hm² 左右，田间苗期密度需达到60 000株/hm² 左右。经多年研究和大面积利用证明，开花前 7～10 天，蕾的锥体在 9～10mm 大小时，通过手捏小蕾，以手感小蕾饱满或空瘪，判断育性，即饱满的为可育株，空瘪的为不育株，此法的识别准确率可达 86%～94%，去除可育株时间宜提早 7～10 天（曲辉英等，1987；黄观武等，1988）。如配制川杂 4 号的种子，在川 473A 不育株的花朵上授以恢复系川 73-27 父本的花粉即可。

中国农业科学院棉花研究所（1989）由引进的双隐性核雄性不育系材料中育成杂交种中棉所 38。双隐性核雄性不育系和单隐性核雄性不育系的制种方法一致，均采用"一系两用法"。2000 年该所山东惠民生态试验站对双隐性不育系的种植采取双行呈"M"型的方式，缓解了拔除可育株后造成缺苗断垄现象，制种产量有所提高。

北京农业大学用芽黄基因育成与其相连锁的核不育两用系 81A，可将拔除可育株的时间提前到苗期。但利用芽黄作指示性状的杂交后代，一般经济性状尚不理想，需要采用经济性状好的转育系。

## 二、利用核雄性不育的"二级法"

四川省农业科学院棉花研究所黄观武等（1988）在棉花核雄性不育"一系两用法"的基础上，研制出棉花核不育"二级法"繁殖与制种方法。包括以下环节：①用洞 A 不育基因（$msc_1$）的各种核雄性不育两用系（AB 系）产生核不育株，即一级繁殖。②用保持系 MB 为父本，同上述核不育株杂交，其杂交 $F_1$ 代即为新不育系 MA，这为二级繁殖。③用完全不育系 MA 同恢复系（R 系，即陆地棉或海岛棉一般品种）杂交，生产大田用杂交种子。④保持系 MB 自交保纯和繁殖。⑤恢复系品种和核不育两用系的保纯和繁殖。

二级制种法与原有的核不育"一系两用法"比较，主要不同之处在于不育系的繁殖多了一个程序。所以，这种模式被称为核雄性不育的"二级法"。由"二级法"配制的杂交种实际上是由两用系、保持系和恢复系三者农艺特性配合的三交杂交种，这也不同于"一系两用法"仅由两用系（AB 系）和恢复系（R 系）二者配合的单交杂种。棉花核雄性不育"二级法"繁殖制种模式图（图 10-2），可以看出两者的重大差别。

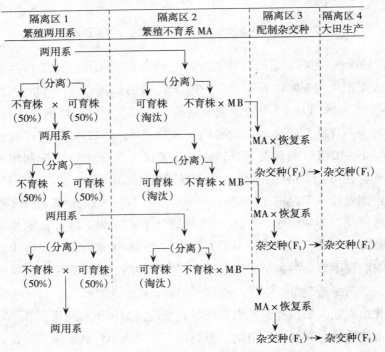

图 10-2 棉花核雄性不育"二级法"繁殖制种模式图

核不育"二级法"中的不育系 MA 与"一系两用法"的两用系（AB）在育性表现上的不同是：

（1）MA 不育系不育株率达到 100％，而 AB 系不育株率仅 50％左右。这是因为 MA 所有植株均具有隐性纯合的不育主基因，而 AB 系一半的植株具有隐性纯合主基因，另一半的植株却具有杂合的育性主基因。

（2）MA 不育系的不育度（依花朵花药开裂散粉程度计算的不育性）仅在 95％以上，而 AB 系中不育株的不育度却达 100％。这是因为 MA 具有少量育性恢复的微效基因，而 AB 系的不育株则无。尽管 MA 在开花季节有少数花朵有不同程度的少量散粉，但镜检表明，这些散出的花粉有50％经 I—KI 液染色呈败育状态，而且自交成铃率低或成铃内种子数量少，一般50％以下花药散粉的花朵自交均极少成铃。因此用 MA 配置的杂种 $F_1$代其遗传纯度可维持在98％以上。二者的共同之处是无论 MA 或 AB 系不育株，均容易恢复育性，因而具有广泛的恢复系品种。

### 三、利用细胞质雄性不育"三系法"

中国农业科学院棉花研究所（1981）引进美国具有哈克尼西棉细胞质的不育系 DES-HAMS277 和 DES-HAMS16 进行了杂交制种和繁殖研究。利用这类细胞质雄性不育系的方法一般称为三系法（CMS），这种方法繁殖、制种比较简便，而恢复系品种少及野生胞质对产量的不良影响，较难找到适当的优势组合（图 10-3）。

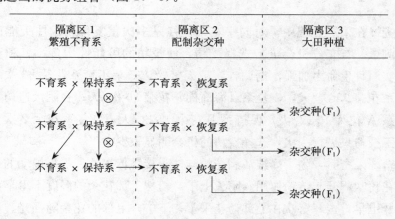

图 10-3 棉花细胞质雄性不育"三系"法繁殖制种模式图

## 四、二系法、三系法及与人工制种法的比较

二系法（隐性核雄性不育）与三系法（细胞质雄性不育）比，优点为：恢复系广泛，用陆地棉或海岛棉均能恢复，易于选到高优势组合；但在制种及繁殖过程中，需要逐株鉴别可育与不育株，并拔除1/2的可育株，为其缺点，因此比较费工。

三系法（细胞质雄性不育系ABR三系已配套）的优点在于制种、繁殖手续简便，较省工，但缺点是恢复系少（异质恢复系少），或恢复能力差，容易出现不育株，或血缘较近（同质恢复系），从而限制了优势组合的选配。现在，由于育性加强基因的发现，恢复育性的能力得以加强，但要改良恢复系的农艺性状、提高优势组合的筛选机率，仍需要做许多工作。

二系法和三系法同人工去雄制种法相比，在蜜蜂传粉问题未完全解决前，两者都需要同样的人工授粉；二系法不像人工去雄法需要去雄，而需要鉴别及拔除约一半的可育株，仍较人工制种省工，杂交种只能利用杂种 $F_1$ 代，如果要调换母本品种，则需要一定的转育时间。而人工去雄法除需要多花去雄时间为其缺点外，优点为选配及更换组合容易，有继续利用杂种 $F_2$ 代的可能，制种田皮棉不减产、制种产量高及保持和提纯亲本简便。

# 第三节　蜜蜂传粉三系制种（网室棉花）

蜜蜂在采蜜过程中，对同一花朵往往是多次重复传粉；柱头能反复受到刺激，有充分机会进行选择受精，使授精的可能性增多，有利于坐果结实而且生命力加强。据调查，晴天蜜蜂访一朵不育系花朵 90 次/天，保持系花朵 93 次/天，恢复系（海岛棉）花朵 30 次/天；在阴天造访一朵不育系 A 花朵 10 次/天，保持系 B 花朵 11 次/天，恢复系花朵 2 次/天。而人工授粉只进行一次，选择授精的机会明显较少。

蜜蜂采蜜时，除了蜂绒沾满花粉与柱头接触传粉外，飞舞扇动的双翅也将花粉吹飘开起传粉作用。晴天上午，植株上部花朵的湿度干得早，花药散开也早，蜜蜂喜欢在上部访花采蜜；下午，上部的花朵随强光、温高分泌蜜量下降，蜜汁渐被蒸发；蜜蜂喜欢在下部花采蜜。即使阴雨天气，花药滞散，只要蜜蜂有采访活动，仍会将老熟花粉粒传送给柱头受精，这是人工授粉所不及的。

## 一、蜜蜂授粉对三系生育期的影响

新疆农七师农业科学研究所黄丽叶、陈应先、王志刚等（2003—2006）网室棉花蜜蜂授粉的三系制种。利用选育的4个哈克尼西棉胞质不育系1308A、9-21A、9-22A、9-25A及其对应保持系，分别在4个网室中进行试验，不育系和保持系的配比均为3∶1。

蜜蜂是优秀的传粉媒介，经过蜂媒，不育系母本提高了结实率，但生育期延长；由于网室温度较高及蜜蜂采粉反复刺激柱头，致使保持系的生育期缩短。以下4个品系的保持系（B）比不育系（A）的生育期缩短3～4天，也即不育系（A）比保持系（B）多3～4天（表10-1）。

表 10-1　网室蜜蜂授粉生育期调查

| 品系 | 生育期（天） | A比B（天） | 品系 | 生育期（天） | A比B（天） |
|---|---|---|---|---|---|
| 1308A | 129 | +3 | 9-22A | 128 | +3 |
| 1308B | 126 | | 9-22B | 125 | |
| 9-21A | 131 | +4 | 9-25A | 130 | +3 |
| 9-21B | 127 | | 9-25B | 127 | |

## 二、蜜蜂授粉制种对棉株性状的影响

通过对4个已稳定的不育系A及其相应保持B进行蜜蜂授粉，秋后调查田间性状结果（表10-2）。

表 10-2　网室蜜蜂授粉棉株性状调查

| 品系 | 单株铃数 (个) B∶A | | 单株果枝数 (台) B∶A | | 单株空果枝数 (台) B∶A | | 始果枝节位 (节) B∶A | | 节位高 Cm B∶A | | 群高 (个) c B∶A | |
|---|---|---|---|---|---|---|---|---|---|---|---|---|
| 1308A | 7.0 | +0.7 | 7.7 | +1.0 | 2.6 | +0.9 | 4.8 | -0.3 | 17.1 | -3.0 | 66.6 | -0.3 |
| 1308B | 7.7 | | 8.7 | | 3.5 | | 4.5 | | 14.1 | | 66.3 | |
| 9-21A | 8.5 | -3.1 | 8.2 | -0.6 | 3.1 | -0.1 | 5.6 | 0.0 | 22.4 | -0.6 | 77.6 | -3.6 |
| 9-21B | 5.4 | | 7.6 | | 3.0 | | 5.6 | | 21.8 | | 74.0 | |
| 9-22A | 5.3 | +1.4 | 8.1 | +1.9 | 4.0 | +0.2 | 8.8 | -3.7 | 31.9 | -13.8 | 98.3 | -9.0 |
| 9-22B | 6.7 | | 10.0 | | 4.2 | | 5.1 | | 18.1 | | 89.3 | |
| 9-25A | 6.3 | -0.2 | 8.5 | +0.1 | 3.1 | -0.6 | 5.4 | -0.6 | 19.3 | -1.9 | 85.6 | -4.0 |
| 9-25B | 6.1 | | 8.6 | | 3.0 | | 4.8 | | 15.8 | | 81.6 | |
| B∶A 平均 | | -0.3 | | +0.6 | | +0.2 | | -1.2 | | -5.2 | | -4.2 |

以上网室中各品系不育系A与保持系B蜜蜂授粉的有关性状的B∶A

调查数据为：①1308品系单株铃数＋0.7个，单株果枝数＋1.0台，单株空果枝数＋0.9台，始果枝节位－0.3节，节位高－3.0cm，群高－0.3cm。②9-21品系单株铃数－3.1个，单株果枝数－0.6台，单株空果枝数－0.1台，始果枝节位0.0节，节位高－0.6cm，群高－3.6cm。③9-22品系单株铃数＋1.4个，单株果枝数＋1.9台，单株空果枝数＋0.2台，始果枝节位－3.7节，节位高－13.8cm，群高－9.0cm。④9-25品系单株铃数－0.2个，单株果枝数＋0.1台，单株空果枝数－0.1台，始果枝节位－0.6节，节位高－3.5cm，群高－4.0cm。以上4品系B∶A的平均，单株铃数－0.3个，单株果枝数＋0.6台，单株空果枝数＋0.2台，始果枝节位＋1.2节，节位高－5.2cm，群高－4.2cm。总的表现：保持系B和不育系A与产量有关的株高、单株果枝数及单株结铃性均相差不明显。

可看出，①网室蜜蜂授粉的不育系A和保持系B单株结铃数和空果枝数非常近似，表明不育系A也可得到充分授粉。②单株果枝数、始果枝节位差异不大，反映出不育系A和保持系B的相似程度高，说明不育系A被保持系B回交保持的世代多，因而农艺性状表现相似。③不育系A的株高和节位普遍较高，反映出不育系A因生殖器官某种程度的退化，在营养生长中显示优势有关。

### 三、网室蜜蜂授粉对衣分、铃重与纤维品质的影响

经过蜜蜂授粉的三系杂交种子，畸形率低，对提高种子品质起重要作用，如新收获的杂交种子在海南种植证明，种子外观饱满，发芽率较高、种子耐储藏、活力较强；同时也可以室内考种的衣分、铃重和纤维品质方面了解到以上4个品系不育系与保持系的关系（表10-3）。

表10-3　网室蜜蜂授粉衣分、铃重与纤维品质统计

| 品系 | 衣分 (%) | A∶B | 单铃重 (g) | A∶B | 纤维长度 (mm) A∶B | | 比强度 (cN/tex) A∶B | | 马克隆值 A∶B | |
|---|---|---|---|---|---|---|---|---|---|---|
| 1308A | 35.4 | －4.1 | 4.2 | －1.2 | 32 | ＋2 | 35 | ＋1 | 4.2 | ＋0.1 |
| 1308B | 39.5 | | 5.4 | | 30 | | 34 | | 4.1 | |
| 9-21A | 37.0 | －4.2 | 5.3 | －1.6 | 31 | －2 | 33 | ＋2 | 4.3 | －0.2 |
| 9-21B | 41.2 | | 6.9 | | 33 | | 31 | | 4.5 | |
| 9-22A | 38.5 | －4.0 | 4.3 | －1.2 | 30 | －2 | 32 | ＋1 | 4.3 | －0.4 |
| 9-22B | 42.5 | | 5.5 | | 32 | | 31 | | 4.7 | |
| 9-25A | 37.5 | －2.5 | 4.0 | －1.7 | 30 | －2 | 32 | ＋1 | 4.3 | －0.1 |
| 9-25B | 40.0 | | 5.7 | | 32 | | 31 | | 4.4 | |

从表 10 - 3 可见：衣分，全部 4 个品系的不育系 A 都低于保持系 B（－2.5～－4.2）。单铃重，也全部 4 个品系的不育系 A 都低于保持系 B（－1.2～－1.7）。纤维长度，有 3 个品系的不育系 A 低于保持系 B（－2），仅 1308B 一个不育系 A 高于保持系 B（＋2）。比强度，全部 4 个品系的不育系 A 都高于保持系 B（＋1～＋2）。马克隆值，有 3 个品系的不育系 A 低于保持系 B（－0.1～－0.4），有一个不育系 1308A 高于保持系 B（＋0.1）。

## 四、网室蜜蜂授粉对产量的影响

网室蜜蜂授粉保持系 B 的衣分、籽棉产量和第一次收花百分率均高于不育株 A（表 10 - 4）。

表 10 - 4　网室蜜蜂授粉产量统计表

| 品系 | 株数（株/hm²） | 衣分（%） | B：A | 籽棉产量（kg/hm²） | B：A | 第一次收花（%） | B：A |
|---|---|---|---|---|---|---|---|
| 1308A | 175 770 | 35.4 | | 2 658 | | 80 | |
| 1308B | 193 410 | 39.5 | ＋4.1 | 3 207 | 549 | 90 | 10 |
| 9-21A | 129 780 | 37.0 | | 2 880 | | 75 | |
| 9-21B | 176 400 | 41.2 | ＋4.2 | 4 035 | 1 155 | 85 | 10 |
| 9-22A | 175 770 | 38.5 | | 1 562 | | 65 | |
| 9-22B | 161 910 | 42.5 | ＋4.0 | 4 890 | 3 328 | 85 | 20 |
| 9-25A | 171 990 | 37.5 | | 2 040 | | 80 | |
| 9-25B | 153 090 | 40.0 | ＋2.5 | 3 358 | 1 318 | 90 | 10 |

表 10 - 4 表示 4 个品系经蜜蜂授粉的产量因素的统计：①衣分，1308 保持系 B 比 1 308 不育系 A 增加 4.1％，9-21 保持系 B 比 9-21 不育系 A 增加 4.2％，9-22 保持系 B 比 9-22 不育系 A 增加 4.0％，9-25 保持系 B 比 9-25 不育系 A 增加 2.5％；②籽棉产量，1 308 保持系 B 比 1 308 不育系 A 增加 549 千克，9-21 保持系 B 比 9-21 不育系 A 增加 1 155 千克，9-22 保持系 B 比 9-22 不育系 A 增加 3 328 千克，9-25 保持系 B 比 9-25 不育系 A 增加 1 318 千克；③第一次收花，1308 保持系 B 比 1308 不育系 A、9-21 保持系 B 比 9-21 不育系 A 及 9-25 保持系 B 比 9-25 不育系 A 均增加 10％，9-22 保持系 B 比 9-22 不育系 A 增加 20％，即绝大部分不育系 A 的衣分、单铃重、纤维长度和马克隆值的性状都低于保持系 B，导致籽、皮棉产量的下降，仅比强度高于保持系 B。造成不育系 A 产量下降的深层原因尚需深入研究。

### 五、网室蜜蜂授粉对种子纯度的影响

在三系法中，保持系纯度的高低对不育系的纯度起着决定性的作用，而杂交种纯度的高低则完全取决于恢复系的纯度。因此，为了保持和提高棉花三系的纯度，确保杂交棉种子的质量，在繁殖和制种的过程中必须设置不育系与保持系以及恢复系与制种田的隔离区；坚持在隔离区内繁殖、提纯和制种，是利用棉花三系法配制杂交种必不可少的条件。在网室隔离的条件下，对于保持三系的稳定性非常重要，所以蜜蜂网室授粉，能使三系亲本及制种纯度得到较好保证。

母本花浸泡糖浆对诱导蜜蜂传粉能产生良好作用。鉴于棉花开花初期，母本花对蜜蜂的吸引力比较弱，为了强化蜜蜂对母本花的授粉作用，在母本花开放时，用糖浆浸泡母本花（12小时）诱导饲喂蜜蜂，反复多次，对蜜蜂访花的专一性进行人工驯化，建立起访问母本花朵的条件反射，促进增加工蜂对母本花的访问率，达到授粉的目的。经过先后4次对蜜蜂访花的观察，并每次调查父母本各10株进行比较的结果证明：饲喂母本花糖浆可使蜜蜂采访母本花率从原来（不饲喂）的20％增加到60％，且平均访花次数增加3倍。

网棚湿度过大则不利于蜜蜂授粉。由于夏季棉田采取滴灌法，造成网室内的湿度较大，花粉容易受潮，影响蜜蜂授粉，也是造成不育系减产的原因之一；应选择网眼较大的尼龙网，并放置在通风较好的田块中进行蜜蜂授粉。

利用新疆大片的沙漠作隔离区，在棉花开花期具有较好的光照、温度、干燥等有利于蜜蜂授粉的独有条件，进行蜜蜂授粉生产杂交种种子，其质量和数量都比内地生产的有较大幅度的提高。

新疆生产建设兵团129团（2007）林管站苗圃，以不育系9-22A作母本，保持系9-22B作父本，面积0.58hm²，4月27日播种，一膜4行，父母本配比为1：3。6月28日迁入蜜蜂（意蜂）7箱，7月1日又迁入8箱，每箱有蜜蜂8 000只。利用蜜蜂辅助传粉制种，生育期125天，株高66cm，第一果枝节位5.6台，果枝数8.5个，单株结铃4.5个，单铃重5g，测产籽棉产量每公顷3 882kg，实产杂交种毛籽每公顷1 747kg。

黄河和长江流域种植的棉花杂交种，目前主要以人工去雄杂交为主，种子价格高；种子供应部门宜与新疆协作，采取多种不同方式，从新疆解决本地区适宜种植的杂交种种子，可降低植棉的生产成本。

对于蜜蜂传粉的研究，中国农业科学院棉花研究所邢朝柱（2001—2003）用抗虫不育系（Bt $ms_5ms_5ms_6ms_6$）和转 Bt 基因抗虫品系（Rg3）作杂交制种亲本，在河南安阳、南阳和湖南岳阳试验，露天放养蜜蜂作传粉媒介，父母本种植比例为 1∶4 的产种量最高，为 $1\,080\sim1\,242kg/hm^2$。正常年份（制种期间无雨天占 70% 以上），蜜蜂传粉制种产量为人工传粉的 80% 以上；在异常年份（制种期间低温有雨天占 50% 以上），制种产量很低；而人工授粉的种子较饱满，铃重较大，且在不利的气候条件下可采取补救措施，制种产量明显高于蜜蜂传粉。观察结果：①蜜蜂钻花传粉最活跃时段为上午 9～11 时，每 10 株棉花蜜蜂造访 14.6 次；下午 15～17时为 12.7 次。②蜜蜂出巢与气温的影响，气温高于 36～38℃时基本不出巢；气温低于 36～38℃时，不论晴天还是阴天，甚至毛毛雨或小雨天气，蜜蜂仍然出巢。③1 只蜜蜂钻花一般为 5～6 朵，多者可连续钻 8 朵花；蜜蜂钻花一般在花内停留 20s。④钻花方式通常在 1 行或邻近 2 行，沿直线或近直线方向前进。

蜜蜂传粉制种：父本（|||）、母本（ ____ ）田间种植模式（图10 - 4）。

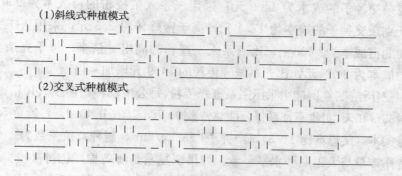

(1)斜线式种植模式

(2)交叉式种植模式

图 10 - 4　蜜蜂传粉制种模式

近年来，昆虫传粉制种研究取得了较好进展，以抗虫不育系为母本，抗虫品种（系）为父本，创造无毒、安全、不喷化学农药的环境，不仅可保护棉田中自然存在的各种昆虫，还可保护人工放养的蜜蜂，取代人工授粉，是低成本、高纯度生产杂种种子的途径。如父母本均为抗虫品种配制的杂交种中棉所 52，双亲可互为父母本，制种效率较高。这种类型不仅杂种一代抗虫性好，且杂种二代抗虫性基本不分离，在需要利用时可扩大种子的利用率。

# 第四节　不同制种方法的杂交种
## 种子生产成本

（1）按四川省农业科学院经济作物研究所的杂交种制种实践，并经与有关单位交流后，计算出不同制种方法生产的杂交种子成本，列入（表10-5）。

由表10-5可见，每亩制种田采用不育系制种（包括"一系两用法"、"二级法"和"三系法"）授粉的成本均为600元，仅为"人工去雄授粉法"1800元的1/3。生产出每千克杂交种子的成本，采用"一系两用法"的为7.0元，约为"人工去雄授粉法"18.6元的1/3；采用"二级法"和"三系法"制种的分别为4.7元和4.5元，仅为"人工去雄授粉法"18.6元的1/4。

（2）根据新疆生产建设兵团农七师农业科学研究所在网棚中采用三系蜜蜂传粉制种试验，计算出不同制种方法生产的种子成本（表10-6）。

由表10-6可见，每亩制种田采用三系蜜蜂传粉的成本为700元，每千克杂交种子的成本为14.9元；采用三系人工授粉的亩成本为900元，每千克杂交种子的成本为17.4元，高于蜜蜂传粉2.5元；采用人工去雄授粉的亩成本为2400元，比三系人工授粉的高出一倍半，每千克杂交种子的成本为30.3元，比三系蜜蜂传粉的14.9元增加一倍。

三年结果：在网棚中采用三系蜜蜂传粉，每公顷制种田需投入10箱蜜蜂，历时35～40天，实收不育系每公顷总铃数90万个，衣分40.2%，铃重5.5g，去除父本（父母本比1：3），产种子1 782kg/hm²，制种繁殖系数为1：50，不育系产量与人工制种水平一致。如果恢复系是海岛棉，花粉量较少，花粉颗粒较大，蜜蜂传粉时，携带的花粉量较少，不育系和恢复系的配比为3：1时，不育系单株结铃数明显减少，配制三系杂交种种子产量为1 155kg/hm²。如采用隔离带制种，幼蜂的距离为1 000m，成年蜂的距离为2 000m。

由表10-6可见，生产每千克杂交种子的成本，采用"三系法人工授粉"制种的为8.6元，为"人工去雄授粉法"27.7元的1/3；采用"三系蜜蜂授粉"的为5.9元，为"人工去雄授粉法"27.7元的1/4。

（3）中国农业科学院棉花研究所在露天放养蜜蜂作为传粉媒介制种结果：1箱蜜蜂可代替1个人的授粉工作量。1个人工资成本为12元/天，1箱蜜蜂租赁和辅助喂养成本为4元/天。采用蜜蜂传粉每天可节省成本

表 10-5　四川不同制种方法的杂交种种子生产成本

| 制种法 | 生产成本（元/亩） | | | | | | 生产籽棉（kg/亩） | 皮棉 | | 杂交种子成本 | |
| --- | --- | --- | --- | --- | --- | --- | --- | --- | --- | --- | --- |
| | 共同 | 亲本 | 拔除可育株工 | 去雄及授粉 | 田间检查 | 总成本 | | 皮棉（kg/亩） | 皮棉价值（元） | 毛籽（kg/亩） | 种子（元/kg） |
| 二系授粉 | 800 | 30 | 30 | 600 | 20 | 1 480 | 163 | 65 | 913 | 82 | 7.0 |
| 二级授粉 | 800 | 30 | 0 | 600 | 0 | 1 430 | 180 | 72 | 1 008 | 90 | 4.7 |
| 三系授粉 | 800 | 15 | 0 | 600 | 0 | 1 415 | 180 | 72 | 1 008 | 90 | 4.5 |
| 去雄授粉 | 800 | 5 | 0 | 1 800 | 80 | 2 685 | 180 | 72 | 1 008 | 90 | 18.6 |

注：制种工资按 40 天每天 15 元计。①人工去雄授粉每苗需劳动力 3 个月，工资 1 800元；不育系只需授粉，每苗需劳动力 1 个天，工资 600 元。②监督检查，人工去雄检查剥花 40 天、核不育两系法 10 天，工资 40 元/天；1 个技术员管理 20 亩，工资 40 元/天。核不育二级法和质不育三系法为 100%的不育株，不需监督检查。③共同成本包括：土地、农药、肥料、管理费等。④衣分按 40%，出毛籽率按 50%，损耗按 10%计算。二系法制种产量较人工去雄法低 10%。⑤皮棉价格 14 000元/吨。

表 10-6 新疆不同制种方法的杂交种子生产成本

| 制种方法 | 生产成本（元/亩） | | | | | | 生产籽棉（kg/亩） | 皮棉 | | | 杂交种子成本 |
|---|---|---|---|---|---|---|---|---|---|---|---|
| | 共同成本 | 亲本成本 | 拔除可育株工 | 去雄授粉成本 | 田间检查成本 | 总成本 | | 皮棉（kg/亩） | 皮棉价值（元） | 毛籽（kg/亩） | 种子毛籽（元/kg） |
| 三系蜜蜂传粉 | 1 000 | 12 | 0 | 700 | 0 | 1 712 | 230 | 94 | 1 034 | 115 | 14.9 |
| 三系人工授粉 | 1 000 | 12 | 0 | 900 | 0 | 1 912 | 220 | 88 | 968 | 110 | 17.4 |
| 人工去雄授粉 | 1 000 | 5 | 0 | 2 400 | 80 | 3 485 | 230 | 92 | 1 012 | 115 | 30.3 |

注：每天工资按 20 元，30 天计。①每天工资按 20 元，30 天计。①每亩制种田、人工去雄授粉需劳力 1.5 个工。制种工资为 900 元。②人工去雄和授粉需劳力 4 个工。工资为 2 400 元。③共同成本包括土地、农药、肥料、人工管理费。④籽棉衣分按 40%，出毛工去雄须检查剥花情况，1 个技术员管理 20 亩，工资按 40 元/天计。④该网棚增高 2m，占地 1 亩，造价 2 100 元，使用 7 年，每亩年成本 300 元（种子成本已包括网棚籽率按 50%，损耗按 10%计算。⑤皮棉价格按 11 000 元/吨计。⑤皮棉制出的杂交种子可供 120 亩杂交种一代使用。成本在内）。①1 亩网棚制出的杂交种子可供 120 亩杂交种一代使用。

表 10-7　中国农业科学院棉花研究所不同制种方法的杂种种子生产成本

| 制种方法 | 成本（元/亩） | | | | | | | 产出 | | | | 杂种种子成本 |
|---|---|---|---|---|---|---|---|---|---|---|---|---|
| | 物化及管理 | 质量检查 | 亲本 | 拔可育株 | 去雄 | 授粉 | 总成本 | 籽棉（kg/亩） | 皮棉（kg/亩） | 皮棉价值（元） | 毛籽（kg/亩） | 种子（元/kg） |
| 去雄授粉 | 1 200 | 100 | 200 | 0 | 1 000 | 800 | 3 300 | 180 | 72 | 936 | 99 | 23.9 |
| 二系授粉 | 1 200 | 25 | 300 | 60 | | 480 | 2 065 | 162 | 64.8 | 842 | 89 | 13.7 |
| 三系授粉 | 1 200 | | 300 | 0 | | 480 | 1 980 | 180 | 72 | 936 | 99 | 10.5 |
| 三系蜜蜂 | 1 320 | | 300 | 0 | | | 1 620 | 153 | 61.2 | 796 | 84 | 9.8 |

注：①人工去雄和授粉，每亩制种田需劳力3个人·天，按40天、实际做半天，工资12元/天计，制种工资为480元。②较不育系两系法要监督检查可育株的拔出情况，需10天，工资15元/天计，制种工资为480元。以上两者1个技术员均管理20亩，工资均按50元/天计算。昆虫传粉需蜜蜂和看管等部分物资，每亩另加120元。④亲本费包括品种使用费，人工制种每亩200元，不育系每亩300元。⑤种子棉衣分按40%，轧花、晒、运、轧花等，出毛籽率按55%。⑥两系法由于到刻花期才能拔出50%可育株，且制种产量较人工去雄低10%；蜜蜂传粉相当人工制种85%产量。⑦皮棉衣分按40%计算。⑨种子价格按13 000元/t计算。

①每亩制种田需劳力1个人·天，按40天，制种工资为1 800元；不育系只需授粉，每亩制种田需劳力1个人·天，按40天，不育系每天须检查剥花情况，需40天；人工去雄每天检查可育株的拔出情况，授粉时不需检查。③物化及管理费用包括：土地、农药、肥料、人工、晒、运、轧花等，昆虫传粉需租赁蜜蜂和看管等。⑤亲本费包括品种使用费，人工制种200元，不育系每亩300元。⑥蜜蜂传粉相当人工制种85%产量。⑦皮棉价值。⑧种子成本＝（每亩总成本－每亩皮棉价值）/每亩毛籽产量。

120元/亩,制种40天,节省4 800元/亩。人工授粉产种量为1 350kg/hm²,蜜蜂传粉产种量为人工授粉的80%,杂交种子减产270kg/hm²,按18元/kg计算,由减产造成的损失为4 860元;在正常年份田间露天放养蜜蜂传粉节省的成本和减产的损失相当,但在异常年份减产更大。影响蜜蜂传粉制种的最大限制因素是:①不利的天气条件(气温高于36~38℃时),蜜蜂不出箱或出箱较晚时,将蜜蜂传粉和人工辅助授粉结合起来,可降低蜜蜂传粉制种这方面的产量损失。②受棉田周围环境中有其他蜜源植物的吸引,造成棉田中的蜜蜂数量不多,需采取加宽隔离带的办法(表10-7)。

综观以上3个单位生产每千克杂交种子的成本,同样是"人工去雄授粉法"的各单位不同,这与当地的物化及管理成本有关,四川省农业科学院经济作物研究所的为18.6元,新疆兵团农七师农业科学研究所在网棚中的为27.7元,中国农业科学院棉花研究所的为23.9元;又同样是"二系人工授粉法",四川省农业科学院经济作物研究所的为7.0元,中国农业科学院棉花研究所的为13.7元;又如"三系蜜蜂授粉法",新疆兵团农七师农业科学研究所在网棚中的为5.9元,中国农业科学院棉花研究所的为9.8元,这与天气条件及后者棉田周围有其他蜜源植物的吸引等有关。但仍可看出一个总的趋势:"二系人工授粉法"的成本约为"人工去雄授粉法"的不足一半(40%~50%之间),"三系人工授粉法"的成本约在"人工去雄授粉法"的三分之一上下(25%~40%之间),在网棚中"三系蜜蜂授粉法"的成本仅为"人工去雄授粉法"的五分之一(21%),而在露天的"三系蜜蜂授粉法"的成本则接近"人工去雄授粉法"的一半(41%)。不同制种方法的杂种种子生产成本(表10-8)。

表10-8　不同制种方法的杂种种子生产成本

| 单 位 | 制种方法 | 种子成本(元/kg) | 为人工去雄授粉法(%) |
|---|---|---|---|
| 四川省农业科学院经济作物研究所 | 人工去雄授粉法 | 18.6 | 100 |
| | 二系法人工授粉 | 7.0 | 38 约1/3强 |
| | 二级法人工授粉 | 4.7 | 25 为1/4 |
| | 三系法人工授粉 | 4.5 | 24 为1/4弱 |
| 新疆兵团农七师农业科学研究所在网棚中 | 人工去雄授粉法 | 27.7 | 100 |
| | 三系法人工授粉 | 8.6 | 31 约1/3弱 |
| | 三系法蜜蜂授粉 | 5.9 | 21 约1/5 |

| 单　位 | 制种方法 | 种子成本（元/kg） | 为人工去雄授粉法（%） |
|---|---|---|---|
| 中国农业科学院棉花研究所 | 人工去雄授粉法 | 23.9 | 100 |
| | 二系法人工授粉 | 13.7 | 57 约1/2强 |
| | 三系法人工授粉 | 10.5 | 44 约1/2弱 |
| | 三系法蜜蜂授粉 | 9.8 | 41 约1/2弱 |

　　（4）棉花杂交种生产的产业化。从育种单位育成一个新的棉花杂交种后到用种者手中，要经过种子的生产、加工、销售等中间环节，必须做到科研单位与种子部门的密切配合。科研单位要做好杂交种亲本的提纯和保纯，向种子部门提供优质的亲本种子；种子部门要防止购买假、伪、劣亲本，做好杂交种的制种和销售，共同做到研、产、销有机结合的有偿服务。

　　我国棉花杂交种的生产利用，按人工去雄与不育系制种已分别建立了严格的、年年供种的两种体系（包括组合、技术、价格3个系统）。一在黄河和长江流域采用人工去雄制种为主"以县（省）供应亲本，以乡镇为制种基地"利用杂种二代的体系；二在四川以核雄性不育配置，"由省（市）集中繁殖亲本，县制种售种，乡镇建立基地"利用杂种一代的体系；技术系统包括隔离区、种植方式、蕾期识别（一系两用法）、人工授粉、亲本隔离繁殖保纯等环节。种子价格的确定，坚持制种、繁殖户的收益高于用种户，价差在杂种种子价中体现，用种户增加的种子投资费用约相当于增产收益的10%（约1kg皮棉）可被接受。

　　纵观我国20世纪50年代开展棉花杂种优势研究以来，在不同年代、不同棉区、用不同的制种方法，育成了成批不同类型的杂交种。育种目标由原来的丰产、早熟，经过加强抗病性能，发展到优质纤维和抗虫等综合性状的逐步完善。制种方法从繁重的人工去雄授粉手工劳动，到部分采用核不育系简化去雄环节，近年在新疆、四川、河南三个不同生态棉区研究向更节省用工的"三系蜜蜂授粉法"过渡；将有利于棉花杂种优势利用在更大面积生产上的推广应用，特别是在劳动力缺乏的经济发达地区显得尤为重要。经过不育系制种技术的不断提高与普及，棉花市场的放开和优质、抗虫杂交种等订单农业的发展，我国的棉花生产更将显示出宽阔的前景。

# 第十一章　人工去雄育成的
# 棉花杂交种

　　品种间杂交，包括单交、双交、三交等。现在我国绝大部分杂交种都为单交组合（即只有一对亲本），如抗病杂交种湘杂2号，组合为（8891黄花药×中棉所12）；低酚杂交种皖杂40，组合为（泗棉3优×低酚8号），兼抗病虫杂交种冀棉66和中棉所29，组合分别为（常规103×R93-4）及（中P1×中422-RP4）；但单交杂交种的亲本实际上大都不是严格意义上的自交纯系品种，其中不少是杂交后代，遗传背景比较复杂。如兼抗病虫优质杂交种渝杂1号的组合为（渝棉1号×Bt-R1），其母本渝棉1号是一个十分复杂的杂种后代育成的优质品种。

　　双交组合（具有两对亲本），抗病优质杂交种泗棉2号的组合为［（冀328×泗阳1214）×（泗阳263×中375）］，湘杂5号的组合为［（荆51253×中12）×（湘170×PD100）］；兼抗病虫优质杂交种科棉2号的组合为［（7124×苏棉2）×（321×野生雷蒙德棉）］。

　　三交组合（具有三个亲本），中国农业科学院棉花研究所（1987）试验三交杂种比单交杂种具较大优势。用高优势品种间单交组合作三交杂种的亲本，可进一步提高杂种的竞争优势（指以商业推广品种为对照的优势），有利性状的基因可得到加强。山东省棉花研究中心近年育成的兼抗病虫杂交种鲁棉研15为三交杂种，组合为［（石远321×豫2067）×GK12选系］。

　　我国育成的杂交种，无论单交或复合杂交，绝大多数亲本遗传背景都比较复杂，目标性状（如产量、品质、抗病性等）的水平都较高，这样的基础为筛选出高竞争优势的杂交种提供了有利条件。

　　T. W. Culp（1979—1981）及B. A. Smooro（1984）指出改良的递进复交方法是同时提高产量和改进纤维品质的有效方法。

　　熊玉东等（1996）对棉花聚合杂交体系中9个不同亲本配制的8个单交、10个4交、11个8交的杂交$F_2$代群体的产量及产量组合性状分析表明，随着杂交亲本数量的增加，聚合程度也逐步提高，使产量及主要产量组分的遗传增益上升，达到显著或极显著水平，尤以8交群体的聚合增效最为突出，说明多亲本聚合杂交在棉花丰产、优质、抗病和早熟目标的育种中对产量性状的提高具有显著效果。

## 第一节 抗病杂交种（其中 4/5 抗枯萎病，1/2 耐抗黄萎病）

**1. 豫杂 74** 河南省农业科学院经济作物研究所以（徐州58×中棉所7号）配制的杂交种。1975 年试验杂种 $F_1$ 代比对照品种徐州 58 增产皮棉 13%，纤维长度 30.3mm，衣分 38.3%。当年冬季在海南岛制种 13hm$^2$。1976 年于南阳、柘城两县营养钵育苗移栽 1 300 hm$^2$，表现铃大、早熟、吐絮集中，比当地岱字棉 16、徐州 142 品种增产皮棉 20%。1977 年继续应用杂种 $F_2$ 代种植面积 7 000 hm$^2$。

**2. 渤优 1 号** 山东惠民地区农业科学研究所以（乌干达 3 号- 165×徐州 58 - 185）正反交配制的杂交种。1978 年全国棉花杂种优势联合试验杂种 $F_1$ 代比各试点当地对照品种（鄂光棉、岱红岱、岱字棉 16、洞庭 1 号、通棉 5 号、徐州 1818 及徐州 142）增产皮棉 27.1%；杂种 $F_2$ 代于 1978—1979 年惠民地区杂交棉联合试验比对照品种（第 1 年为徐州 142，第 2 年为鲁棉 1 号）增产皮棉 15.4%。生育期 133 天，属中早熟类型。铃重 5.8g，杂种 $F_1$ 代及杂种 $F_2$ 代衣分分别为 36.2% 及 35.8%，纤维长度分别为 31.1mm 及 31.7mm，强力 3.8g，细度 5 920 m/g，断裂长度 22.5km。于此同期 1978 年在山东省邹平县明集村和北镇农校盐碱地示范杂种 $F_1$ 代分别单产皮棉 2 010 kg/hm$^2$ 及 2 060 kg/hm$^2$，后者经山东省及惠民地区科委鉴定，1979 年在惠民地区扩大示范 1 300 hm$^2$。

**3. 渤优 2 号** 山东惠民地区农业科学研究所以（渤棉 1 号×鲁棉 1 号）正反交配制的杂交种。1979 年山东惠民地区棉花杂种优势联合试验比对照品种鲁棉 1 号增产皮棉及霜前皮棉均为 13.9%。1980 年中国农业科学院棉花研究所引进美国杂交棉杂种 $F_1$ 代试验，渤优 2 号杂种 $F_1$ 代在该试验中比对照品种鲁棉 1 号增产皮棉 23.4%，更显著超过了美国提供的全部 10 个杂种 $F_1$ 代杂交种。生育期 130 天，属中早熟类型。铃重 5.6g，衣分 37.6%，纤维长度 31.5mm，强力 3.8g，细度 5 763 m/g，断裂长度 21.9km。1980 年在惠民县种植 3 300 hm$^2$，在该县段刘村丰产田皮棉单产 2 031 kg/hm$^2$。

**4. 中杂 019**　中国农业科学院棉花研究所以（中 521×中 6331）正反交配制育成的杂交种。1987—1988 年抗病品种攻关联合试验比对照晋棉 7 号杂种 F₁ 代增产霜前皮棉 15.9%，杂种 F₂ 代增产 9.2%。生育期 134 天，属中早熟类型。铃重 5.8g，衣分 40%，纤维长度 30.2mm，强力 4g，细度 6 047m/g，断裂长度 24.1km，试纺 18 号纱品质指标 2466。抗枯萎病、耐黄萎病。1989 年通过农业部鉴定，1991 年在河南睢县种植 1 万 hm²。

**5. 中棉所 28**（中杂 028）　中国农业科学院棉花研究所以（中棉所 12×中 4133）配制育成的杂交种。生育期 127 天，属中早熟类型。铃重 5.8g，衣分 40.9%。纤维长度 31mm，强力 4.2g，细度 5 250m/g，断裂长度 22.1km。1987 年攻关品种交流试验杂种 F₂ 代霜前皮棉增产 6.8%。1989 年攻关品种联合试验杂种 F₁ 代霜前皮棉比各地对照品种（晋棉 7 号、泗棉 2 号、中棉所 12）增产 21.3%。1990—1991 年惠民地区棉花品种联合试验杂种 F₂ 代比对照品种中棉所 12 皮棉增产 5.8%。安徽省棉花品种区域试验杂种 F₂ 代比对照品种泗棉 2 号增产霜前皮棉 10.9%。高抗枯萎病，病指 4.2；耐黄萎病，病指 22.4。1994 年在山东种植 9 万 hm²。

**6. 冀杂 29**（冀棉 18）　河北省农林科学院棉花研究所以（中 381 选系 86 - 56×石 711 - 22）配制的杂交种。1988—1989 年河北省棉花品种区域试验比对照品种晋棉 7 号增产霜前皮棉 24.6%。生育期 130 天，属中早熟类型。出苗好，生长健壮，早熟不早衰。铃重 5.6g，吐絮畅且集中，籽指 10.5g，衣分 42%。纤维长度 30.6mm，强力 3.9g，细度 5 701m/g，断裂长度 22.1km。抗枯、黄萎病。1991 年在河北省种植 7 000hm²。1993 年审定。

**7. 苏杂 16**　江苏省农业科学院经济作物研究所和江苏省作物栽培技术指导站以（宁 101×川 414）配制的杂交种。1989—1990 年江苏省棉花品种中间试验杂种 F₁ 代比对照品种盐棉 48 增产皮棉 12.8%，杂种 F₂ 代增产 6.7%。生育期 133 天，属中熟类型。铃重 5.5g，吐絮畅，籽指 10.5g，衣指 6.8g，衣分 40.5%。纤维长度 30.3mm，强力 4g，细度 5 520m/g，断裂长度 22.2km。抗枯萎、耐黄萎病。1996 年和 1998 年先后经安徽、江苏两省审定，1995 年种植 4 万 hm²，至 2000 年种植累计面积 26 万 hm²。

**8. 苏杂 26**　江苏省农业科学院经济作物研究所以（石远 321×苏棉 12）配制的杂交种。1998—1999 年江苏省杂交棉区域试验比对照品种泗棉 3 号增产皮棉 8.1%。生育期 138 天，属中熟类型。铃重 5.8g，籽指 10.2g，衣分 42.6%。纤维长度 29.6mm，比强度 25.0cN/tex，马克隆值 4.6。高抗枯萎病，病指 2.3；耐黄萎病，病指 26.0。2001 年审定。

9. **开棉 5 号**　河南开封市农林研究所以（开 16-1×HR32）配制的杂交种。2001—2002 年河南省棉花品种区域试验比对照品种中棉所 29 增产皮棉 4.2%。生育期 132 天，属中早熟类型。铃重 5.0g，籽指 10.3g，衣分 41.0%。纤维长度 30.3mm，比强度 29.8cN/tex，马克隆值 4.8。抗枯萎病，病指 7.5；抗黄萎病，病指 14.6。2003 年审定。

10. **鲁杂 H28**　山东省棉花研究中心以（91288×42-1）配制的杂交种。山东省棉花品种区域试验比对照品种中棉所 12 增产霜前皮棉 22.7%。生育期 132 天，属中早熟类型。铃重 5.8g，籽指 10.9g，衣分 38.8%。纤维长度 29.5mm，比强度 28.1cN/tex，马克隆值 3.9。高抗枯萎病，病指 6.9。抗黄萎病，病指 19.5。

11. **泗杂 3 号**　江苏省泗阳棉花原种场以（泗阳 211×泗阳 280）配制的杂交种。2002—2003 年江苏省棉花品种区域试验比对照品种泗棉 3 号增产皮棉 18.8%。生育期 144 天，属中熟类型。铃重 5.3g，籽指 9.2g，衣分 43.6%，衣指 7.2g。纤维长度 30.4mm，比强度 28.3cN/tex，马克隆值 4.5。耐枯萎病，病指 10.6；感黄萎病，病指 44.8。

12. **农大棉 6 号**（农大 KZ01）　河北农业大学以（农大 94-7×372）配制的杂交种。2002—2003 年河北省棉花品种区域试验比对照品种新棉 33B 增产霜前皮棉 22.6%。生育期 128 天，属中早熟类型。铃重 6.0g，籽指 10.8g，衣分 40.8%。纤维长度 31.0mm，比强度 28.6cN/tex，马克隆值 4.4。高抗枯萎病，病指 5.0；耐黄萎病，病指 19.7。2004 年审定。

13. **南农 8 号**　南京农业大学以（95-0427×1-60332）配制的杂交种。95-0427 是中棉所与豫棉系列的回交后代品系，1-60332 为高衣分选系。2002—2003 年江苏省棉花品种区域试验比对照品种泗棉 3 号增产皮棉 19.2%。属中熟类型。铃重 5.5g，籽指 9.7g，衣分 41%。纤维长度 30.2mm，比强度 27.7cN/tex，马克隆值 4.6。抗枯萎病，病指 13.4；感黄萎病，病指 50.8。2005 年审定。

14. **南农 9 号**　南京农业大学以（95-0427×1-60074）配制的杂交种。95-0427 是中棉所与苏棉系列的杂交后代品系，1-60074 为改进材料选系。2002—2003 年安徽省棉花品种区域试验比对照皖杂 40 增产皮棉 5.7%。属中熟类型。纤维长度 28.9mm，比强度 27.2cN/tex，马克隆值

4.8。高抗枯萎病，病指 4.9；感黄萎病，病指 45.0。2005 年审定。

**15. 南抗 9 号**　南京红太阳种业公司以［L‑573（12×S573）×RD‑08（RD62）］配制的杂交种。2003—2004 年江西省棉花品种区域试验比对照品种中棉所 29 增产皮棉 14.3%。生育期 129 天，属中熟类型。铃重 5.2g，衣分 42.0%，籽指 10.8g，衣指 7.4g。纤维长度 29.5mm，比强度 30.8cN/tex，马克隆值 5.2。枯萎病病，病指 10.1。2005 年审定。

**16. 皖棉 13**（皖杂 40）　安徽省农业科学院棉花研究所以（泗棉 3 号优系×低酚 8 号）配制育成的杂交种。生育期 130 天，属中熟类型。铃重 5.5g，籽指 9.5g，衣分 41.0%，衣指 7.3g。纤维长度 30.2mm，比强度 28.8cN/tex，马克隆值 4.9。安徽省棉花品种区域试验杂种 $F_1$ 代比对照品种泗棉 3 号增产皮棉 16.5%，杂种 $F_2$ 代增产 11.4%；产量稳定性测定 b 值小于 1。适应性好，抗逆性强，喜肥水，耐渍害，耐高温恢复能力好。抗枯萎病，病指 11.7；感黄萎病，病指 53.4。1998 年审定。1999 年种植杂种 $F_2$ 代 36 万 $hm^2$，占全省植棉面积的 50%。

**17. 皖棉 16**　安徽省农业科学院棉花研究所以（选系 H33×泗棉 3 号优系）配制的杂交种。1998—1999 年安徽省棉花品种区域试验杂种 $F_1$ 代比对照品种泗棉 3 号增产皮棉 13.9%，杂种 $F_2$ 代增产皮棉 2.5%。生育期 122 天，属中熟类型。铃重 5.4g，籽指 10.7g，衣分 40%，衣指 7.5g。纤维长度 30.9mm，比强度 27.6cN/tex，马克隆值 4.9。高抗枯萎病，病指 10.0；耐黄萎病，病指 20.4。2000 年审定。

**18. 皖棉 18**（淮杂 2 号）　安徽淮北市低酚棉开发中心以（淮北8Bt×淮北 11）配制的杂交种。安徽省棉花品种生产试验比对照皖杂 40 增产皮棉 19.4%。生育期 118 天，属早熟类型，于 1996 年育成。铃重 5.0g，衣分 41.5%。纤维长度 29.9mm，比强度 28.6cN/tex，马克隆值 4.4。抗枯萎病。鸡脚叶，适于夏播。2002 年审定，当年种植 2 万 $hm^2$。

**19. 皖棉 19**（九杂 4 号）　安徽省九成农业科学研究所以（沙洋 94‑4×沿江 95‑2）配制的杂交种。生育期 129 天，属中熟类型。安徽省棉花品种区域试验比对照品种泗棉 3 号增产皮棉 15.4%。铃重 5.5g，衣指 7.5g，衣分 41.7%。纤维长度 30mm，比强度 26.2cN/tex，马克隆值 4.5。植株坚韧，抗倒力强。高抗枯萎病，病指 0.5；耐黄萎病。适于淮北、江淮及沿江棉区种植。2003 年审定。

**20. 皖棉 21**（淮杂 3 号）　安徽淮北市黄淮海低酚棉开发研究中心以（淮北 2×淮北 8）配制的低酚棉杂交种。安徽省棉花品种区域试验比对照

品种泗棉 3 号增产皮棉 17.6%。生育期 130 天，属中熟类型。叶型为胖鸡脚叶，透光性好，功能期较长。铃重 5.4g，籽指 10.6g，衣分 42.8%，衣指 8g。纤维长度 29mm，比强度 27.6cN/tex，马克隆值 4.6。耐枯、黄萎病。抗倒伏，耐旱力较强。2003 年审定。

21. **皖棉 24**（皖杂 3 号） 安徽省农业科学院棉花研究所以（皖棉 135F$_1$×抗 5）配制的杂交种。2002—2003 年安徽省棉花品种区域试验比对照皖棉 13（皖杂 40F$_1$）增产皮棉 17.6%。生育期 129 天，属中熟类型。铃重 4.9g，衣分 41.2%。纤维长度 30.2mm，比强度 29.7cN/tex，马克隆值 5.0。抗枯萎病，病指 5.2；耐黄萎病，病指 26.2。2004 年审定。

22. **皖棉 27** 安徽省农业科学院棉花研究所以（皖棉 133×皖棉 17）配制的杂交种。2002—2003 年安徽省棉花品种区域试验比对照皖棉 13（皖杂 40F$_1$）增产皮棉 6.9%。生育期 128 天，属中熟偏早类型。铃重 5.6g，籽指 9.4g，衣分 41.7%。纤维长度 30.1mm，比强度 27.1cN/tex，马克隆值 4.7。抗枯萎病，病指 10.8；耐黄萎病，病指 33.5。2005 年审定。

23. **鄂杂棉 1 号**（荆杂 96 - 1） 湖北荆州市农业科学院以（038×荆 55173）配制的优质、抗病杂交种。湖北省棉花品种区域试验比对照湘杂棉 2 号杂种 F$_2$ 代增产皮棉 8.7%。生育期 134 天，属中熟类型。铃重 5.9g，衣分 41.7%。纤维长度 30.8mm，比强度 29.5cN/tex，马克隆值 4.5。高抗枯萎病，病指 5.9；耐黄萎病，病指 25.2。2000 年审定，当年种植 14 万 hm$^2$。

24. **鄂杂棉 2 号**（荆杂 A5） 湖北荆州市农业科学院以（鄂抗棉 6 号×鄂抗棉 9 号）配制的杂交种。1998—1999 年湖北省棉花品种区域试验杂种 F$_2$ 代比对照品种鄂棉 18 增产皮棉 2.1%，比对照湘杂棉 2 号增产 9.7%。生育期 132 天，属中熟类型。铃重 6.1g，衣分 40.1%，籽指 9.8g，衣指 7.1g。纤维长度 28.4mm，比强度 28.1cN/tex，马克隆值 4.9。抗枯萎病，病指 7.6。2000 年审定，当年种植 1 万 hm$^2$，累计推广 10 万 hm$^2$。

25. **鄂杂棉 3 号**（A - 92） 湖北省农业科学院经济作物研究所以（荆 3262×荆 55173）配制的杂交种。湖北省棉花品种联合试验比对照品种鄂荆 1 号增产皮棉 23%。生育期 125 天，属中熟类型。铃重 5.7g，籽指 10.7g。衣分 40.4%。纤维长度 30.5mm，比强度 27.5cN/tex，马克隆值

4.1。抗枯萎病，病指 11.1；耐黄萎病，病指 23.8。适于间作套种。2000年审定。2001 年种植 1 万 hm²。

**26. 鄂杂棉 4 号**（荆杂 1029）　湖北荆州市农业科学院以（荆55173×P16）配制的杂交种。湖北省杂交棉区域试验比对照湘杂 2 号增产皮棉8.1%。生育期 136 天，属中熟类型。铃重 5.8g，籽指 10.2g。衣分41.3%。纤维长度 29.3mm，比强度 27.3cN/tex，马克隆值 4.4。高抗枯萎病，病指 7.8。2002 年审定。最大年面积 2.3 万 hm²。

**27. 鄂杂棉 5 号**　湖北荆楚种业公司棉花所选配的杂交种。2002—2003 年湖北省杂交棉区域试验比对照鄂杂棉 1 号增产皮棉 11.8%。生育期 137 天，属中熟类型。铃重 6.0g，衣分 40.1%。纤维长度 29.0mm，比强度 31.6cN/tex，马克隆值 5.4。耐枯萎病，病指 12.9。2004 年审定。

**28. 鄂杂棉 6 号**（SH01-1）　湖北省国营三湖农场农业科学研究所以（荆 55173 新系×9048）配制的杂交种。湖北省杂交棉区域试验杂种 F1代比鄂杂棉 1 号增产皮棉 6.7%。生育期 131 天，属中熟类型。铃重5.9g，籽指 10.4g，衣分 39.9%。纤维长度 30.9mm，比强度 32.1cN/tex，马克隆值 5.1。耐枯萎病。2004 年审定。

**29. 鄂杂棉 18**　湖北省黄冈市农业科学研究所育成的抗病杂交种。2003—2004 年湖北省杂交棉区域试验比对照鄂杂棉 1 号增产皮棉 10.8%。铃重 5.6g，衣分 43.3%。纤维长度 31.6mm，比强度 28.3cN/tex，马克隆值 5.1。抗枯萎病，病指 9.6；耐黄萎病，病指 28.0。2005 年审定。

**30. 楚杂 180**　湖北荆楚种业公司以［204（鄂抗棉 6 号选）×M31］选配的杂交种。2003—2004 年江西省棉花品种区域试验比对照品种中棉所 29 增产皮棉 7.3%。生育期 129 天，属中熟类型。铃重 5.4g，籽指11.1g，衣分 41.7%，衣指 7.7g。纤维长度 30.0mm，比强度 30.0cN/tex，马克隆值 5.0。抗枯萎病，病指 2.5。2005 年审定。

**31. 湘杂棉 1 号**　湖南省棉花研究所以（湘棉 15×V21）配制的杂交种。湖南省棉花品种区域试验比对照品种泗棉 2 号增产皮棉 15.6%。生育期 135 天，属中熟类型。铃重 5.2g，衣分 38.7%。纤维长度 30.5mm，比强度 27.5cN/tex，马克隆值 5.0。抗枯萎病，病指 16.3；耐黄萎病，病指 21.4。1995 年审定。1998 年种植 16 万 hm²。

**32. 湘杂棉 2 号**　湖南省棉花研究所以（8891 黄花药×中棉所 12）配制的以黄花药为标记性状的杂交种。湖南省棉花品种区域试验比对照品种泗棉 2 号和湘棉 10 号分别增产皮棉 21.2%和 14.5%。生育期 123 天，

属中熟类型。铃重 5.7g，籽指 10.1g。衣分 41.7%。纤维长度 30.2mm，比强度 27.0cN/tex，马克隆值 4.8。抗枯萎病，病指 19.4；抗黄萎病，病指 15.3。1997 年省审定，2000 年种植 43 万 hm²，其中 14 万 hm² 在湖南省，占全省棉田面积的 95%。2001 年国家审定。

**33. 湘杂棉 6 号**　湖南省棉花研究所以不完全双列杂交法（6×3）配制选出大铃、高衣分、抗病（8891×M23）杂交种。亲本 8891 为黄花药，M23 为白花药。杂种 $F_1$ 代为黄花药，有利于纯度检测和保持。2001—2002 湖南省棉花品种区域试验比对照品种泗棉 3 号增产皮棉 8.1%。生育期 125 天，属中熟类型。铃重 5.8g，衣分 41.5%。纤维长度 28.4mm，比强度 29.9cN/tex，马克隆值 5.0。抗枯萎病，病指 3.5；抗黄萎病，病指 12.2。2004 年审定。

**34. 新陆早 14**　新疆石河子棉花研究所以新陆早 7 号为母本，抗枯耐黄萎病高配合力材料 ZK90 为父本杂交，经南繁加代，病圃鉴定育成的杂交种。2000—2001 年西北内陆早熟陆地棉品种区域试验比对照品种新陆早 10 号增产皮棉 13%。生育期 130 天，属早熟陆地棉类型。铃重 6.1g，籽指 11.5g，衣分 41.5%。纤维长度 31mm，比强度 27.7cN/tex，马克隆值 4.2。耐枯萎、感黄萎病。2002 年审定。

**35. 农研 1 号**　马鞍山神农种业公司以 M035 为母本，F059 为父本杂交配制的杂交种。2004—2005 年棉花品种区域试验比对照皖杂 40 增产皮棉 9.2%。生育期 128 天，属中早熟类型。铃重 5.5g，籽指 10.2g，衣分 40%。纤维长度 30.5mm，比强度 30.7cN/tex，马克隆值 5.1。抗枯萎病，病指 8.1；耐黄萎病，病指 27.3。2006 年安徽省审定。

以代号或无来源的杂交种：

**1. 豫杂 37**　河南省农业科学院棉花研究所配制的杂交种。2002—2003 年河南省杂交棉区域试验比对照杂交种中棉所 38 增产霜前皮棉 17.2%。生育期 137 天，属中早熟类型。铃重 5.6g，籽指 10.4g，衣分 41.3%。纤维长度 30.3mm，比强度 30.4cN/tex，马克隆值 4.6。高抗枯萎病，病指 3.2；耐黄萎病，病指 20.5。抗倒伏性强。2004 年审定。

**2. 豫杂 0568**　河南省农业科学院植物保护研究所以（95 - 5×Y68）配制的杂交种。2002—2003 年安徽省棉花品种区域试验比对照皖杂 40 增产皮棉 9.7%。生育期 128 天，属中早熟类型。铃重 5.2g，籽指 9.8g，衣分 39.7%。纤维长度 29.5mm，比强度 28.1cN/tex，马克隆值 4.8。抗枯萎病，病指 6.7；黄萎病指 33.8。2005 年审定。

3. **银山1号**　河南省农业科学院棉油研究所以（098×5331）配制的杂交种。生育期110天，属夏播早熟类型。2002—2003年河南省短季棉区域试验比对照品种中棉所30增产霜前皮棉24.6%。铃重5g，籽指10.5g，衣分38%。纤维长度28.8mm，比强度29.5cN/tex，马克隆值4.1。抗枯萎病，病指5.8；黄萎病指32.7。2004年审定。

4. **银山2号**（经杂2号）　河南省农业科学院棉油研究所配制的杂交种。生育期129天，属中早熟类型，赘芽很少，可不整枝打杈。2001—2002年比对照增产霜前皮棉24.5%。霜前花率正常年份在95%以上。铃重5.6g，籽指10.7g，衣分39.3%。纤维长度31.3mm，比强度30.4cN/tex，马克隆值4.5。高抗枯萎病，病指4.4；耐黄萎病，病指27.5。因具有野生种血缘，具有较好的抗旱、耐涝、抵抗高温、后期耐低温等抗逆特性。2005年审定。

5. **鄂杂棉11**　湖北惠民种业公司棉花研究所从（太3556×川R23）配制的杂交种。2003—2004年湖北省区域试验比对照鄂杂棉1号增产皮棉11.3%。生育期134天，属中熟类型。铃重6.1g，衣分40.9%，籽指11.5g。纤维长度31.8mm，比强度30.4cN/tex，马克隆值5.4。耐枯、黄萎病。2005年审定。

6. **鄂杂棉12**　湖北黄冈市农业研究所从（鄂抗棉9号×121-8）配制的杂交种。2003—2004年湖北省区域试验比对照鄂杂棉1号增产皮棉10.8%。生育期134天，属中熟类型。铃重5.5g，衣分42.8%，籽指10.5g。纤维长度31.1mm，比强度30.9cN/tex，马克隆值5.1。抗枯萎病，耐黄萎病。2005年审定。

7. **皖棉28**　安徽省爱地农业科技公司用大桃品系AD168与强抗病系S081配制的杂交种。2003—2004年安徽省区域试验比对照增产皮棉8.9%。生育期135天，属中熟类型。铃重5.3g，籽指10.5g，衣分41.2%。纤维长度29.0mm，比强度26.7cN/tex，马克隆值5.0。抗枯萎病，病指10.2；耐黄萎病，病指34.9。2005年审定。

8. **皖棉33**（爱杂9号）　安徽省爱地农业科技公司配制的杂交种。2004—2005年安徽省棉花品种区域试验比对照皖杂40F$_1$增产皮棉10.6%。生育期128天，属中熟偏早类型。铃重6.5g，籽指10.6g，衣分41.0%。纤维长度29.0mm，比强度31.0cN/tex，马克隆值4.9。抗枯萎病，病指10.6；耐黄萎病。2006年审定。

9. **中棉所55**　中国农业科学院棉花研究所以陆地棉品种间杂交配制

的杂交种。2004—2005 年比对照杂交种中棉所 29F₁ 代增产皮棉 20.6％。生育期 126 天，属中熟偏早类型。铃重 5.3g，衣分 43.3％，籽指 9.2g。纤维长度 29.5mm，比强度 29.9cN/tex，马克隆值 5.1。抗枯萎病，病指 10.3。2006 年江西省审定。

## 第二节 优质纤维杂交种（绒长＞30mm，比强度＞31cN/tex）

1. **中棉所 48**（中杂 3 号） 中国农业科学院棉花研究所以丰产性好的 971300 为母本，徐州 553 经原子能诱变的优质大铃系 951188 为父本配制的杂交种。2002—2003 年安徽省棉花品种区域试验比对照皖杂 40 增产皮棉 5.7％。生育期 135 天，属中早熟类型。铃重 6.8g，籽指 12.6g，衣分 39％。纤维长度 30.3mm，比强度 31.7cN/tex，马克隆值 5.1。抗枯萎病，病指 17.6；耐黄萎病，病指 28.2。2004 年安徽省审定。

2. **标杂 A2** 河南省农业科学院植物保护研究所从鸡脚叶标记杂交棉 F₂ 代通过测交、复交、回交后代材料中选择鸡脚叶类型标记父本材料（89J 系列），经 3 年自交、6 代系选定型，且通过测交、回交、品质、抗性及叶功能改进后的（HR1×98J）配制的杂交种。2001—2002 年河南省杂交棉区域试验比对照品种中棉所 19 增产霜前皮棉 30.7％。纤维长度 31.6mm，比强度 32.0cN/tex，马克隆值 4.8。高抗枯萎病，病指 0.4；抗黄萎病，病指 15.3。2004 年审定。

3. **南农优 3 号** 南京农业大学以两个推广品种杂交后代中选出的丰产性好、配合力高的 95-037 为父本，以优质、并改善了丰产性和抗病的 1-60228 为母本，配制的杂交种。生育期 128 天，属中熟类型。安徽省棉花品种区域试验比对照皖杂 40 增产皮棉 0.1％。铃重 5g，籽指 10g，衣分 40％。纤维长度 30.8mm，比强度 31.1cN/tex，马克隆值 4.7。抗枯萎病，病指 6.4；感黄萎病，病指 42.7。2004 年审定。

4. **泗杂 2 号** 江苏省泗阳棉花原种场以（冀 328×泗阳 269）的选系泗阳 1214 为母本，与（泗阳 263×中 375 后代选系）的泗阳 735 为父本配制的杂交种。2003—2004 年江西省棉花品种区域试验比对照杂交种中棉所 29 增产皮棉 3.3％。生育期 130 天，属中熟类型。铃重 4.9g，籽指 10.5g，衣分 41.7％，衣指 7.6g。纤维长度 30.8mm，比强度 31.3cN/tex，马克隆值 4.8。抗枯萎病，病指 6.6。2005 年审定。

5. **鄂杂棉 7 号**（龙杂 1 号）　湖北荆州霞光农业试验站以（94-25×C-24）配制的杂交种。2002—2003 年湖北省杂交棉区域试验杂种 $F_1$ 代比鄂杂棉 1 号增产皮棉 4.3%。生育期 134 天，属中熟类型。铃重 5.4g，籽指 10.4g，衣分 40.4%。纤维长度 32.6mm，比强度 33.5cN/tex，马克隆值 4.7。耐枯萎病。2004 年审定。

6. **鄂杂棉 9 号**（荆 97-28）　湖北荆州市农业科学院以（荆 038×荆 66002）配制的杂交种。母本荆 038 是从 GS 鄂抗棉 7 号进行抗病筛选育成，父本荆 66002 早熟、抗病、配合力高。2000—2001 年湖北省杂交棉区域试验比对照品种鄂棉 18 增产霜前皮棉 6.0%。生育期 134 天，属中熟类型。铃重 6.2g，籽指 11.2g，衣分 39.3%。纤维长度 31.0mm，比强度 34.3cN/tex，马克隆值 5.2。抗枯萎病，病指 10.9；耐黄萎病，病指 14.6。2005 年审定。

7. **鄂杂棉 13**　湖北荆州霞光农业试验站和湖北省种子公司以（D39×G42）配制的杂交种。2003—2004 年湖北省杂交棉区域试验比对照鄂杂棉 1 号增产皮棉 7.6%。生育期 135 天，属中早熟类型。铃重 5.5g，衣分 42.6%，籽指 9.8g。纤维长度 32.3mm，比强度 32.3cN/tex，马克隆值 9.4。耐枯、黄萎病。2005 年审定。

8. **鄂杂棉 14**　湖北荆楚种业公司棉花研究所以 [（62-1×泗棉 3 号）$F_1$×173] 组合中选稳定单株 202 作母本与自育亲本 45 作父本配制的杂交种。2002—2003 年湖北省杂交棉区域试验比对照鄂杂棉 1 号增产皮棉 6.0%。生育期 135 天，属中熟类型。铃重 5.9g，衣分 39.6%，籽指 10.7g。纤维长度 33.0mm，比强度 33.7cN/tex，马克隆值 5.1。耐枯、黄萎病。2005 年审定。

9. **鄂杂棉 15**　湖北荆州市农业科学院以（B6×Y1.3）配制的杂交种。母本 B6 是从鄂杂棉 4 号后代中选出的优质、抗病陆地棉品系，父本 Y1.3 来源于（岱红岱/湘棉 11）为湖南省棉花研究所引进经筛选获得的抗病新品系。2003—2004 年湖北省杂交棉区域试验比对照鄂杂棉 1 号增产皮棉 4.2%。生育期 135 天，属中熟类型。铃重 5.8g，籽指 10.3g，衣分 41.3%。纤维长度 32.4mm，比强度 31.0cN/tex，马克隆值 5.0。抗枯萎病，耐黄萎病。2005 年审定。

10. **华杂棉 1 号**　华中农业大学以（鄂抗棉 3 号×1158）配制的杂交种。1998—1999 年湖北省杂交棉区域试验比对照品种鄂棉 18 增产皮棉 12.0%；铃重 5.7g，籽指 10.9g，衣分 39.1%。纤维长度 31.2mm，比强度 31.6cN/tex，马克隆值 4.9。耐枯萎病。2005 年审定。

11. **三杂棉 4 号**（SH01 - 3） 湖北省国营三湖农场农业科学研究所以〔KG18（鄂抗棉 7 号选系）×KG - 4（028370 系选）〕配制的杂交种。2003—2004 年江西省棉花品种区域试验比对照杂交种中棉所 29 增产皮棉 14.8％。生育期 132 天，属中熟类型。铃重 5.2g，籽指 10.7g，衣分 43.6％，衣指 8.1g。纤维长度 30.2mm，比强度 31.1cN/tex，马克隆值 4.5。抗枯萎病，病指 5.3。2005 年审定。

12. **湘杂棉 4 号**（湘 C9811） 湖南省棉花研究所以抗病低酚棉品种湘棉 16 中分离出的有酚单株经系统选育获选系 C11，另一亲本 EV98 从优质品种湘棉 14 中选出，经组配筛选的杂交种。湖南省棉花区域试验皮棉产量略高于对照湘杂棉 2 号。生育期为 123 天，属中熟类型。铃重 5.8g，籽指 10.8g，衣分 41％，衣指 7.8g。纤维长度 31mm，比强度 36.6cN/tex，马克隆值 4.5，试纺 60 支精梳达国际优等品标。抗枯萎病优于自然病圃湘杂 2 号发病株率的 19.6％。2002 年审定。

13. **湘杂棉 5 号** 湖南省棉花研究所以（Z - 96×湘优 98）组合育成的大铃、高衣分、优质、抗病杂交种。母本 Z - 96 是（荆 51253×中棉所 12）的丰优抗、高配合力材料，父本湘优 98 是（湘 170×PD - 100）的优质变异株，配制的杂交种。2002—2003 年湖南省棉花区域试验比对照品种泗棉 3 号及杂交种中棉所 29 增产皮棉 8.3％。生育期 125 天，早熟性好。铃重 5.8g，籽指 11.7g，衣指 9.2g，衣分 42.3％。纤维长度 32.6mm，比强度 39.2cN/tex，马克隆值 4.3。高抗枯萎病，病指 3.8，耐黄萎病，病指 11.6。2004 年审定。

14. **赣棉杂 1 号** 江西省棉花研究所以（YL168×YM - 1）配制的杂交种。江西省棉花品种区域试验比对照增产皮棉 12％。生育期 130 天，属中熟类型。铃重 5.6g，衣分 43％，籽指 10.3g，衣指 8.2g。纤维长度 30.5mm，比强度 31.9cN/tex，马克隆值 4.4。抗枯萎病，病指 8.0。2004 年审定。

15. **赣杂 106** 江西省棉花研究所与新余市渝水区棉花原种场以（8810×66 系）配制的杂交种。2003—2004 年江西省棉花品种区域试验比对照杂交种中棉所 29 增产皮棉 6.7％。生育期 132 天，属中熟类型。铃重 5.6g，籽指 12.0g，衣分 39.5％，衣指 7.6g。纤维长度 29.6mm，比强度 31.6cN/tex，马克隆值 4.9。抗枯萎病，病指 8.8。2005 年审定。

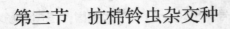

# 第三节 抗棉铃虫杂交种

20世纪90年代后期由于抗虫Bt基因的应用，我国杂交种的推广进入了一个高速发展时期，仅几年时间育成30多个抗虫杂交种。这些组合从亲本选配方式上可分为2种类型：

## （一）常规品种与转基因抗虫棉配制的杂交种

中棉所29：中国农业科学院棉花研究所以丰产、抗病品系中P1为母本，Bt抗虫棉品系Rp4-4为父本杂交育成。高抗棉铃虫，室内鉴定，饲喂抗虫棉叶6天内害虫的死亡率达95.2%，二代棉铃虫发生期一般不需农药防治，三至四代需防治2~3次。在常规治虫和少治虫条件下，分别较对照品种泗棉3号及中棉所19增产皮棉15.6%和39.9%。高抗枯萎病、耐黄萎病。最大年种植面积达25万$hm^2$。

标杂A1：河南省农业科学院植物保护研究所与河北石家庄市农业科学院协作，用常规叶形转基因抗虫棉作母本，与超鸡脚叶无腺体的自交系作父本杂交育成的抗虫、高产、鸡脚叶杂交种。在棉铃虫中度偏重乃至重发病的情况下，不需要化学防治能有效地控制危害；对红铃虫的抗性也有效，是一个较常规棉种降低治虫成本、集大棵、早熟、简化整枝、高产、优质等性状的杂交种，最大年种植面积10万$hm^2$。

## （二）父母本均为转基因抗虫棉配制的杂交种

因父、母本均具有抗虫基因，在制种田中不需治虫，减少治虫投资，双亲可以互为父母本，制种效率高。这种类型不仅杂种$F_1$代抗虫性好，而且杂种$F_2$代的抗虫性基本不分离，可继续利用，扩大种子来源。如：

中抗杂5号：中国农业科学院棉花研究所采用父母本均具有转基因抗棉铃虫特性的亲本选配育成，杂种$F_2$代抗虫性不分离，全国抗虫棉花品种区域试验杂种$F_1$代比对照增产15.4%；品质较优，纤维长度30.5mm，比强度29.9cN/tex，马克隆值4.8；高抗棉铃虫，兼抗枯萎病、耐黄萎病。

随着生物技术的发展，转基因抗蚜虫和抗黄萎病等品系相继问世，为抗蚜虫和抗黄萎病杂交棉的选育提供了亲本来源。

1. **中棉所29** 中国农业科学院棉花研究所以（中P1×中422-RP4）配制的杂交种。抗虫棉区域试验比对照品种中棉所12及泗棉3号增产皮棉27.8%。生育期120天，属中早熟类型。铃重5.4g，衣分40%。纤维长度 29.4mm，比强度 30.6cN/tex，马克隆值 4.8。高抗枯萎病，病指 2.7；抗黄萎病，病指 19.7。抗棉铃虫。1998 年审定。最大年面积 26 万 $hm^2$。

2. **中棉所 39** 中国农业科学院棉花研究所与该院生物技术研究所以〔中 P4×Rg3（Bt）〕配制的杂交种。黄河流域麦套棉区域试验比对照品种中棉所 17 增产霜前皮棉 27.3%。生育期 130 天，属中早熟类型。铃重 5.3g，籽指 10g，衣分 39%。纤维长度 28.9mm，比强度 27.5cN/tex，马克隆值 3.8。高抗枯萎病，病指 9.9；感黄萎病。抗棉铃虫。适于麦棉套种植。2000 年审定。最大年面积 1 万 $hm^2$。

3. **中棉所 47**（中抗杂 7 号 SGKz4） 中国农业科学院棉花研究所以生物技术研究所提供的双价（Bt-CpTI）基因共同配制的杂交种。2001—2002 年黄河流域麦套棉区域试验平均比对照品种豫 688 增产皮棉 28.9%。生育期 135 天，属中早熟类型。适于麦棉两熟棉区春播。铃重 5.5g，衣分 42.6%。纤维长度 29.4mm，比强度 28.8cN/tex，马克隆值 5.1。抗枯萎病，病指 10.5；耐黄萎病，病指 22.3。高抗棉铃虫。2004 年国家审定。

4. **中棉所 52**（中抗杂 5 号） 中国农业科学院棉花研究所及该院生物技术所以自育品系（P5×GK1）配制的杂交种。2001—2002 年黄河流域抗虫杂交棉区域试验比对照杂交种（中棉所 29、中棉所 38）增产霜前皮棉 7.5%。生育期 128 天，属中早熟类型。铃重 5.8g，衣分 40.0%，籽指 10.0g。纤维长度 30.7mm，比强度 32.2cN/tex，马克隆值 4.9。高抗棉铃虫和红铃虫。耐枯萎病，病指 12.2；耐黄萎病，病指 25.6。2005 年国家审定。

5. **中棉所 57** 中国农业科学院棉花研究所以双价转基因抗虫杂交种中棉所 41 为母本，抗黄萎病品系中 077 为父本配制的双价转基因杂交种。2004 年黄河流域杂交棉区域试验比对照杂交种中棉所 41 增产霜前皮棉 26.0%。生育期 132 天，属中早熟类型。铃重 6.3g，衣分 40.0%，籽指 11.3g。纤维长度 29.5mm，比强度 29.5cN/tex，马克隆值 4.7。抗棉铃虫。高抗枯萎病，病指 3.7；耐黄萎病，病指 22.3。2006 年国家审定。

6. **GKZ19** 河北省农林科学院粮油作物研究所与中国农业科学院生物技术研究所采用转 Bt 基因抗棉铃虫新品系作母本、非转基因品系为父本组配的一代抗虫杂交种，生育期 136 天，2002—2003 年黄河流域抗虫区

域试验比对照杂交种中棉所 41 增产皮棉 8.6％。纤维长度 30.1mm，比强度 30.5cN/tex，马克隆值 4.6。

7. **豫杂 35**　河南省农业科学院棉油研究所选育配制的杂交种。2000—2001 年河南省棉花区域试验比对照杂交种中棉所 29 增产霜前皮棉 10.9％。生育期 127 天，属中早熟类型。铃重 5.6g，籽指 9.9g，衣分 41.1％。纤维度度 31.1mm，比强度 29.3cN/tex，马克隆值 4.9。高抗枯萎病，病指 3.8；抗黄萎病，病指 16.7。抗棉铃虫。2003 年审定。

8. **冀杂 66**　河北省农业科学院棉花研究所以（常规 103×R93‐4）配制的杂交种。河北省棉花生产试验比对照品种抗虫棉 33B 增产霜前皮棉 13.1％。生育期 120 天，属中早熟类型。铃重 5.8g，籽指 10.7g。衣分 37.6％。纤维长度 28.9mm，比强度 28.8cN/tex，马克隆值 4.8。高抗枯萎病，耐黄萎病。抗棉铃虫。1998 年审定。2001 年种植 3.3 万 hm²。

9. **冀杂 3268**　河北省农业科学院粮油作物研究所配制的杂交种。2002—2003 年河北省区试比对照品种新棉 33B 增产皮棉 27.2％；2002—2003 年河南省杂交棉区域试验比对照杂交种中棉所 38 $F_1$ 代增产皮棉 7.4％；2003 年黄河流域棉花品种筛选试验比对照豫 21 增产 9.3％。生育期 129 天，属中早熟类型。铃重 6.2g，衣分 41.7％，籽指 11.2g。纤维长度 31.6mm，比强度 31.4cN/tex，马克隆值 4.5。抗棉铃虫。抗枯萎病，病指 4.5；抗黄萎病，病指 16.7。2005 年审定。

10. **标记杂交棉 1 号**（标杂 A1）　河北石家庄市农业科学院以常规叶棉抗 28 为母本，[（冀棉 14 选系）×超鸡脚叶 Y2‐2] 为父本配制的杂交种。河北省棉花品种区域试验在密植条件下比品种 33B 增产 21％。生育期 125 天，属中早熟类型。铃重 5.5g，衣分 42％。纤维长度 29.9mm，比强度 26.7cN/tex，马克隆值 4.8。高抗枯萎病；耐黄萎病，病指 24.5。抗棉铃虫。鸡脚叶型，只能用杂种 $F_1$ 代，适于套种。2003 年种植 10 万 hm²。2003 年河北省审定，2004 年山西、陕西省认定。

11. **邯杂 306**　河北邯郸市农业科学院以（邯抗 58×邯 182）配制的杂交种。2002—2003 年河北省棉花品种区域试验比对照品种 33B 增产霜前皮棉 46.2％。生育期 128 天，属中早熟类型。铃重 5.9g，衣分 42.2％，纤维长度 29.0 mm，比强度 29.8cN/tex，马克隆值 4.4。高抗棉铃虫、红铃虫等鳞翅目害虫。抗枯萎病，病指 4.1；感黄萎病，病指 64.5。2005 年审定。

12. **鲁棉研 15**（GKz10） 山东省棉花研究中心与中国农业科学院生物技术研究所合作配制的转基因抗虫杂交种，亲本为（鲁 613 系×GK12 选系），鲁 613 为选自（石远 321×预 2067）组合的杂交后代。1999—2000 年黄河流域抗虫棉区域试验比对照杂交种中棉所 29 增产霜前皮棉 9.2％。生育期 129 天，属中早熟类型。铃重 5.7g，衣分 40.7％，籽指 10.3g，衣指 8.9g。纤维长度 30.7mm，比强度 30.7cN/tex，马克隆值 4.6。抗枯萎病，耐黄萎病，高抗棉铃虫。2005 年审定。最大年面积 26 万 hm²。

13. **鲁棉研 20**（鲁 7H1） 山东省棉花研究中心和中国农业科学院生物技术研究所以母本常规品系 94-361 与父本抗虫优系 AR1 杂交配制的抗虫杂交种。黄河流域抗虫棉区域试验 2001 年比对照杂交种中棉所 38 增产霜前皮棉 12.1％，2002 年比对照品种中棉所 41 增产霜前皮棉 9.4％，平均增产 10.7％。生育期 133 天，属中早熟类型。铃重 5.7g，籽指 10.6g，衣分 42.1％。纤维长度 29.9mm，比强度 30.1cN/tex，马克隆值 4.7。耐枯萎病，耐黄萎病，抗棉铃虫。2005 年审定。

14. **鲁棉研 23**（鲁 1H33） 山东省棉花研究中心和中国农业科学院生物技术研究所以母本抗虫 118 系（选自 GK34）与父本抗虫 108 系（选自 GK35）杂交配制的抗虫杂交种。2003—2004 年山东省抗虫棉区域试验平均比照杂交种中棉所 29 霜前皮棉增产 12.5％。生育期 130 天，属中早熟类型。铃重 6.4g，衣分 40.8％，籽指 11.1g。纤维长度 31.1mm，比强度 30.2cN/tex，马克隆值 4.6。耐枯萎病，耐黄萎病，高抗棉铃虫。2005 年审定。

15. **鲁棉研 25**（鲁 8H7） 山东省棉花研究中心和中国农业科学院生物技术研究所以母本抗虫品系 823 与父本 GK12 选系 AR3 杂交配制的抗虫杂交种。2002—2003 年黄河流域抗虫棉区域试验比对照品种豫棉 21 皮棉增产 18.2％。生育期 132 天，属中熟类型。铃重 5.8g，衣分 41.0％，籽指 10.7g。纤维长度 30.0mm，比强度 29.4cN/tex，马克隆值 4.3。高抗红铃虫。抗枯萎病，病指 9.6；耐黄萎病，病指 32.9。2005 年省及国家审定。

16. W - 8225 山东省棉花科技系统工程开发部、山东省中棉种业公司和中国农科院生物技术研究所以母本斯字棉选系 W - 6130 与父本 GK12 杂交配制的抗虫杂交种。1999—2000 年山东省抗虫棉区域试验平均比对照杂交种中棉所 29 霜前皮棉增产 6.3％。生育期 128 天，属中早熟类型。

铃重 6.4g, 籽指 11.5g, 衣分 41.2%。纤维长度 29.5mm, 比强度 30.2cN/tex, 马克隆值 4.8。耐枯萎病, 耐黄萎病, 高抗棉铃虫。2005 年审定。

17. **南抗 3 号**（GKz8） 南京农业大学农学院、中国农业科学院生物技术研究所以（GK95-1 选系×苏棉 12）配制的杂交种。2000—2001 年江苏省棉花品种区域试验比对照品种泗棉 3 号增产皮棉 7.3%。生育期 137 天, 属中熟类型。衣分 42%。纤维长度 30.1mm, 比强度 25.8cN/tex, 马克隆值 4.8。高抗枯萎病, 高抗棉铃虫。2000 年种植 4 万 hm²。2001 年审定。

18. **宁杂棉 3 号** 江苏省农业科学院生物技术研究所和创世纪转基因技术公司联合育成的抗虫病杂交棉。2004—2005 年江苏省棉花品种区域试验比对照增产皮棉 4.7%。生育期 136 天, 衣分 40.5%。纤维长度 30.1mm, 比强度 28.8cN/tex, 马克隆值 4.7。抗枯萎病, 耐黄萎病, 接近高杭棉铃虫。2007 年审定。

19. **苏杂棉 66** 江苏省中江种业公司以（8033×308）配制的杂交种, 8033 为（泗棉 3 号×中棉所 12）后代。308 为（苏棉 5 号×泗棉 3 号）后代。生育期 130 天, 衣分 40%。纤维长度 30.7mm, 比强度 30.6cN/tex, 马克隆值 4.8。抗枯萎病, 病指 13.4；耐黄萎病, 病指 24.9。接近高抗棉铃虫。2007 年审定。

20. **苏棉 2186** 江苏省中江种业公司以（苏棉 12×海岛棉 7124）$F_1$×9604, 其后代经 7 代系选抗黄、枯萎病育成。生育期 130 天, 属中早熟类型。皮棉比对照品种苏棉 9 号增产 1.0%。纤维长度 30.3mm, 比强度 32.2cN/tex, 马克隆值 4.8。枯萎病指 16.18, 黄萎病指 28.39。

21. **泗抗 3 号** 江苏省泗阳棉花原种场配制的抗虫杂交种。2001—2002 年江西省棉花品种区域试验比对照品种泗棉 3 号增产皮棉 14.8%。生育期 128 天, 属中熟类型。铃重 5.0g, 衣分 43.0%。纤维长度 30.1mm, 比强度 28.3cN/tex, 马克隆值 4.6。抗枯萎病, 耐黄萎病, 抗棉铃虫。2003 年江西省审定。

22. **慈抗杂 3 号** 浙江省慈溪市农业科学研究所与中国农业科学院生物技术研究所、浙江大学农业与生物技术学院以常规品种慈 96-5 为母本, 以中国农业科学院转 Bt 基因的 WH-1 为父本配制的杂交种。1999—2000 年浙江省棉花品种区域试验比对照品种泗棉 3 号增产皮棉 9.1%；1999—2000 年长江流域抗虫棉区域试验分别比对照杂交种中棉所 29 及品种泗棉

3号增产皮棉6.8%及14.2%。生育期126天，属中熟类型。铃重5.9g，衣分41.1%，籽指10.4g。纤维长度29.9mm，比强度23.7cN/tex，马克隆值5.1。高抗红铃虫。感枯萎病，病指20.4；耐黄萎病，病指34.9。2005年省及国家审定。

23. **鄂杂棉10号**（GKz33）　湖北惠民种业公司以来源于［（鄂棉16×中棉所12）$F_1$×中棉所12］的太96167为母本，GK19系选育成的太D-3为父本配制的杂交种。2001—002年湖北省抗虫棉区域试验比对照鄂杂棉1号增产皮棉7.6%，霜前皮棉增产12.8%。2002—2003年长江流域抗虫棉区域试验比对照品种泗棉3号增产皮棉7.6%。生育期131天，属中熟类型。铃重5.8g，衣分40.4%，籽指11.3g。纤维长度30.4mm，比强度30.1cN/tex，马克隆值4.8。感枯萎病，耐枯萎病，病指32.8。高抗棉铃虫。2005年省及国家审定。

24. **华抗棉1号**　华中农业大学以优质抗虫棉花新种质168为母本，苏棉3号为父本配制的杂交种。1999—2002年湖北省抗虫棉区域试验比对照品种鄂棉18增产皮棉2.3%，比对照品种鄂抗棉3号增产20%。生育期131天，属中熟类型。铃重6g，衣分40.9%，籽指10.7g，衣指7.6g。纤维长度29.5mm，比强度27.7cN/tex，马克隆值4.7。抗棉铃虫。耐枯萎病。2002年审定，当年种植1万$hm^2$。

25. **湘杂棉3号**（湘SK5-1）　湖南省棉花研究所1995年以从中国农业科学院生物所引进国抗棉1号，在38个抗虫组合中配制的抗虫杂交种。2001年湖南省抗虫棉区域试验比对照中杂29增产皮棉17.6%；2000—2001年长江流域区域试验比对照品种泗棉3号平均增产皮棉11.2%。生育期122天，属中熟偏早类型。中喷花铃重6.3g，衣分40.9%，籽指10.8g，衣指7.4g。纤维长度30.2mm，比强度28.9cN/tex，马克隆值4.7。2002年审定。

26. **湘杂棉7号**　湖南省棉花研究所以从湖北荆州市农业科学所引进高产的荆8933为母本，以自育优质、多抗品种E-26为父本配制的杂交种。2003年湖南省抗虫棉区域试验比对照杂交种中棉所29增产皮棉19.5%；2004年湖南省A组区域试验比对照湘杂2号增产皮棉12.8%。生育期129天，属中熟偏早类型。铃重5.9g，衣分43.2%，籽指10.5g，衣指7.6g。纤维长度31.0mm，比强度28.6cN/tex，马克隆值5.3。抗枯萎病，病指17.8；耐黄萎病，病指19.3。棉铃虫危害株率6.3%。2005年审定。

27. **湘杂棉8号**　湖南省棉花研究所以自育高产、抗病选系作母本，国抗棉 1 号为父本杂交筛选出湘 K5 后配制的杂交种。2000—2001 年湖南省抗虫棉区域试验比对照品种泗棉 3 号增产霜前皮棉 15.3%。生育期 128天，属中熟偏早类型。铃重 6.3g，衣分 42.1%，籽指 10.8g，衣指 7.4g。纤维长度 29.6 mm，比强度 27.9cN/tex，马克隆值 5.0。抗枯萎病，病指14.0；耐黄萎病，病指 28.0。抗棉铃虫。2005 年国家审定。

28. **国抗杂 1 号**（GKZ1） 山东省吕南县农技推广中心与中国农业科学院生物技术研究所以 GK‑12 中选出的优系 962 作母本，与优质系 966作父本配制的杂交种。2000—2001 年河南省抗虫棉区域试验比对照品种中棉所 19 增产皮棉 14.3%。生育期 130 天，属中早熟类型。铃重 6g，籽指 10.8g，衣分 40%，衣指 7.3g。纤维长度 29.5mm，比强度 26.2cN/tex，马克隆值 4.7。抗枯萎病，病指 2.5；抗黄萎病，病指 8.7。高抗棉铃虫及棉红铃虫。2003 年审定。

29. **国抗杂 2 号**（GKz2） 山东省吕南县农技推广中心与中国农业科学院生物技术研究所以 GK‑12 中选出的优系 962 作母本，以抗虫棉 95-1中选出的优系 9610 作父本配制的杂交种。2000 年河南省抗虫棉联合试验及陕西省区域试验比对照品种中棉所 19 及 33B 分别增产皮棉 19.2%及13.3%。生育期 130 天，属中熟类型。铃重 6.5g，籽指 10g，衣分39.3%，衣指 7.3g。纤维长度 30.2mm，比强度 29.3cN/tex，马克隆值4.7。抗枯萎病，病指 0.9；抗黄萎病，病指 11.0。高抗棉铃虫及棉红铃虫。2003 年审定。

# 第四节　抗棉铃虫优质纤维杂交种

1. **中棉所 46**（中 980） 中国农业科学院棉花研究所以（中 9618×中092271）配制的杂交种。2002—2003 年抗虫棉比较试验比杂交种中棉所38 增产霜前皮棉 12.4%。生育期 129 天，属中早熟类型。铃重 5.8g，籽指 11.2g，衣分38.1%。纤维长度32.4mm，比强度34.7cN/tex，马克隆值3.9。高抗枯萎病，病指2.7；耐黄萎病，病指23.1。抗棉铃虫。2004年审定。

2. **苏杂 3 号** 江苏省农业科学院经济作物研究所和中国农业科学院生物技术研究所合作配制的双价抗虫杂交种。2002—2003 年长江流域抗虫棉区域试验比对照品种泗棉 3 号增产皮棉 0.4%。生育期 130 天，属中熟偏早类型。铃重 5.5g，籽指 10.5g，衣分 38.8%。纤维长度 30.3mm，比强度 34.3cN/tex，马克隆值 4.6。耐枯、黄萎病，抗棉铃虫，高抗红铃

虫。2005 年国家审定。

3. **科棉 3 号** 江苏省科腾棉业公司以 9287 (7124/苏棉 2 号) 为母本，338 (321/野生棉雷蒙德字棉) 为父本杂交配制的杂交种。2001—2002 年江西省棉花品种区域试验比对照品种泗棉 3 号增产籽棉 8.5%；2003 年江苏省引种试验比对照杂交种中棉所 29 增产皮棉 9.7%。生育期 130 天，属中早熟类型。铃重 5.8g，衣分 39.0%，籽指 11.1g，衣指 7.3g。纤维长度 32.6mm，比强度 33.5cN/tex，马克隆值 3.0。江苏省彭城集团公司试纺，棉纱条干好，成纱强度高，可替代新疆 R137 长绒棉纺 40～80 支精梳纱，使纱线生产成本下降 30% 左右。抗枯萎病，病指6.9；耐黄萎病，病指 28.5。2003 年江西省审定，2004 年江苏省审定。

4. **皖棉 25** (灵璧 1 号) 安徽省灵璧县良种棉加工厂以 (W-38× W-1430) 配制的杂交种。棉花品种对比试验比对照皖棉 13 杂种 $F_1$ 代皮棉减产 0.5%。生育期 127 天，属中熟偏早类型。铃重 5.1g，籽指 11.2g，衣分 40.2%。纤维长度 30.2mm，比强度 31.0cN/tex，马克隆值 5.0。抗黄萎病，耐黄萎病。抗棉铃虫。2004 年审定。

5. **湘杂棉 11** 湖南省棉花研究所、北京中农种业公司、中国农业科学院生物技术研究所以 (湘 V23×E-27) 配制的杂交种。生育期 126 天。铃重 6.2g，衣分 40.7%，籽指 11.3g。2004—2005 年长江流域棉花品种区域试验比对照湘杂棉 2 号增产皮棉 6.2%。纤维长度 31.2mm，比强度 31.0cN/tex，马克隆值 5.0。耐枯萎病，耐黄萎病，高抗红铃虫，中抗棉铃虫。2006 年审定。

6. **渝杂 1 号** (科棉 1 号) 西南农业大学以 (渝棉 1 号×抗虫系 Bt-R1) 组合配制的高强纤维、中长绒、兼抗虫病杂交种，比对照品种泗棉 3 号增产皮棉 2.3%。江苏省抗虫棉区域试验比对照泗棉 3 号增产皮棉 1.9%。生育期 139 天，属中熟类型。铃重 5.9g，衣分 39.8%。纤维长度 31.8mm，比强度 35.1cN/tex，马克隆值 4.2。高抗枯萎病，病指 4.7；感黄萎病。抗棉铃虫。2001 年审定。

20 世纪 90 年代至 2005 年育成人工去雄抗棉铃虫杂交种 23 个，比区域试验对照平均增产皮棉或霜前皮棉 16.8%，（其中中棉所 52、豫杂 35 及鲁棉研 15 三个杂交种的对照为杂交种中棉所 29，其余的对照为品种中棉所 12、泗棉 3 号及 33B 等），纤维长度 29.9mm，比强度 28.6cN/tex（表 11-1）。

表 11-1 人工去雄抗棉铃虫杂交种的主要性状

| 杂交种 | 皮棉增产（%） | 纤维长度（mm） | 比强度（cN/tex） | 杂交种 | 皮棉增产（%） | 纤维长度（mm） | 比强度（cN/tex） |
|---|---|---|---|---|---|---|---|
| 中棉所 29 | 27.8 | 29.4 | 30.5 | 冀杂 66 | 13.1 | 28.9 | 28.8 |
| 中棉所 39 | 27.3 | 28.9 | 27.5 | 邯杂 306 | 46.2 | 29.0 | 29.8 |
| 中棉所 47 | 26.8 | 29.4 | 27.6 | 标记杂 1 号 | 21.0 | 29.9 | 26.7 |
| 中棉所 52 | 7.5 | 30.4 | 29.7 | 泗抗 3 号 | 14.8 | 30.1 | 30.5 |
| 豫杂 35 | 10.9 | 31.3 | 29.3 | 南抗 3 号 | 6.8 | 30.1 | 25.8 |
| 鲁棉研 15 | 9.0 | 30.1 | 28.3 | 皖棉 25 | −0.5 | 30.1 | 31.0 |
| 鲁棉研 23 | 12.5 | 31.1 | 30.2 | 华抗棉 1 号 | 2.3 | 29.5 | 27.7 |
| 鲁棉研 24 | 18.5 | 30.1 | 28.8 | 鄂抗棉 10 号 | 12.8 | 30.9 | 27.6 |
| 鲁棉研 25 | 18.2 | 29.6 | 28.9 | 湘杂棉 3 号 | 11.2 | 30.2 | 28.9 |
| W8225 | 19.3 | | 26.2 | 湘杂棉 7 号 | 12.8 | 31.0 | 28.9 |
| 国抗杂 1 号 | | 29.5 | | 湘杂 8 号 | 15.3 | 29.4 | 27.8 |
| 国抗杂 2 号 | 19.1 | 30.2 | 29.3 | 平均（32 个） | 16.8 | 29.9 | 28.6 |

# 第五节 彩絮棉杂交种

## （一）彩絮棉杂交种

1. **中棉所 51**（中 BZ12） 中国农业科学院棉花研究所采用丰产、优质、抗棉铃虫中棉所 41 选系 971201 为母本，综合性状较好的棕色彩色棉 RILB263102 为父本，配制的彩色、高产、优质、抗虫杂交种。2001 年黄河流域抗虫棉区域试验与对照杂交种中棉所 38 霜前皮棉平产（+0.8%），2002 年比对照品种中棉所 41 减产霜前皮棉 4.3%，霜前花率 94.4%，作为优质、高产彩棉被推荐参加 2003 年黄河流域抗虫棉生产试验，比对照品种中棉所 41 减产霜前皮棉 3.7%。生育期 131 天，属中早熟类型。铃重 5.4g，籽指 10.2g，衣分 38.1mm。纤维长度 30.5mm，比强度 30.5cN/tex，马克隆值 4.5，适于纺中高支纱。纤维浅棕色。抗枯萎病，病指 5.5；耐黄萎病，病指 26.1。抗棉铃虫。2005 年获转基因生物安全生产证书，同年审定。

2. **皖棉 38**（淮杂棕） 淮北市黄淮海低酚棉开发研究中心于 2002 年选用淮北 13 为母本，棕色淮无 8 系为父本配制的杂交种。2004—2005 年淮北棉区区域试验比对照品种中棉所 30 增产皮棉 15.2%。生育期 118 天。铃重 5.7g，衣分 38.9%，籽指 11.8g。纤维长度 30.4mm，比强度

30.7cN/tex，马克隆值 4.5。抗枯萎病，病指 13.8；耐黄萎病，病指 34.6。2006 年审定。

3. **鄂棕杂 A‑98**　湖北省农业科学院经济作物研究所以（3517×彩 4-25）配制的杂交种。品种比较试验比对照品种鄂抗棉 10 号增产皮棉 10%。生育期 125 天，属中熟类型。衣分 33.3%。纤维长度 29.2mm，比强度 25.9cN/tex，马克隆值 3.8。纤维棕色。

4. **湘棕杂 16**（H‑16）　湖南省棉花研究所以湘彩棉 2 号为母本，优质白色棉 9208007 为父本配制的杂交种。生育期 131 天，属中熟偏早类型。属中熟棕色纤维类型。铃重 6.2g，籽指 11.7g，衣分 37.5%。纤维长度 32.5 mm，比强度 26.5cN/tex，马克隆值 4.7。纤维棕色。2002 年在湖南津市试种 0.7hm²，皮棉产量与对照湘杂棉 2 号相当，并试纺 60 支纱。

### （二）绿絮棉杂交种

1. **皖棉 39**（淮杂绿）　淮北市黄淮海低酚棉开发研究中心于 2002 年选用绿色淮北 13 为母本，以绿色淮无 8 系为父本配制的杂交种。2004—2005 年淮北棉区区域试验比对照品种中棉所 30 减产皮棉 5.2%。生育期 118 天。铃重 5.5g，衣分 33.3%，籽指 10.9g。纤维长度 31.2mm，比强度 26.3cN/tex，马克隆值 2.5。抗枯萎病，病指 12.7；感黄萎病，病指 51.5。2006 年审定。

2. **湘绿杂 18**（H‑18）　湖南省棉花研究所以中熟绿色纤维配制的杂交种。生育期 138 天，属中熟类型。铃重 6g，衣分 40.2%，比对照品种新彩棉 3 号增产皮棉 62%。纤维长度 29.5 mm，比强度 28.6cN/tex，马克隆值 3.2。

# 第六节　转基因抗除草剂杂交种

中国农业科学院棉花研究所利用转基因抗除草剂（Bxn）材料选育转基因抗除草剂棉花杂交种取得进展，小区试验，多数抗除草剂杂交种比对照增产 10% 以上，且品质较优；同时，利用抗除草剂性状不仅鉴别田间真假杂交种，而且还可以达到除草的目的，节省用工。

纵观我国 20 世纪 50 年代开展棉花杂种优势研究以来，在不同年代、不同棉区、以不同的制种方法，育成了适于当地生态条件种植的不同类型的 100 多个棉花杂交种。育种目标由最初的丰产、早熟，经过加强抗病性

能，发展到优质纤维和抗棉铃虫等综合性状的逐步完善；育种方法从繁重的人工去雄，向简化制种环节、节省用工过渡。现归纳，我国不同年代人工去雄方法育成不同类型代表杂交种的主要性状（表11-2）。

表11-2　人工去雄法不同年代育成棉花代表杂交种的主要性状

| 制种类别 | 年代 | 组合类别 | 衣分（%） | 皮棉增产（%） | 2.5%跨长（mm） | 比强度（cN/tex） | 马克隆值 | 病　指 | | 代表组合 |
|---|---|---|---|---|---|---|---|---|---|---|
| | | | | | | | | 枯萎 | 黄萎 | |
| 人工去雄 | 70 | 丰产 | 37.4 | 21.2 | 30.9 | 24.9 | — | 不抗 | 不抗 | 渤优2号 |
| | 80 | 抗枯 | 40.5 | 20.1 | 30.0 | 25.7 | 3.9 | 8.4 | 耐黄 | 中28 |
| | 90 | 抗枯 | 40.5 | 16.9 | 30.1 | 27.5 | 4.7 | 10.1 | 19.9 | 湘杂2号 |
| | | 抗虫抗枯 | 40.1 | 16.0 | 29.9 | 29.2 | 4.6 | 7.4 | 26.4 | 中29 |

　　总之，20世纪70～80年代育成的"普通杂交种"比当地对照品种的产量有明显增加，纤维品质也有所提高。90年代育成"优质纤维杂交种"及"抗棉铃虫杂交种"两类的产量和品质比同类"品种"均有提高。更值得注意的是"抗棉铃虫强纤维杂交种"渝杂1号的皮棉产量比对照增加1.9%，纤维长度31.8mm，比强度35.1cN/tex，得到了产量和纤维品质的同步提高。因此，在目前生产上要求纤维品质一般、棉铃虫为害严重地区可扩大种植"抗虫杂交种"，在要求生产优质棉的棉铃虫为害地区，宜积极扩大"抗虫强纤维优质杂交种"的推广。

# 第十二章 棉花不育系育成的杂交种

## 第一节 棉花核雄性不育系杂交种

### 一、抗耐病杂交种

1. **川杂 4 号** 四川省农业科学院棉花研究所以（川 473A×川 73-27）配制的杂交种。1980—1982 年四川省区域试验比对照品种川 73-27 增产皮棉 18.1%。生育期 138 天，属中熟类型。铃重 5.1g，籽指 9.1g，衣分 40.7%。纤维长度 30mm，强力 4g，细度 5 976m/g，断裂长度 23.8km，成熟系数 1.6。枯萎病指 12.0，黄萎病指 31.2。1985 年审定。1988 年种植面积 3 万余 hm²，占全省棉田面积的 29%。1995 年种植 4 万 hm²。

2. **川杂 5 号**（内杂 1 号） 四川省内江市种子公司以（川 473A×冀棉 14）配制的杂交种。四川省区域试验比对照品种川 73-27 增产皮棉 9.7%。生育期 136 天，属中熟类型。铃重 5.9g，籽指 9g，衣分 41%，衣指 6.7g。纤维长度 30.4mm，比强度 30.0cN/tex，马克隆值 4.5。耐枯、黄萎病。1991 年审定。1991 年种植 2 万 hm²。

3. **川杂 6 号** 四川省南充地区农业科学研究所以（洞 A×737）配制的杂交种。四川省区域试验比对照品种川 73-27 增产皮棉 13.1%。生育期 137 天，属中熟偏晚类型。铃重 5.5g，衣分 41.3%，衣指 6.9g。纤维长度 29.9mm，强力 4.4g，细度 5 416m/g，断裂长度 23.4km。耐枯、黄萎病。1992 年审定。2000 年种植 7 万 hm²。

4. **川杂 7 号** 四川南充地区农业科学研究所以（洞 A×B023-11）配制的杂交种。四川省区域试验比对照品种川 73-27 增产皮棉 10.9%。生育期 134 天，属中熟类型。铃重 5.4g，籽指 9.8g，衣分 41.5%，衣指 7.0g。纤维长度 30.9mm，比强度 25.9cN/tex，马克隆值 4.3。耐枯萎病。1994 年审定。

5. **川杂 8 号** 四川省乐至县种子公司以（川 473A×川培 2 号）配制

的杂交种。四川省区域试验比对照品种川 73-27 增产皮棉 10.4％。生育期 135 天，属中熟类型。铃重 5.1g，籽指 9.6g，衣分 42％。纤维长度 30.7mm，比强度 26.7cN/tex，马克隆值 4.5。耐枯、黄萎病。1996 年审定。

6. **川杂 9 号**　四川省农业科学院棉花研究所以（抗 A1×中棉所 12 优系）配制的杂交种。四川省区域试验比对照品种川 73-27 增产皮棉 9.8％。生育期 130 天，属中熟类型。铃重 5.5g，籽指 9.4g，衣分 42％，衣指 7.1g。纤维长度 30.1mm，比强度 27.0cN/tex，马克隆值 4.3。抗枯萎病，感黄萎病。1996 年审定。

7. **川杂 11**　四川省农业科学院棉花研究所以［抗 A2×（川 73-27×墨西哥棉）$F_{10}$ 优系 2069 作恢复系］配制的杂交种。四川省区域试验比对照品种川 56 增产皮棉 13.5％。生育期 131 天，属中熟类型。铃重 5.1g，籽指 9.3g，衣分 44.4％，衣指 7.6g。纤维长度 29.6mm，比强度 26.7cN/tex，马克隆值 4.6。抗枯萎病，耐黄萎病。1999 年审定。

8. **川优 1 号**　四川省农业科学院棉花研究所以（MA×川 55）配制的完全核不育系杂交种。四川省区域试验比对照品种川棉 56 增产皮棉 11.9％。属中熟类型。生育期 130 天，属中早熟类型。铃重 5.2g，籽指 9.7g，衣分 43.5％，衣指 7.5g。纤维长度 29.8mm，比强度 27.0cN/tex，马克隆值 4.7。抗枯萎病，病指 11.2；耐黄萎病。1998 年审定。

9. **苏棉 17**（宁杂 307）　江苏省农业科学院经济作物研究所与江苏省科腾公司以（抗 A1×自 92-97）配制的杂交种。江苏省区域试验比对照品种泗棉 3 号增产皮棉 10.7％。生育期 138 天。属中熟类型。铃重 5.1g，籽指 9.3g，衣分 42.5％，衣指 7.5。纤维长度 28.3mm，比强度 27.6cN/tex，马克隆值 4.4。高抗枯萎病，病指 4.2；感黄萎病，病指 52.3。2000 年审定。

10. **南农 6 号**　南京农业大学棉花研究所以从中国农业科学院棉花研究所引进双隐性核雄性不育系材料经多代选择育成 96-2206A 为母本，父本 96-3209R 是泗棉 3 号与自育品系 9409 杂交后代中选出的高衣分材料配制的杂种。2002—2003 年江西省区域试验比对照品种泗棉 3 号增产皮棉 2.8％。生育期 130 天，属中熟偏早类型。铃重 4.8g，籽指 9.6g，衣分 42％。纤维长度 29.0mm，比强度 28.4cN/tex，马克隆值 4.9。高抗枯萎病，病指 3.3；耐枯萎病，病指 25.6。2002 年江西省审定。

11. **鲁棉 13**　山东省种子管理总站与定陶县、菏泽地区种子站协作以

雄性不育系83-1A为母本，冀合365为父本配制的杂交种。1991年山东省杂交棉联合试验比对照品种中棉所12增产霜前皮棉12.5%。生育期135天，属中早熟类型。铃重5.6g，衣分39.3%，籽指11g，纤维长度31.3mm，细度6 160m/g，强力3.7g，断裂长度22.7km，成熟系数1.7。高抗枯萎病，感黄萎病。1994年审定。1997年在山东种植1万hm²。

12. **鄂杂棉8号**（太99-88） 湖北惠民种业公司以太97B2与抗A2转育成的核不育系为母本，以自育品系太029的抗病洞A核不育系为父本配制的杂交种。2002—2003年湖北省区域试验比鄂杂1号增产皮棉1.9%。生长期137天，属中熟类型。铃重5.9g，籽指11.4g，衣分39.9%。纤维长度31.6mm，比强度31.7cN/tex，马克隆值5.5。耐枯萎病。2004年审定。

## 二、优质纤维杂交种

川HB3：四川省农业科学院经济作物研究所以母本MA（陆地棉）与父本海岛棉品系（U22）配制的陆海种间长绒强纤维杂交种。皮棉产量比陆地棉对照减产19%，比海岛棉亲本显著增产。开花期早5天，铃期70天。纤维长度35.9mm，比强度36.0cN/tex，马克隆值3.1，试纺120支纱。在四川攀枝花地区试种7hm²，皮棉单产1 200kg/hm²。

## 三、抗棉铃虫杂交种

1. **中棉所38**（中抗杂A） 中国农业科学院棉花研究所与该院生物技术研究所以（中12PA×Rg3）组配的双隐性核不育转基因抗虫杂交种（aaBt）。1997—1998年抗虫棉区域试验比对照品种中棉所19及泗棉3号分别在黄河流域增产皮棉16.8%及长江流域增产23.3%。生育期125天，属中早熟类型。铃重5.8g，衣分37%。纤维长度29.9mm，比强度28.5cN/tex，马克隆值4.4。高抗枯萎病，病指5.7；抗黄萎病，病指15.0。高抗棉铃虫。1999年全国审定。最大年面积2万hm²。

2. **鲁RH-1**（GKz-13） 山东济阳县鲁优棉花研究所用抗A1核不育系选出核不育两用系21A作母本，中国农业科学院生物技术研究所转基因抗虫棉选系作父本配制的杂交种。生育期125天，属中早熟类型。1997—1998年黄河及长江两流域区域试验比对照品种中棉所19增产霜前皮棉21.3%。铃重5.7g，籽指10.7%，衣分39.6%。纤维长度29.4mm，比强度28.8cN/tex，马克隆值4.4。抗枯萎病，病指6.7；耐

黄萎病，病指 13.5。高抗棉铃虫。2002 年种植 1 万 hm²。2003 年审定。

**3. 鲁棉研 24**（鲁 H963，GKz25）　山东省棉花研究中心和中国农业科学院生物技术研究所用母本抗虫 A38 系与父本抗虫棉选系鲁 8166 配制的抗虫杂交种。2002—2003 年黄河流域区域试验比对照品种豫棉 21 增产皮棉 18.5%。生育期 136 天，属中熟偏早类型。铃重 5.7g，籽指 10.4g，衣分 41.5%。纤维长度 30.1mm，比强度 28.8cN/tex，马克隆值 4.3。抗枯萎病，耐黄萎病，抗棉铃虫。2005 年国家审定。

**4. 丰杂棉 1 号**（皖棉 20）　安徽合肥丰乐种业公司与山东惠民农业高新技术开发中心合作以洞 A 核不育系 97-1A 为母本，自选品系 96-1 为父本配制的杂交种。2001—2002 年安徽省区域试验比对照品种泗棉 3 号及皖杂 40 平均增产皮棉 13%。生育期 134 天，属中熟类型。铃重 5.4g，籽指 9.8g，衣分 42.2%，衣指 7.7g。纤维长度 27.4mm，比强度 27.1cN/tex，马克隆值 4.9。抗枯萎病，病指 8.4；感黄萎病，病指 33.1。抗棉铃虫。2003 年审定。

**5. 川杂 12**　四川省农业科学院经济作物研究所以核雄性不育材料 473A 及抗枯、黄萎病品种中棉所 12，通过杂交转育，结合病圃和大田筛选，育成抗枯、黄萎病的双抗型两用系抗 A2 为母本，惠民种业公司提供抗虫品系 R168 为父本，分别在两地配制的杂交种。四川省区域试验比对照品种川棉 56 增产皮棉 4.9%，增产白花皮棉 11.6%。生育期为 133 天，属中早熟类型。铃重 5.3g，衣分 42.2%，籽指 9.6g。纤维长度 30.8mm，比强度 29.3cN/tex，马克隆值 4.4。抗枯萎病，病指 19.2；耐黄萎病，病指 22.0。高抗棉铃虫及棉红铃虫。2003 年审定。

**6. 川杂 13**（VH3）　四川省农业科学院经济作物研究所用核不育两用系 GA 作母本，抗虫恢复系 HB 作父本配制的杂交种。母本核不育两用系 GA 来源于 {[抗 A1 不育株×（抗 A1 不育株×中棉所 12 号）]×B17} $F_2$ 连续 2 次混合兄妹交后再对株兄妹交育成；父本 HB 为抗虫品系 R5-1，经抗病虫、品质及产量鉴定育成。2000—2001 年四川省治虫区域试验比对照品种川棉 56 增产皮棉 9.3%。生育期 133 天，属中早熟类型。铃重 5.9g，衣分 42.0%，衣指 6.9g，籽指 9.6g。纤维长度 31.4mm，比强度 29.9cN/tex，马克隆值 4.7。抗枯萎病，病指 9.7，耐黄萎病，病指 29.6。高抗红铃虫。2003 年审定。

**7. 川杂棉 14**（GA5×R27）　四川省农业科学院经济作物研究所用核不育两用系 GA5 作母本，抗虫恢复系 R27 作父本配制的杂交种。四川

省治虫组区域试验比对照品种川棉 56 增产皮棉 17.1％。生育期 133 天，属中早熟类型。铃重 5.9g，衣分 41.0％，衣指 6.9g，籽指 9.7g。纤维长度 30.7mm，比强度 29.2cN/tex，马克隆值 4.9。抗棉铃虫，网室接虫鉴定蕾铃被害率 2.9％～5.1％，比对照减少 63％～81％；高抗红铃虫；抗枯萎病，病指 6.8；耐黄萎病，病指 22.3。2005 年审定。

8. **川杂棉 16**　四川省农业科学院经济作物研究所用以新育成的含 msc1 不育基因的优质抗虫抗病核不育系 GA18 作母本，以高产品系 HB 作父本，采用"一系两用法"测配成的杂交 $F_1$ 代种。四川省 2003—2004 年区域试验比对照品种川棉 56 增产皮棉 14.5％。生育期 133 天，属中熟类型。铃重 6g，衣分 41.2％，衣指 6.9g，籽指 8.9g。纤维长度 30.8mm，比强度 29.5cN/tex，马克隆值 4.1。抗棉铃虫，高抗红铃虫；抗枯萎病，病指 8.4；耐黄萎病，病指 29.5。2006 年审定。

### 四、抗棉铃虫优质纤维杂交种

**川杂棉 15（GKz34）**　四川省农业科学院经济作物研究所以 Bt 基因抗虫核不育系抗 A3 为母本，优质恢复系 ZR5 为父本配制的杂交种。四川省区域试验比对照品种川棉 56 分别增产皮棉 1.4％及白花皮棉 4.3％。生育期 133 天，属中早熟类型。铃重 6.0g，籽指 10.3g，衣分 42.0％，白花率 90.0％。纤维长度 31.6mm，比强度 32.3cN/tex，马克隆值 4.3。高抗红铃虫、棉铃虫。抗枯萎病，病指 6.8，黄萎病指 34.4。2004 年获安全证书，2005 年审定。

同期育成核雄性不育系抗棉铃杂交种 6 个，包括中棉所 38、鲁 RH-1、丰杂棉 1 号（皖棉 20）、川杂 12、川杂 13、川杂 14，在区域试验中比对照平均增产皮棉或霜前皮棉 13.3％，纤维长度 29.7mm，比强度 27.1cN/tex（表 12-1）。

表 12-1　核雄性不育系抗棉铃杂交种的主要性状

| 杂交种 | 皮棉增产（％） | 纤维长度（mm） | 比强度（cN/tex） | 杂交种 | 皮棉增产（％） | 纤维长度（mm） | 比强度（cN/tex） |
|---|---|---|---|---|---|---|---|
| 中棉所 38 | 20.0 | 29.9 | 28.5 | 川杂 13 | 9.3 | 30.4 | 26.6 |
| 鲁 RH-1 | 12.5 | 29.4 | 26.6 | 川杂 14 | 20.0 | 30.1 | 26.8 |
| 皖棉 20 | 13.0 | 27.4 | 27.2 | 平均 | 13.3 | 29.7 | 27.1 |
| 川杂 12 | 4.9 | 30.8 | 27.0 | | | | |

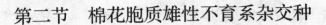

## 第二节　棉花胞质雄性不育系杂交种

### 一、陆地棉品种间杂交种

1. **银棉2号**（sGKz8——双价转基因抗虫三系杂交种）　由中国农业科学院生物技术研究所、河北邯郸农业科学院和北京银土地生物技术公司合作利用棉花三系的不育系和恢复系回交转育选出中棉所41（Sgk9708）的不育系 P30A 以及相应的保持系 P30B；同时通过系选法在原恢复系的基础上选出配合力好、恢复性状稳定的恢复系父本 12R 后，在多个组合中筛选出（P30A×18R）配制的优势杂交种。2003—2004 年黄河流域抗虫棉区域试验比对照品种中棉所41增产霜前皮棉 29.1%。生育期125 天，属中早熟类型。铃重 5.8g，衣分 42.6%，籽指 10.2g。纤维长度 29.0mm，比强度 27.7cN/tex，马克隆值4.6。抗枯萎病，病指 12.2；耐黄萎病，病指 25.0。抗红铃虫。2005 年国家审定。

2. **邯杂 98-1**（GKzll）　邯郸市农业科学院、中国农业科学院生物技术研究所采用（邯抗 1A×邯抗 R174）配制的杂交种。1999—2000 年抗虫棉区域试验单产皮棉 1385 kg/hm²，霜前皮棉 1251 kg/hm²。生育期 126 天，属中早熟类型。铃重5.3g，籽指10.4g，衣分40.2%。纤维长度 29.6 mm，比强度 29.7cN/tex，马克隆值 4.0。高抗枯萎病，耐黄萎病。抗棉铃虫、红铃虫等鳞翅目害虫。2005 年审定。

3. **浙杂2号**　浙江大学农业与生物技术学院通过分子标记辅助选配技术和雄性不育三系制种技术，于 1998 年从陆地棉品种间杂交组合（HS45×MARCABUCAG8US‐1-88）F7 的重组近交系（981191）中，获得一个具有花药迟熟、长柱头、少花粉粒的陆地棉突变体—JMA‐1。该突变体自交部分可育，花药迟熟特性稳定，但后代有育性分离现象。1998—2001 年结合冬季南繁加代用 3 个优质、高产、多抗的陆地棉品种对其进行回交和育性定向筛选，获得 8 对不育系和保持系，不育系/保持系的皮棉产量为对照泗棉 3 号的 88.4%～101.4%。2002 年配制成高优势、优势三系杂交种。2003 年浙江省区试比对照品种泗棉 3 号增产皮棉 17.7%，2004 年继续试验比对照湘杂棉 2 号增产皮棉 6.1%，两年平均比对照增产皮棉 11.9%。生育期 133 天，属中早熟类型。铃重 5.0g，衣分 41.0%，籽指 10.0g。纤维长度 29.9mm，比强度 31.3cN/tex，马克隆值

4.5。抗枯萎病，病指 8.9；耐黄萎病，病指 18.9。2005 年审定。

同期育成胞质雄性不育系杂交种 4 个，包括抗病杂交种豫棉杂 1 号、兼抗病虫杂交种银棉 2 号和邯杂 98-1，以及优质杂交种新（307H×36211R）；这 4 个胞质不育系杂交种在区域试验中的皮棉增产平均，前 2 个杂交种豫棉杂 1 号与银棉 2 号为 24.7％，新（307H×36211R）则增产 23.2％；纤维长度平均，前 3 个豫棉杂 1 号、银棉 2 号和邯杂 98-1 为 28.3mm，新（307H×36211R）为 34.0mm；比强度平均，前 3 个豫棉杂 1 号、银棉 2 号、邯杂 98-1 为 28.3cN/tex，仅最后 1 个新（307H×36211R）为 32.9 cN/tex，这与其亲本中的海岛棉性状有关（表 12-2）。

表 12-2  胞质雄性不育系杂交种的主要性状

| 杂交种 | 皮棉增产（％） | 纤维长度（mm） | 比强度（cN/tex） | 杂交种 | 皮棉增产（％） | 纤维长度（mm） | 比强度（cN/tex） |
|---|---|---|---|---|---|---|---|
| 豫棉杂 1 号 | 20.3 | 30.9 | 27.6 | 邯杂 98-1 | | 29.6 | 29.7 |
| 银棉 2 号 | 29.1 | 29.0 | 27.7 | 新（307H×36211R） | 23.2 | 34.0 | 32.9 |
| 平均 | 24.7 | 29.8 | 28.3 | | | | |

## 二、陆地棉与海岛棉种间杂交种

1. **豫棉杂 1 号**（97-68）  河南省内黄县棉花办公室与河南省经作站合作在海陆杂种后代中发现不育株，经与陆地棉测交发现为细胞质雄性不育，选择综合性状好的陆地棉材料对不育株回交多代，育成不育系；同时对父本封花自交育成保持系。利用哈克尼西棉不育系的恢复系，经过杂交、回交、测交育成恢复系。在此基础上，用 15 个不育系与 8 个恢复系杂交配制 120 个组合，在（19A×85R）配制出综合性状良好的杂交种（97-68）。2000—2001 年河南省杂交棉区域试验比对照品种中棉所 19 增产霜前皮棉 20.3％。生育期 126 天，属中早熟类型。铃重 5.5g，籽指 10.1g，衣分 41.1g。纤维长度 30.9mm，比强度 27.6cN/tex，马克隆值 4.8。抗枯萎病，病指 0.6；耐黄萎病，病指 18.7。2004 年审定。

2. **新杂棉 2 号**  由新疆农业生产建设兵团农一师农业科学研究所和农七师农业科学研究所于 1999 年选用由西南农业大学引进的高强纤维材料 79701 中系选的早熟高强纤维短果枝陆地棉品系 1038 与海岛棉恢复系 1304R（346R×新海 13）系统选择、自交 10 代配制的测交组合，2000 年进行测交试验，并南繁北育加代转育成不育系 H - 1038A，2002 年以这转育的陆地棉胞质不育系 H - 1038A（BC5）为母本，海岛棉恢复系 1304R 为父本配制的陆海杂交组合，2003 年参加所内品比试验，2003—2004 年参加新疆南疆早中熟组区域试验，籽棉产量 304.5kg/亩，较对照品种中棉所 35 增产 0.2％，霜前皮棉 112kg/亩，较对照减产 4.7％，霜前花率 95％；2004—2005 年参加自治区早中熟组陆地棉区域试验，衣分 38.9％，籽指 11g，纤维长度 34.3mm，整齐度指数 84.3，比强度 37.4cN/tex，伸长率 7.4％，马克隆值 3.5，反射率 76.2％，黄度 6.9，纺纱均匀度指标 184，是我国的第一个陆海三系杂交种。

3. **新彩棉 9 号**　新疆天然彩色棉研究所于 1998 年利用三系技术以白棉 H 型雄性不育系为母本，彩棉新品系彩 174 为父本杂交，连续 7 次回交，转育出彩色棉雄性不育系 6H，再与海岛棉恢复系海 R1535 配制的彩杂-1 杂交种。2004～2005 年自治区彩棉品种区域试验比对照种新彩棉 1 号增产皮棉 25.3％。生育期 126 天。铃重 4.5g，衣分 31.3％，籽指 12.6g。纤维长度 30.7mm，比强度 33.9cN/tex，马克隆值 3.6。对枯萎病免疫，病指 0；耐黄萎病，病指 29.5。2006 年审定。

4. **新**（307H×36211R）　新疆生产建设兵团农一师农业科学研究所 1987 利用哈克尼西棉不育三系，转育出海岛型及陆地型不育系及其保持系，均能被有哈克尼西棉细胞质的恢复系恢复，杂种 $F_1$ 代育性恢复株率 100％，筛选出散粉正常的新恢复系，1987 年完成海陆三系配套组合，但制种产量低。1993 年利用陆地棉不育系和海岛型恢复系杂交，配制成的陆海三系杂交种，产量比较试验比对照陆地品种棉军棉 1 号增产 23.2％，纤维长度 34mm，比强度 32.9cN/tex，马克隆值 3.6。1994 年示范 10hm²。

不同年代棉花不育系育成代表杂交种的性状（表 12 - 3）。

表 12 - 3　棉花不育系不同年代育成代表杂交种的主要性状

| 年代 | 组合类别 | 衣分（%） | 皮棉增产（%） | 2.5%跨长（mm） | 比强度（cN/tex） | 马克隆值 | 病指 枯萎 | 病指 黄萎 | 代表组合 |
|---|---|---|---|---|---|---|---|---|---|
| 80 | 核单隐性丰产 | 40.8 | 16.6 | 29.4 | 27.5 | — | 不抗 | 不抗 | 川杂 3 号 |
| | 核单隐性抗枯 | 42.2 | 12.6 | 29.8 | 29.8 | 4.4 | 12.0 | 31.2 | 川杂 4 号 |
| 90 | 完全核不育抗病 | — | 11.9 | 29.8 | 27.5 | 4.6 | 11.2 | 不抗 | 川优 1 号 |
| | 核单隐性抗枯 | 42.0 | 9.8 | 30.3 | 26.3 | 4.3 | 抗枯 | 耐黄 | 川杂 9 号 |
| | 核双隐性抗虫抗枯 | 37.0 | 20.0 | 29.9 | 28.5 | 4.4 | 5.7 | 15.0 | 中 38 |

| 年代 | 组合类别 | 衣分（%） | 皮棉增产（%） | 2.5%跨长（mm） | 比强度（cN/tex） | 马克隆值 | 病 指 枯萎 | 病 指 黄萎 | 代表组合 |
|---|---|---|---|---|---|---|---|---|---|
| 2001—2004 | 核单隐性抗虫抗枯 | 41.8 | 9.3 | 30.4 | 26.6 | 4.8 | 抗枯 | 耐黄 | 川杂13 |
| 2005 | 胞质不育抗虫抗枯 | 42.6 | 29.1 | 29.0 | 37.7 | 4.6 | 12.2 | 25.0 | 银棉2号 |

　　我国杂交棉育种工作能取得上述成就，是基于选用了近30年来育成的各个类型配套的好品种（系）；只有有了好亲本，才能育成好杂交种。所以，在致力选配杂交种的同时，仍需十分重视新品种（系）的育种工作，两者不可偏废。从而可总结为：各不同生态棉区在选择适宜早熟性能的前提下，新品种和新杂交棉选育与杂种优势利用相结合，丰产性与抗病、抗虫等多逆抗性相结合，优质性与多种纤维类型选择相结合，是20世纪70年代到21世纪初我国棉花育种工作的特点。

　　我国自20世纪70年代开始至2005年止，共育成新杂交种110个，其中包括丰产杂交种（其中4/5抗枯萎病）50个，优质纤维杂交种13个，强纤维杂交种4个，抗虫杂交种（人工去雄）24个，抗虫杂交种（不育系）8个，抗虫强纤维杂交种5个，低酚杂交种2个及彩色杂交种4个。而自2001—2005的5年中，即育成新杂交种71个，占以往至今30余年育成全部110个杂交种的64%；同时也占这同期5年中育成全部新品种和新杂交种总数153个的46%。由此可见，从20世纪90年代末期到进入21世纪初这几年中我国棉花杂交种发展之迅速。

# 第十三章 棉花杂种优势的生产利用

## 第一节 人工去雄制种及其杂交种

我国于 20 世纪 70 年代开始采用人工去雄制种法在生产上利用陆地棉品种间的杂种 $F_1$ 与 $F_2$ 代优势，如渤优 2 号杂交种在山东惠民地区种植。80 年代种植的棉花杂交种有中棉所 28、冀杂 29 及苏杂 16 等分别在河北、河南与江苏三省种植。90 年代初棉花杂交种从占全国棉田不到 1％的面积，迅速上升到 10％以上，2003 年达 65 万 $hm^2$，主要栽培的杂交种有：湘杂 2 号、皖杂 40 及中棉所 28、中棉所 29 等。

### 一、丰产、抗病杂交种（20 世纪 70～90 年代）

中棉所 28（中杂 028）：中国农业科学院棉花研究所以（中棉所 12×中 4133）组合配制育成的杂交种。生育期 127 天，属中早熟类型。铃重 5.8g，衣分 40.9％。纤维长度 31mm，强力 4.2g，细度 5250m/g，断裂长度 22.1km。1987 年攻关品种交流试验杂种 $F_2$ 代霜前皮棉增产 6.8％。1989 年攻关品种联合试验杂种 $F_1$ 代霜前皮棉比各地对照品种（晋棉 7 号、泗棉 2 号、中棉所 12）增产 21.3％。1990—1991 年惠民地区棉花品种联合试验杂种 $F_2$ 代比对照中棉所 12 增产皮棉 5.8％。安徽省棉花品种区域试验杂种 $F_2$ 代比对照品种泗棉 2 号增产霜前皮棉 10.9％。高抗枯萎病，病指 4.2；耐黄萎病，病指 22.4。1994 年在山东种植 9 万 $hm^2$。

苏杂 16：江苏省农业科学院经济作物研究所和江苏省作物栽培技术指导站以（宁 101×川 414）组合配制育成的杂交种。1989—1990 年江苏省棉花品种中间试验杂种 $F_1$ 代比对照品种盐棉 48 增产皮棉 12.8％，杂种 $F_2$ 代增产 6.7％。生育期 133 天，属中熟类型。铃重 5.5g，吐絮畅，籽指 10.5g，衣指 6.8g，衣分 40.5％。纤维长度 30.3mm，强力 4g，细度5 520m/g，断裂长度 22.2km。抗枯萎、耐黄萎病。1996 年和 1998 年先后经安徽、江苏两省审定，1995年种植4万hm$^2$，至2000年累计种植面积26万hm$^2$。

皖杂40（皖棉13）：安徽省农业科学院棉花研究所以（泗棉3号优系×低酚8号）组合配制育成的杂交种。生育期130天，属中熟类型。铃重5.5g，籽指9.5g，衣分41.0%，衣指7.3g。纤维长度30.2mm，比强度28.8cN/tex，马克隆值4.9。安徽省棉花品种区域试验杂种$F_1$代比对照品种泗棉3号增产皮棉16.5%，杂种$F_2$代增产11.4%；产量稳定性测定b值小于1。适应性好，抗逆性强，喜肥水，耐渍害，耐高温恢复能力好。抗枯萎病，病指11.7；感黄萎病，病指53.4。1998年审定。1999年种植杂种$F_2$代36万hm$^2$，占全省植棉面积的50%。

鄂杂棉1号（荆杂96-1）：湖北荆州市农业科学院以（038×荆55173）组合配制育成的优质、抗病杂交种。湖北省棉花品种区域试验比对照湘杂棉2号杂种$F_2$代增产皮棉8.7%。生育期134天，属中熟类型。铃重5.9g，衣分41.7%。纤维长度30.8mm，比强度29.5cN/tex，马克隆值4.5。高抗枯萎病，病指5.9；耐黄萎病，病指25.2。2000年审定，当年种植14万hm$^2$。

湘杂棉1号：湖南省棉花研究所以（湘棉15×V21）组合配制育成的杂交种。湖南省棉花品种区域试验比对照品种泗棉2号增产皮棉15.6%。生育期135天，属中熟类型。铃重5.2g，衣分38.7%。纤维长度30.5mm，比强度27.5cN/tex，马克隆值5.0。抗枯萎病，病指16.3；耐黄萎病，病指21.4。1995年审定。1998年种植16万hm$^2$。

湘杂棉2号：湖南省棉花研究所以（8891黄花药×中棉所12）组合配制育成的以黄花药为标记性状的杂交种。湖南省棉花品种区域试验比对照品种泗棉2号和湘棉10号分别增产皮棉21.2%和14.5%。生育期123天，属中熟类型。铃重5.7g，籽指10.1g。衣分41.7%。纤维长度30.2mm，比强度27.0cN/tex，马克隆值4.8。抗枯萎病，病指19.4；抗黄萎病，病指15.3。1997年审定，2000年种植43万hm$^2$，其中14万hm$^2$在湖南省，占全省棉田面积的95%。2001年国家审定。

以上中棉所28、苏杂16、皖杂40、鄂杂1号、湘杂1号、湘杂2号6个抗病杂交种增产皮棉8.7%～17.4%，平均增产皮棉13.5%，纤维长度30.4mm，比强度27.9cN/tex，马克隆值4.8（表13-1）。

表 13 - 1　我国棉花丰产抗病杂交种性状

| 杂交种 | 皮棉增产（%） | 纤维长度（mm） | 比强度（cN/tex） | 马克隆值 | 病指 枯萎 | 病指 黄萎 | 最大年面积（万 hm²） |
|---|---|---|---|---|---|---|---|
| 中棉所 28 | 10.9 | 31.0 | (25.8) | — | 高抗 | 耐黄 | 9 |
| 苏杂 16 | 11.7 | 29.4 | 28.6 | 5.1 | 抗枯 | 耐黄 | 1.3 |
| 皖杂 40 | 16.4 | 30.2 | 28.8 | 5.3 | 抗枯 | 感 | 8.6 |
| 鄂杂 1 号 | 8.7 | 30.8 | 29.5 | 4.4 | 5.9 | 25.2 | 14 |
| 湘杂 1 号 | 15.6 | 30.5 | 27.5 | 5.0 | 16.3 | 21.4 | 16 |
| 湘杂 2 号 | 17.4 | 30.2 | 27.0 | 4.8 | 19.4 | 15.3 | 12 |
| 平均 | 13.5 | 30.4 | 27.9 | 4.9 | | | |

注：病指项：枯萎病指"高抗级"以 5 计算，"抗级"以 10 计算，"耐级"以 20 计算；黄萎病指"抗级"以 15 计算，"耐级"以 25 计算。纤维比强度：凡原测定单位为 g/tex 者，按×0.98 折算为 cN/tex；原为断裂长度 km 者，按除 1.15 折算为 cN/tex，并加以（ ），下同。

## 二、抗虫杂交种（20 世纪 90 年代与 21 世纪初）

随着转 Bt 基因抗虫棉的问世，棉花抗虫杂交种得到快速发展。

中棉所 29：中国农业科学院棉花研究所以（中 P1×中 422 - RP4）组合配制育成的杂交种。抗虫棉品种区域试验比对照品种中棉所 12 及泗棉 3 号增产皮棉 27.8%。生育期 120 天，属中早熟类型。铃重 5.4g，衣分 40%。纤维长度 29.4mm，比强度 30.6cN/tex，马克隆值 4.8。高抗枯萎病，病指 2.7；抗黄萎病，病指 19.7。抗棉铃虫。1998 年审定。最大年面积 26 万 hm²。

中棉所 39：中国农业科学院棉花研究所与该院生物技术研究所以 [中 P4×Rg3（Bt）] 组合配制育成的杂交种。黄河流域麦套棉品种区域试验比对照品种中棉所 17 增产霜前皮棉 27.3%。生育期 130 天，属中早熟类型。铃重 5.3g，籽指 10g，衣分 39%。纤维长度 28.9mm，比强度 27.5cN/tex，马克隆值 3.8。高抗枯萎病，病指 9.9；感黄萎病。抗棉铃虫。适于麦棉套种植。2000 年审定。最大年面积 1 万 hm²。

冀杂 66：河北省农业科学院棉花研究所以（常规 103×R93 -4）组合配制育成的杂交种。河北省棉花生产试验比对照品种抗虫棉 33B 增产霜前皮棉 13.1%。生育期 120 天，属中早熟类型。铃重 5.8g，籽指 10.7g。衣分 37.6%。纤维长度 28.9mm，比强度 28.8cN/tex，马克隆值 4.8。高抗枯萎病，耐黄萎病；抗棉铃虫。1998 年审定。2001 年种植 3.3 万 hm²。

标记杂交棉 1 号（标杂 A1）：河北石家庄市农业科学院以常规叶棉抗 28 为母本，[（冀棉 14 选系）×超鸡脚叶 Y2-2] 组合配制育成的杂交种。河北省棉花品种区域试验在密植条件下比对照品种 33B 增产 21%。生育期 125 天，属中早熟类型。铃重 5.5g，衣分 42%。纤维长度 29.9mm，比强度 26.7cN/tex，马克隆值 4.8。高抗枯萎病；耐黄萎病，病指 24.5。抗棉铃虫，鸡脚叶型，只能用杂种 $F_1$ 代，适于套种。2003 年种植 10 万 $hm^2$。2003 年河北省审定，2004 年山西、陕西省认定。

以上中棉所 29、中棉所 39、冀杂 66、标记杂交棉 1 号 4 个抗病虫杂交种增产皮棉 13.1% ～ 27.8%，平均增产皮棉 22.3%，纤维长度 29.3mm，比强度 28.4cN/tex，马克隆值 4.8（表 13-2）。

表 13-2 我国棉花抗虫杂交种性状

| 杂交种 | 皮棉增产（%） | 纤维长度（mm） | 比强度（cN/tex） | 马克隆值 | 病指 | | 抗棉铃虫 | 最大年面积（万 hm²） |
|---|---|---|---|---|---|---|---|---|
| | | | | | 枯萎 | 黄萎 | | |
| 中棉所 29 | 27.8 | 29.4 | 30.6 | 4.8 | 2.7 | 19.7 | 抗 | 26 |
| 中棉所 39 | 27.3 | 28.9 | 27.5 | 3.8 | 9.9 | 感 | 抗 | 1 |
| 冀杂 66 | 13.1 | 28.9 | 28.8 | 4.8 | 高抗 | 耐黄 | 抗 | 3.3 |
| 标杂 A1 | 21.0 | 29.9 | 26.7 | 4.8 | 高抗 | 24.5 | 抗 | 10 |
| 平均 | 22.3 | 29.3 | 28.4 | 4.8 | | | | |

## 第二节 核雄性不育系制种及其杂交种

### 一、核雄性不育两用系杂交种

川杂 4 号：四川省农业科学院棉花研究所用丰产优质核雄性不育两用系 473A 与高抗枯萎品种川 73-27 配制育成的杂交种。1980—1982 年四川省棉花品种区域试验比对照品种川 73-27 增产皮棉 18.1%。纤维长度 30.0mm，断裂长度 23.8km，枯萎病指 12.0、黄萎病指 31.2。1988 年种植面积 3.6 万 $hm^2$，占全省棉田面积的 29%。

川杂 5 号：四川省内江市种子公司以（川 473A×冀棉 14）配制育成的杂交种，在四川省棉花品种区域试验中比对照品种 73-27 增产皮棉 18.1%，纤维长度 30.4mm，比强度 30.0cN/tex，马克隆值 4.5，耐枯、黄萎病，1991年种植2万hm²。

川杂6号：四川省南充地区农业科学研究所以（洞A×737）配制育成的杂交种，在四川省棉花品种区域试验中比对照品种73-27增产皮棉13.1％，纤维长度29.9mm，纤维细度5416m/g，断裂长度23.4km，耐枯、黄萎病。2000年种植7万hm²。

鲁棉13：山东省种子站与定陶、菏泽地区种子站以（83-1A×冀合365）配制育成的杂交种，在山东省杂交棉联合试验中比对照品种中棉所12增产皮棉12.5％，纤维长度31.3mm，高抗枯萎病，感黄萎病，1997年种植1万hm²。

以上川杂4号、川杂5号、川杂6号、鲁棉13四个核雄性不育两用系杂交种增产皮棉12.5％～18.1％，平均增产皮棉15.5％，纤维长度30.2mm（表13-3）。

## 二、核不育二级法完全不育系杂交种

川优1号：四川省农业科学院棉花研究所用核不育二级法完全不育系MA作母本，川棉56选系川55作恢复系组配育成的新型杂交棉，可免除母本区人工育性识别和拔除母本可育株等环节，制种量比核不育两系法提高25％。1995—1996年四川省棉花品种区域试验比对照品种川棉56和川碚2号分别增产皮棉11.9％和14.7％。纤维长度29.8mm，比强度27.5cN/tex，马克隆值4.6。抗枯萎病，病指11.2；耐黄萎病，病指21.4。最大年播面积0.5万hm²（表13-3）。

表13-3 我国不育系制种抗病杂交种性状

| 杂交种 | 皮棉增产（％） | 纤维长度（mm） | 比强度（cN/tex） | 马克隆值 | 病指 | | 最大年播面积（万hm²） |
| --- | --- | --- | --- | --- | --- | --- | --- |
| | | | | | 枯萎 | 黄萎 | |
| 核不育两用系杂交种 | | | | | | | |
| 川杂4号 | 18.1 | 30.0 | (23.8) | — | 12.0 | 31.2 | 3.6 |
| 川杂5号 | 18.1 | 29.6 | 27.4 | 4.6 | 11.4 | 30.2 | 2.0 |
| 川杂6号 | 13.1 | 29.9 | (5416) | (23.4) | 耐 | 耐 | 7.0 |
| 鲁棉13 | 12.5 | 31.3 | (6160) | (22.7) | 高抗 | 感 | 1.0 |
| 平均 | 15.5 | 30.2 | | | | | |
| 核不育完全保持系杂交种 | | | | | | | |

（续）

| 杂交种 | 皮棉增产（%） | 纤维长度（mm） | 比强度（cN/tex） | 马克隆值 | 病指 枯萎 | 病指 黄萎 | 最大年播面积（万 hm²） |
|---|---|---|---|---|---|---|---|
| 川优 1 号 | 11.9 | 29.8 | 27.5 | 4.6 | 11.2 | — | 0.5 |

注：表中比强度项下有（）的为细度（m/g），马克隆值项下有（）的为断裂长度（km）。

利用单隐性核不育两用系制种的陆地棉品种间杂交种　20 世纪 80 年代育成的杂交种除川杂 4 号外都不抗病；90 年代育成的杂交种抗枯萎病性能提高到抗级水平，平均病指为 12，但仍感黄萎病。衣分由 40.8％提高到了 42.2％，增产皮棉在 15％上下，纤维长度 29.5mm，比强度 26cN/tex，略低于人工去雄的组合，这与采用不育系母本的纤维为中等品质水平有关。

## 第三节　最大年面积超 100 万亩棉花品种与杂交种及最大年面积超 10 万 hm² 棉花杂交种

根据全国农业技术推广中心统计，1996—2005 年 100 万亩以上棉花品种与杂交种面积，并统计了它们之间的比值（表 13-4），由此可看出：棉花品种和杂交种在这 10 年中的种植面积和产量高低，以及棉花杂交种的发展概况。

### 一、最大年面积超 100 万亩棉花品种与棉花杂交种

1996 年棉花品种有中棉所 12、中棉所 16、中棉所 17、中棉所 19、冀棉 20、苏棉 2 号、苏棉 8 号、泗棉 3 号、鄂棉 18、鄂荆 1 号、新陆早 1 号、军棉 1 号 12 个，共 4 201 万亩。

1997 年棉花品种有中棉所 12、中棉所 16、中棉所 19、中棉所 23、33B、豫棉 19、冀棉 24、苏棉 8 号、苏棉 9 号、苏棉 12、泗棉 3 号、鄂棉 18、鄂抗棉 3 号、新陆早 1 号、新陆早 6 号、新陆早 7 号、军棉 1 号 17 个，共 3 698 万亩；棉花杂交种有湘杂棉 1 号 1 个，142 万亩；棉花品种与棉花杂交种的比值为 1∶0.04。

中国棉花杂交种与杂交花棉优势利用

182

表13-4 1996—2005年棉花品种、杂交种面积与品种/杂交棉比值表

单位：万亩

（杨付新提供）

| 名 称 | 年份 | 年面积 | 类型 | 品种<br>分类：杂交<br>棉面积（比值） | 名 称 | 年份 | 年面积 | 类型 | 品种<br>分类：杂交<br>棉面积（比值） |
|---|---|---|---|---|---|---|---|---|---|
| 中棉所12 | 1996 | 735 | 品种 |  | 中棉所12 | 1997 | 616 | 品种 |  |
| 中棉所16 | 1996 | 514 | 品种 |  | 中棉所16 | 1997 | 445 | 品种 |  |
| 中棉所17 | 1996 | 205 | 品种 |  | 中棉所19 | 1997 | 322 | 品种 |  |
| 中棉所19 | 1996 | 510 | 品种 |  | 中棉所23 | 1997 | 184 | 品种 |  |
| 冀棉20 | 1996 | 123 | 品种 |  | 冀棉20 | 1997 | 127 | 品种 |  |
| 苏棉2号 | 1996 | 121 | 品种 |  | 苏棉8号 | 1997 | 166 | 品种 |  |
| 苏棉8号 | 1996 | 168 | 品种 |  | 苏棉9号 | 1997 | 127 | 品种 |  |
| 泗棉3号 | 1996 | 926 | 品种 | 4201 | 鄂棉18 | 1997 | 158 | 品种 |  |
| 鄂棉18 | 1996 | 242 | 品种 |  | 鄂棉22 | 1997 | 103 | 品种 |  |
| 鄂荆1号 | 1996 | 196 | 品种 |  | 鄂抗棉3号 | 1997 | 168 | 品种 |  |
| 新陆早1号 | 1996 | 260 | 品种 |  | 军棉1号 | 1997 | 239 | 品种 |  |
| 军棉1号 | 1996 | 201 | 品种 |  | 新陆早1号 | 1997 | 193 | 品种 |  |
|  |  |  | 杂交种 | 143 | 新陆早6号 | 1997 | 133 | 品种 | 3698  1：0.04 |
| 湘杂棉1号 | 1997 | 143 | 杂交种 |  |  |  |  | 杂交种 |  |
| 泗棉3号 | 1997 | 717 | 品种 |  | 湘杂棉1号 | 1998 | 232 | 杂交种 | 232 |

（续）

| 名　称 | 年份 | 年面积 | 类型 | 品种 分类：杂交（比值）棉面积 |
|---|---|---|---|---|
| 中棉所12 | 1998 | 212 | 品种 | |
| 中棉所16 | 1998 | 303 | 品种 | |
| 中棉所19 | 1998 | 309 | 品种 | |
| 中棉所23 | 1998 | 308 | 品种 | |
| 豫棉19 | 1998 | 190 | 品种 | |
| 襄棉24 | 1998 | 135 | 品种 | |
| 33B | 1998 | 260 | 品种 | |
| 苏棉8号 | 1998 | 196 | 品种 | |
| 苏棉9号 | 1998 | 166 | 品种 | |
| 苏棉12 | 1998 | 138 | 品种 | |
| 泗棉3号 | 1998 | 594 | 品种 | |
| 鄂棉18 | 1998 | 115 | 品种 | |
| 鄂抗棉3号 | 1998 | 133 | 品种 | |
| 新陆早1号 | 1998 | 122 | 品种 | |
| 新陆早6号 | 1998 | 111 | 品种 | |
| 新陆早7号 | 1998 | 122 | 品种 | |
| 军棉1号 | 1998 | 256 | 品种 | 3670　1：0.06 |

| 名　称 | 年份 | 年面积 | 类型 | 品种 分类：杂交（比值）棉面积 |
|---|---|---|---|---|
| 皖杂40 | 1999 | 104 | 杂交种 | 104 |
| 中棉所12 | 1999 | 120 | 品种 | |
| 中棉所23 | 1999 | 129 | 品种 | |
| 33B | 1999 | 525 | 品种 | |
| 豫棉15 | 1999 | 147 | 品种 | |
| 豫棉19 | 1999 | 126 | 品种 | |
| 抗虫棉 | 1999 | 126 | 品种 | |
| 苏棉9号 | 1999 | 179 | 品种 | |
| 苏棉12 | 1999 | 196 | 品种 | |
| 泗棉3号 | 1999 | 307 | 品种 | |
| 新陆早7号 | 1999 | 229 | 品种 | |
| 新陆早8号 | 1999 | 147 | 品种 | |
| 军棉1号 | 1999 | 199 | 品种 | 2430　1：0.04 |
| 湘杂棉2号 | 2000 | 189 | 杂交种 | |
| 鄂杂棉1号 | 2000 | 152 | 杂交种 | 341 |
| 中棉所30 | 2000 | 234 | 品种 | |

| 名 称 | 年份 | 年面积 | 类型 | 品种分类：杂交棉面积（比值） |
|---|---|---|---|---|
| 中棉所 35 | 2000 | 111 | 品种 | |
| 豫棉 19 | 2000 | 218 | 品种 | |
| 33B | 2000 | 678 | 品种 | |
| 抗虫棉 | 2000 | 200 | 品种 | |
| 苏棉 9 号 | 2000 | 241 | 品种 | |
| 苏棉 12 | 2000 | 147 | 品种 | |
| 泗棉 3 号 | 2000 | 220 | 品种 | |
| 新陆早 7 号 | 2000 | 100 | 品种 | |
| 军棉 1 号 | 2000 | 201 | 品种 | 2350 1：0.15 |
| 中棉所 29 | 2001 | 203 | 杂交种 | |
| 皖杂 40 | 2001 | 119 | 杂交种 | |
| 鄂杂棉 1 号 | 2001 | 212 | 杂交种 | |
| 湘杂棉 2 号 | 2001 | 190 | 杂交种 | 724 |
| 中棉所 35 | 2001 | 345 | 品种 | |
| 豫棉 15 | 2001 | 145 | 品种 | |
| 33B | 2001 | 1 307 | 品种 | |

（续）

| 名 称 | 年份 | 年面积 | 类型 | 品种分类：杂交棉面积（比值） |
|---|---|---|---|---|
| 99B | 2001 | 242 | 品种 | |
| SGK321 | 2001 | 214 | 品种 | |
| 苏棉 9 号 | 2001 | 285 | 品种 | |
| 苏棉 12 | 2001 | 135 | 品种 | |
| 泗棉 4 号 | 2001 | 132 | 品种 | |
| 新陆早 7 号 | 2001 | 123 | 品种 | |
| 新陆早 8 号 | 2001 | 119 | 品种 | 3047 1：0.24 |
| 中棉所 29 | 2002 | 262 | 杂交种 | |
| 湘杂棉 2 号 | 2002 | 131 | 杂交种 | |
| 鄂杂棉 1 号 | 2002 | 125 | 杂交种 | |
| 标杂 A1 | 2002 | 110 | 杂交种 | 628 |
| 中棉所 35 | 2002 | 448 | 品种 | |
| 33B | 2002 | 650 | 品种 | |
| 99B | 2002 | 596 | 品种 | |
| SGK321 | 2002 | 245 | 品种 | |
| 豫棉 15 | 2002 | 109 | 品种 | |

（续）

| 名　称 | 年份 | 年面积 | 类型 | 品种分类：杂交棉面积（比值） | 名　称 | 年份 | 年面积 | 类型 | 品种分类：杂交棉面积（比值） |
|---|---|---|---|---|---|---|---|---|---|
| 苏棉 12 | 2002 | 231 | 品种 | | 冀 668 | 2003 | 426 | 品种 | |
| 新陆早 7 号 | 2002 | 138 | 品种 | 2417　1：0.26 | 山农丰抗 6 号 | 2003 | 149 | 品种 | |
| 中棉所 29 | 2003 | 380 | 杂交种 | | 新陆早 13 | 2003 | 127 | 品种 | 3613　1：0.27 |
| 鲁棉研 15 | 2003 | 180 | 杂交种 | | 中棉所 29 | 2004 | 401 | 杂交种 | |
| 标杂 A1 | 2003 | 146 | 杂交种 | | 鲁棉研 15 | 2004 | 226 | 杂交种 | |
| 湘杂棉 2 号 | 2003 | 145 | 杂交种 | | 皖杂 40 | 2004 | 128 | 杂交种 | |
| 皖杂 40 | 2003 | 130 | 杂交种 | 981 | 湘杂棉 2 号 | 2004 | 116 | 杂交种 | |
| 中棉所 35 | 2003 | 425 | 品种 | | 标杂 A1 | 2004 | 102 | 杂交种 | 973 |
| 中棉所 41 | 2003 | 266 | 品种 | | 中棉所 35 | 2004 | 432 | 品种 | |
| 33B | 2003 | 850 | 品种 | | 中棉所 41 | 2004 | 220 | 品种 | |
| 99B | 2003 | 775 | 品种 | | 中棉所 45 | 2004 | 139 | 品种 | |
| SGK321 | 2003 | 341 | 品种 | | 33B | 2004 | 297 | 品种 | |
| 豫棉 15 | 2003 | 116 | 品种 | | 99B | 2004 | 705 | 品种 | |
| 豫棉 19 | 2003 | 138 | 品种 | | GK12 | 2004 | 105 | 品种 | |

（续）

| 名　称 | 年份 | 年面积 | 类型 | 品种<br>分类：杂交<br>棉面积（比值） | 名　称 | 年份 | 年面积 | 类型 | 品种<br>分类：杂交<br>棉面积（比值） |
|---|---|---|---|---|---|---|---|---|---|
| SGK321 | 2004 | 416 | 品种 | | 33B | 2005 | 173 | 品种 | |
| 冀668 | 2004 | 555 | 品种 | | 99B | 2005 | 520 | 品种 | |
| 鲁棉研18 | 2004 | 146 | 品种 | | SGK321 | 2005 | 401 | 品种 | |
| 鲁棉研21 | 2004 | 118 | 品种 | | 豫棉19 | 2005 | 134 | 品种 | |
| 山农丰抗6号 | 2004 | 182 | 品种 | | 冀668 | 2005 | 367 | 品种 | |
| 新陆早12 | 2004 | 141 | 品种 | | 邯郸284 | 2005 | 102 | 品种 | |
| 新陆早13 | 2004 | 226 | 品种 | 3682　1：0.26 | 鲁棉研16 | 2005 | 133 | 品种 | |
| | | | | | 鲁棉研18 | 2005 | 140 | 品种 | |
| 中棉所29 | 2005 | 159 | 杂交种 | | 鲁棉研21 | 2005 | 236 | 品种 | |
| 鲁棉研15 | 2005 | 393 | 杂交种 | | 鲁棉研22 | 2005 | 170 | 品种 | |
| 湘杂棉3号 | 2005 | 154 | 杂交种 | 706 | 山农丰抗6号 | 2005 | 150 | 品种 | |
| 中棉所35 | 2005 | 433 | 品种 | | 新陆早13 | 2005 | 146 | 品种 | |
| 中棉所41 | 2005 | 219 | 品种 | | 新陆早12 | 2005 | 141 | 品种 | 3586　1：0.20 |
| 中棉所45 | 2005 | 121 | 品种 | | | | | | |

1998 年棉花品种有中棉所 12、中棉所 16、中棉所 19、中棉所 23、33B、豫棉 19、冀棉 24、苏棉 8 号、苏棉 9 号、苏棉 12、泗棉 3 号、鄂棉 18、鄂抗棉 3 号、新陆早 1 号、新陆早 6 号、新陆早 7 号、军棉 1 号 17 个，共 3 670 万亩；棉花杂交种有湘杂棉 1 号 1 个，232 万亩；棉花品种与棉花杂交种的比值为 1∶0.06。

1999 年棉花品种有中棉所 12、中棉所 23、33B、豫棉 15、豫棉 19、抗虫棉、苏棉 9 号、苏棉 12、泗棉 3 号、新陆早 7 号、新陆早 8 号、军棉 1 号 12 个，共 2 430 万亩；棉花杂交种有皖杂 40 一个，104 万亩。棉花品种与棉花杂交种的比值为 1∶0.04。

2000 年棉花品种有中棉所 30、中棉所 35、豫棉 19、33B、抗虫棉、苏棉 9 号、苏棉 12、泗棉 3 号、新陆早 7 号、军棉 1 号 10 个，共 2 350 万亩。棉花杂交种有湘杂棉 2 号、鄂杂棉 1 号 2 个，共 341 万亩。棉花品种与棉花杂交种的比值为 1∶0.15。

2001 年棉花品种有 33B、99B、SGK321、中棉所 35、豫棉 15、苏棉 9 号、苏棉 12、泗棉 4 号、新陆早 7 号、新陆早 8 号 10 个，共 3 047 万亩。棉花杂交种有中棉所 29、皖杂 40、鄂杂棉 1 号、湘杂棉 2 号 4 个，共 724 万亩。棉花品种与棉花杂交种的比值为 1∶0.24。

2002 年棉花品种有 33B、99B、SGK321、中棉所 35、豫棉 15、苏棉 12、新陆早 7 号 7 个，共 2 417 万亩；棉花杂交种有中棉所 29、标杂 A1、鄂杂棉 1 号、湘杂棉 2 号 4 个，共 628 万亩。棉花品种与棉花杂交种比值为 1∶0.26。

2003 年棉花品种有 33B、99B、SGK321、中棉所 35、中棉所 41、豫棉 15、豫棉 19、冀 668、山农丰抗 6 号、新陆早 13 共 10 个，3 613 万亩；棉花杂交种有中棉所 29、鲁棉研 15、标杂 A1、皖杂 40、湘杂棉 2 号 5 个，共 981 万亩。棉花品种与棉花杂交种比值为 1∶0.27。

2004 年棉花品种有 33B、99B、GK12、SGK321、中棉所 35、中棉所 41、中棉所 45、冀 668、鲁棉研 18、鲁棉研 21、山农丰抗 6 号、新陆早 12、新陆早 13 共 13 个，3 682 万亩；棉花杂交种有中棉所 29、标杂 A1、皖杂 40、鲁棉研 15、湘杂棉 2 号 5 个，共 973 万亩。棉花品种与棉花杂交种比值为 1∶0.26。

2005 年棉花品种有 33B、99B、SGK321、中棉所 35、中棉所 41、中棉所 45、豫棉 19、冀 668、邯郸 284、鲁棉研 16、鲁棉研 18、鲁棉研 21、鲁棉研 22、山农丰抗 6 号、新陆早 12、新陆早 13 共 16 个，3 586 万亩；

棉花杂交种有中棉所 29、鲁棉研 15、湘杂棉 3 号 3 个，共 706 万亩。棉花品种与棉花杂交种比值为 1：0.20。

由上可见：1996 年前，年推广面积达百万亩的全部为棉花品种；1997—1999 年的 3 年中棉花品种与棉花杂交种比值为 1：0.04～1：0.06 之间；2000 年棉花品种与棉花杂交种比值为 1：0.15；2001—2005 年的棉花品种与棉花杂交种比值保持在 1：0.20～0.27 之间。

也即 2000 年棉花品种与杂交种的比值 1：0.15 为 1997—1999 年 3 年平均比值 1：0.05 的 3 倍，2001—2005 年棉花品种与棉花杂交种的平均比值 1：0.235，为 1997—1999 年 3 年平均比值 1：0.05 的接近 5 倍。以上说明了我国近年来棉花杂交种在棉花生产上的作用和发展之迅速。

## 二、最大年面积超 10 万 hm² 棉花杂交种

抗病杂交种 3 个，为鄂杂 1 号、湘杂 1 号、湘杂 2 号，平均皮棉增产 18.4%，纤维长度 30.6mm，比强度 28.4cN/tex。低酚棉杂交种 1 个，为皖杂 40（皖棉 13）皮棉增产 16.4%，纤维长度 30.3mm，比强度 27.5cN/tex。抗虫杂交种 3 个，为中棉所 29、标杂 A1、鲁棉研 15，平均皮棉增产 17.7%，纤维长度 29.8mm，比强度 28.6cN/tex（表 13-5）。

表 13-5 最大年面积超 10 万 hm² 陆地棉杂交种性状

| 杂交种 | 皮棉增产（%） | 纤维长度（mm） | 比强度（cN/tex） | 最大年播面积（万 hm²） |
|---|---|---|---|---|
| 抗病杂交种 | | | | |
| 鄂杂 1 号 | 12.8 | 31.2 | 30.8 | 14 |
| 湘杂 1 号 | 15.6 | 30.5 | 27.5 | 16 |
| 湘杂 2 号 | 21.2 | 30.2 | 27.0 | 12 |
| 平均 | 18.4 | 30.6 | 28.4 | |
| 低酚杂交种 | | | | |
| 皖杂 40（皖棉 13） | 16.4 | 30.3 | 27.5 | 8.6 低酚 |
| 抗虫杂交种 | | | | |
| 中棉所 29 | 27.8 | 29.4 | 30.6 | 26 |
| 标杂 A1 | (21.0) | 29.9 | 26.7 | 10 |
| 鲁棉研 15 | (9.0) | 30.1 | 28.3 | 26 |
| 平均 | 17.7 | 29.8 | 28.6 | |

综上所述，我国在 20 世纪 70 年代育成的陆地棉品种间丰产杂交种，

比对照品种增产皮棉 15%～20%，纤维长度 30mm 上下，纤维比强度较低，且不抗病。进入 80～90 年代育成的陆地棉杂交种，随着亲本抗病性能和纤维品质的提高，抗枯萎病性状从原来的感病级提高到了抗级标准（病指在 10 上下），抗黄萎病性能提高到耐级水平（病指在 20～25 之间）；纤维比强度，由原来的 24.5cN/tex 提高到 90 年代初的 27.5cN/tex，增产皮棉在 15%上下。1996 年后的 10 年全国育成棉花新杂交种 123 个，占同期育成新品种和新杂交种总数 352 个的 34.9%，棉花杂交种的种植面积得到了较大发展，其原因在于杂交种优势水平的提高和抗病虫性的增加。

我国棉花杂种优势在生产上的利用，从选配丰产组合开始，历经纤维品质和抗病虫性能的提高，育成杂交种的增产皮棉情况分以下 3 类：①抗病杂交种类，包括中棉所 28、苏杂 16、皖杂 40、鄂杂 1 号、湘杂 1 号、湘杂 2 号 6 个增产皮棉 8.7%～17.4%，平均 13.5%；②抗病虫杂交种类，包括中棉所 29、中棉所 39、冀杂 66、标杂 A1 四个增产皮棉 13.1%～27.8%，平均 22.3%；③最大年种植面积超 10 万 hm² 陆地棉杂交种 7 个，中 29、鲁棉研 15、湘杂 1 号、鄂杂 1 号、湘杂 2 号、湘杂 3 号、标杂 A1，增产皮棉 15.6%～27.8%，平均 17.3%。年种植面积接近 10 万 hm² 的还有无酚棉杂交种皖棉 40，增产皮棉 16.5%。

棉花杂交种的种植面积由 20 世纪 70～80 年代只占全国棉田面积的 0.2%～0.3%，迅速提高到 90 年代以抗病杂交种为主的棉花杂交种占全国棉田面积的 13.5%，21 世纪初以抗虫病杂交种为主的占 22.3%。

由此可见，从 20 世纪 90 年代末期到 21 世纪初这几年中我国棉花杂交种的迅速发展，种植最大年面积在 20 万 hm² 以上的 2 个棉花杂交种为：抗虫杂交种中棉所 29 及鲁棉研 15。特别是棉花市场放开，优质、抗虫杂交棉订单农业的迅速发展，更显示了宽阔前景。

# 第十四章 棉花杂种优势利用的 经验和展望

我国是第一个利用人工制种利用杂种一、二代优势和核不育系配制杂交种的产棉大国。自 20 世纪 70 年代至今我国陆地棉品种间杂种优势研究的实践表明：棉花杂交种具有苗早苗壮长势旺，早熟抗逆后劲足，铃多铃大吐絮畅的特点。高优势杂交种的产量、品质与抗性明显超过常规品种。主要技术为：①棉花杂交种的亲本选配需注重父母本综合性状基础好，两者性状互补，配合力高，且具备一定的血缘或地理远缘关系。②棉花核雄性不育系和胞质雄性不育系的利用。棉花杂种优势利用的顺利发展，关键在于杂交组合选配和种子生产技术两个方面的突破。

20 世纪 90 年代后期我国杂交棉面积的迅速扩大，是棉花育种技术的发展、种子生产专业化与农村劳动力优势相结合的集中表现。尤其是抗虫杂交棉种植面积的扩大，与棉花转基因育种技术的应用密切相关；扩大三系蜜蜂传粉是低成本、高纯度生产杂种种子的理想途径。

## 第一节 棉花杂种优势利用的经验

### 一、新品种和新杂交种的同时选育

我国棉花杂交种的育种工作能取得上述成就，是基于选用了近 30 年来育成的各个类型配套的好品种（系）；只有有了好亲本，才能育成好品种、好杂交种。所以，在致力选配杂交种的同时，不能忽视新品种（系）的育种工作，两者不可偏废。从而可归纳为：在各个不同生态棉区选择适宜早熟性的同时，要十分重视：①新品种选育与杂种优势利用相结合，②丰产性与抗病、抗虫等多逆抗性相结合，③优质性与选择多种类型的纤维相结合。

山东惠民地区农业科学研究所张毓钟、黄滋康（1978）在采用新引进地理远缘的优质陆地棉乌干达 3 号（中棉所 7 号）与当地推广良种徐州

58 杂交，在 1978 年育成渤棉 1 号新品种的同年也育成了由该两品种的优系（乌干达 3 号-165 和徐州 58-185）配制的新杂交种渤优 1 号。杂交种渤优 1 号在 1978 年全国杂种优势联合试验中，杂种 $F_1$ 代比对照品种增产皮棉 27.1%，杂种 $F_2$ 代在 1979 年惠民地区联合试验中比对照品种增产皮棉 15.4%。

### 二、加强陆地棉强优势优质抗虫杂交种的研究和利用

为适应气流纺设备技术的改造，须把提高棉纤维的内在品质为突破口。

1. 育成陆地棉强纤维杂交种（绒长 >30mm，比强度 >33cN/tex）4 个，为中棉所 46、苏杂 3 号、鄂杂棉 9 号、渝杂 1 号，平均纤维长度 31.4mm，比强度 34.6cN/tex，各参试杂交种在不同试验条件下比对照品种平均增产皮棉为 5.2%。

2. 育成陆地棉特强纤维杂交种（绒长 >30mm，比强度 >36cN/tex）3 个，为湘杂棉 4 号、湘杂棉 5 号和新陆中 24，平均纤维长度 32.6mm，比强度 37.7cN/tex，各参试杂交种在不同试验条件下比对照品种平均增产皮棉 1.8%。

3. 育成抗棉铃虫优质纤维杂交种 12 个，为中棉所 48、豫杂 37、冀杂 1 号、冀杂 3268、鲁棉研 15、科棉 3 号、银山 2 号、慈抗杂 3 号、皖棉 25、湘杂棉 11、鄂杂棉 24 及渝杂 1 号，比对照品种平均增产皮棉 10.1%，纤维长度 30.9mm，比强度 31.5cN/tex。

4. 育成雄性不育系陆海种间特长强纤维杂交种川 HB3（纤维长度 35.9mm，比强度 36.0cN/tex，）皮棉产量比陆地棉对照减产 19%，比海岛棉亲本显著增产，纺 120 支纱。

5. 育成陆地棉与海岛棉种间杂交种 4 个，分甲乙两类。①甲类 3 个，为川 HB3、宁杂 1 号、浙长 1 号，平均比对照减产皮棉 18.4%，纤维长度 37.3mm，比强度 37.3cN/tex；略超过海岛棉（纤维长度 36.0mm，比强度 36.5cN/tex）的水平。②乙类 1 个，为新（307H×36211R），比对照增产皮棉 23.2%，纤维长度 34.0mm，比强度 32.9cN/tex，皮棉产量高，纤维品质不突出。杂交种和品种对比：①强纤维杂交种与品种比，皮棉增产 8.2 个百分点，纤维长度和纤维比强度类似（其中纤维长度略高 0.1mm）。②特强纤维杂交种与品种比，皮棉增产 4.8 个百分点，纤维长度增加 1.3mm，纤维比强度增加 1.8cN/tex。可见，扩大利用强和特强纤维杂交种，比对照品种，不仅可大幅度改进纤维品质，还略有增产。

### 三、品种（杂交种）选育、区域试验、良种繁育三个环节互相结合

育种、区试、良芄三个环节同样重要，育成了好的杂交种，必须通过区域试验才能选拔和鉴别出是否适于当地种植。在推广这个好杂交种到生产上种植期间，必须同时作好良种繁育工作。如这个杂交种被选作下届区域试验的对照时，要十分注意供应种子的纯度，对杂交种亲本的保纯必需高度重视，否则这个对照种就很快会被后来参加区域试验的新种所替代。随着在生产上也立即会被替换，这样的例子包括中棉所12在内的很多很多。

### 四、杂种一、二代同时在生产上利用

杂种优势利用，在理论上局限于杂种一代，因为杂种二代会产生性状分离，造成产量下降，品质变劣。但是决定产量和品质的主要性状，多数属于数量性状，它们因为分离而带来的反差远不如质量性状的大。如杂种二代的增产率一般能维持在杂种一代的一半上下，而对于纤维品质指标——主要纤维长度，只要杂交双亲纤维长度差距不超过2mm，则杂种一、二代的纤维长度和整齐度变化不大。

### 五、扩大利用不育系和蜜蜂传粉制种

发展棉花杂交种，不仅要具有高产、优质、多抗的综合性状优势，还必须制种简便，如利用抗虫不育系结合指示性状，采用昆虫传粉取代人工授粉，是低成本、高纯度生产杂种种子的理想途径。如制种田同时以抗虫品系为父、母本，创造无毒、安全、不喷化学农药的环境，不仅可保护棉田中自然存在的各种昆虫，还可保护人工放养传粉的蜜蜂等昆虫，从而可增大昆虫授粉的强度和提高杂交的效率。

新疆的北疆棉区冬季寒冷，昆虫难以越冬，要做好秋耕冬灌，到夏季棉花生长期间的虫害较轻，用农药较少；且棉花开花期间雨水较少，有利于蜜蜂授粉。在戈壁滩中棉田周围无其他蜜源植物，而棉花蜜流好、蜜蜂授粉成本低，适于成为我国商业化昆虫授粉制种生产杂交棉种子的基地。

## 六、选育种子无棉酚、棉株高棉酚、抗虫、无农药残毒的棉花新杂交种

我国常年年产皮棉4 000kt，棉籽8 000kt，除留足种子与榨油的棉籽外，尚有2 800kt棉仁饼粕折合1 100kt棉籽蛋白可供作食用蛋白利用；而棉饼粕的脱毒、去酚会使成本增加。如全国有1/3的棉田种植低酚棉，除收获皮棉外，不需另占用土地和增加投入，就有约400kt棉籽蛋白可作食品利用，同时也是发展畜牧业的好办法。

棉酚是棉株抗虫及抗真菌病害天然防御机制的重要因素，田鼠等啮齿类动物喜欢为害棉酚含量低的棉株；而种子低棉酚（棉酚迟缓发育）、棉株高棉酚类型的种子，能利用其棉籽蛋白作食品与饲料；特别是种子发芽后形成的棉酚的品种，在生长期间对害虫与兽畜能起抗生作用，同时还能提高棉籽与棉籽油的营养与经济价值。

## 七、选育耐旱及水旱兼用的棉花新杂交种

我国棉区幅员辽阔，生态条件复杂，经兴修水利，扩大了棉田的灌溉面积，但仍有相当数量的如黄土高原的旱塬与南方没有灌溉条件的丘陵岗地，棉花生长全靠降雨；河北黑龙港旱地棉区仅部分棉田在冬季能浇一次水，生长季节的水源不足，春季干旱时等雨播种；收麦季节（初夏）干旱及伏旱，也是胁迫棉花生育推迟的重要原因。有灌溉条件的水浇地仍有一定数量的棉田灌溉周期过长，遇到旱年棉株生育滞缓。为使以上棉田在不同的旱涝年份能趋于平衡增产，宜从选择对水分的钝感性着手，进行适于水旱地两用杂交种的选育工作。

## 八、选育适于机械化操作、抗除草剂及麦后直播的超短季棉花新杂交种

在单位面积上，为获得小麦和棉花的最高产量，投入最少的劳力与成本，改当前麦棉间套作为麦棉连作——麦后直播棉花。办法是选育适于晚播早熟的小麦品种和超短季棉花杂交种。如长江流域在10月底、11月初拔柴种麦，5月下旬收麦播棉；黄河流域在10月下半月拔柴种麦，6月上旬收麦种棉。即割麦期比现在提前3～5天，播麦期比正常秋播麦推迟15～20天，采用适于晚播早熟的小麦新品种与适当增加播种量，达到冬前小麦应有的总茎数和产量要求的合理群体结构。棉花播期比现有的夏播品

种推迟 10～15 天（麦后栽大苗的播期不变），拔秆期比原来的一熟棉提早半个月。也即在现有春棉 135 天、夏棉 115 天生育期的基础上，育成有效开花期不少于 20 天、生育期 100～105 天且适于"密矮早"栽培及机械化操作的早熟超短季棉花杂交种。

要提高劳动生产率，必须用机器代替人工，现在棉田可由机械操作的耕耙播、中耕、施肥、灌溉、治虫外，株间除草、收花及整枝工序仍由人工进行。夏播棉较春播棉，从种性分析，赘芽少且吐絮集中；从而再结合抗除草剂及适于机械化操作性状的选育，所获得的这种新的棉花类型有可能首先在夏播短季棉中得到突破。

## 九、征集种质资源、加强性状创新

种质资源是育种的物质基础，棉花非中国原产，尤其是陆地棉的种植历史不长。100 多年来我国从世界各植棉国引入了大量的生产品种和许多栽培的和野生的种质资源，有的经过区域试验直接应用于生产，有的经系统育种或杂交育种育成新品种，或通过选择和杂交成为新的育种资源加以利用，都收到了良好效果。

我国在 20 世纪 20～40 年代主要从美国引入金字棉、脱字棉、斯字棉和德字棉等陆地棉品种，50 年代引入岱字棉 15 等品种主要在长江、黄河流域棉区种植，从苏联引入 108 夫等在西北内陆棉区种植。从 60 年代自育品种的丰产性开始超过国外引入品种以来，引进外国品种的数量迅速减少。引种工作由盛至衰，是育种工作发展的必然趋势；而少量的、具有特殊性状的种质资源的引进，对丰富育种材料仍是一项十分重要的工作，需要继续进行。如乌干达棉的引进就是一个很成功的例子。如在乌干达棉引入初期发现两个类型，分别命名为乌干达 3 号和乌干达 4 号。乌干达 3 号品质较好，后命名为中棉所 7 号，既是种质，也是品种，在河南西部直接利用扩大了种植面积；用作杂交的亲本，表现配合力好，从中选出产量高的新品种乌干达 4 号，以后从中育成中棉所 12 等。

80 年代在育成高产、抗病品种中棉所 12 后，用它作亲本，育成常规新品种 30 个、新杂交种 12 个、抗虫新品种（杂交种）11 个，共 53 个；其中包括直接杂交的 34 个、间接杂转衍生的 19 个。从而中棉所 12 不仅是一个高产、抗病品种，还是一个优良的丰产、抗病种质资源。

纵观我国 20 世纪 50 年代开展棉花杂种优势研究以来，在不同年代、不同棉区、用不同的制种方法，育成了适于当地生态条件种植的不同类型

的 100 多个棉花品种。育种目标由最初的丰产、早熟，经过加强抗病性能，发展到优质纤维和抗虫等综合性状的逐步完善。育种方法从繁重的人工去雄授粉向简化制种环节、节省用工的核雄性不育（两系法、二级法）过渡，如利用抗虫不育系结合昆虫传粉就取代了人工授粉。近年由于胞质雄性不育（三系法）取得了进展，加快在大面积上推进采用三系法结合蜜蜂授粉制种，可比长期沿用的人工杂交制种法节省 3/4 的劳动力，是低成本、高纯度生产杂交种的有效途径。

## 第二节　棉花杂种优势利用的展望

我国是第一个利用核不育系配制杂交种和人工制种利用杂种 $F_2$ 代优势的产棉大国，但为进一步扩大棉花杂种优势在生产上的利用，需要：①加强不育系的改良和优势组合的选配，特别是改进提高胞质不育的恢复系和核不育系完全保持系 MB 的多源化，实现多种类型的三系配套，简化制种作业，降低制种成本，提高制种效率，筛选高优势组合。②在大面积利用杂种优势的过渡阶段，尽快找到杂种 $F_1$ 代优势大而杂种 $F_2$ 代衰退小的组合，但也要积极创造条件扩大利用杂种 $F_1$ 代的优势，缩小杂种 $F_2$ 代的利用面积。③开展杂种优势的生物化学、分子遗传研究，尽快缩短理论研究与应用研究之间的差距，为大面积利用棉花杂种优势开拓新的前景。

### 一、棉花杂种优势测定的系统性和准确性

自从研究棉花杂种优势以来，在组合配制和系统设计方面尚存在对亲本与配合力了解不够，以及试验材料与地区的适应性等问题，从而需要进行多年多点的小区试验，以减少试验误差。

### 二、亲本差异与杂种优势

遗传差异较大的亲本间杂交，杂种 $F_1$ 代的产量、种子含油量等性状有较大优势的趋势；而亲本差异与杂种优势的配合力属复杂的非线性关系，因而并非差异越大越好，亦不是所有差异都与杂种优势有关。从而亲本间各性状宏观表现的差异须与遗传的差异结合，DNA 的 RFLP 分析技术，有助于明确 DNA 那些片断的多型性与杂种优势间的关系。

组合配合的实践证实，高优势组合至少有一个推广品种作亲本，但并非所有推广品种的杂交组合都具有高优势的表现。

陆地棉品种间遗传差异较小，有寄希望于栽培种与陆地棉族系杂交，以利用其杂种优势，如尖斑棉、蓬蓬棉、墨西哥棉、披针棉等，但要从中筛选配合力高、农艺性状较好的族系。

### 三、近交衰退与杂种 $F_2$ 代优势的利用

一般杂种优势大的性状，杂种 $F_2$ 代衰退亦大，尤其是产量的衰退最大。但可找到杂种 $F_1$ 代优势大，而杂种 $F_2$ 代衰退小的组合，从而可利用比对照增产在 $10\%\sim15\%$ 的杂种 $F_2$ 代。在目前人工制种成本高，不可能大面积全部种植杂种 $F_1$ 代的情况下，筛选种植这类增产高、分离小的杂种 $F_2$ 代有实用价值。

### 四、陆地棉品种间的遗传差异

陆地棉品种间的遗传差异小于栽培种间、陆地野生种系间及棉属种间的差异，扩大种质资源的利用范围，也是育成高优势杂交种的重要方面。

### 五、多种杂种制种方法的应用

棉花杂交种的制种方法目前主要有人工去雄和不去雄杂交制种法、核雄性不育系制种及胞质雄性不育系制种等类别，由于棉花花器官相对大于其他大田作物如水稻、小麦、油菜、大豆、玉米等，再加上棉花是中耕作物，每亩定植株数较少。因此，棉花的几类不同制种方法都各具特点，不存在一种方法取代另一种方法的问题。实践证明，我国地缘辽阔，各地根据不同的情况选择适合当地的制种方法。

### 六、杂种优势机理与预测

棉花产量等主要经济性状的杂种优势由许多次级、亚次级性状决定，这涉及生理生化的代谢过程，需要明确植物体错综复杂的酶促反应和那些与杂种活力有关的关系。

杂种优势预测是指依据亲本的表现或杂种 $F_1$ 代生长早期（种子或幼苗）有关性状的表现，来测定产量优势的高低，弄清与杂种优势有关的关键基因、酶类及其代谢过程是预测杂种优势的前提。

### 七、杂交种种子体系的完善

棉花杂交种作为一种新类型的棉花生产用种将长期与常规生产用品种

并存，两者既有依存也有矛盾。长期以来棉花种子的繁育、生产、经营均以常规品种为对象，这种种子体系尚未很好考虑杂交种的特点，而大型专业化杂交棉种子公司的出现，才可能将杂种区试、亲本繁殖、制种生产、种子加工、基地建设、种子经营等一系列生产和管理工作做得更加完善，是棉花杂交种得以大力推广种植的保证。

## 八、基础理论研究的突破

任何实用技术的发展都有赖于相关基础理论的突破，棉花杂种优势的利用也不例外。与棉花杂种优势利用相关并值得关注的领域包括：棉花杂种优势的固定、棉属种和野生种的利用、棉属主要栽培种的组织培养、棉花的基因工程、棉花的光能利用和棉花的分子标记等。

# 参 考 文 献

2005. 国审棉花品种．中棉科技网

2006. 中国抗虫棉．中棉科技网

2006. 国审棉花品种．中棉科技网

2007. 棉花抗黄萎病研究取得重大突破，科技中国．中棉科技网

C. T. Patel. 1981. 棉花杂种 4 号的开发，四川棉花技术资料 1, 39～41，译自 Current Science, 1981, V50, No: 8, 343～346

D. D. Davis. 1974. 商用棉第一代杂种的合成．Crop Sciense, 14: 745～749（国外棉花科技, 1976, 2: 38～39）

Davis D. D 戴维斯．杂种棉花：问题和潜力．舒克孝译，单行本

E. L. Turcotte & Car. V. Feaster. 1987. 美国比马棉中 MS12 雄性不育突变体的遗传．湖南棉花．1: 58～59

I. S. Katageri. 1989. 耐棉铃虫的陆海杂种产量及其组分的杂种优势．Indian J. Genet., 49（1）: 107～112（棉花文摘♯910579）

J. B. Weaver. 1978. 选育棉花胞质雄性不育恢复系工作的进展，美国棉花带生产研究会议论文集．74（国外棉花科技, 1980, 2: 32～35）

J. B. Weaver. 1979. 种间杂种棉花的生产与性状表现，美国棉花带生产研究会议论文集．72（国外棉花科技, 1981, 3: 39～41）

J. G. Bhatt. 1982. 棉花杂交种生育和光合率的杂种优势．国外农学—棉花 3: 15～17

J. J. Gwyn. 1992. 杂种 $F_2$ 代 Chembred Acala CB7, Acala CB1210 和 CB1233, Proc. Beltwide Cotton Conf., 56（棉花文摘♯920982）

J. Mc, D. Stewart. 1992. 一个新的棉花胞质雄性不育系．Proc. Beltwide Cotton Conf., 610（棉花文摘♯930206）

K. N. Gururajan. 1991. 适合南部棉花带的超长绒杂交棉"Savita", Indian Fmg, 40（11）16～17（棉花文摘♯920028）

K. Ramanchandran. 1984. 印度的杂交棉花，国外农学—棉花, 4: 6～13

K. Srinivasan. 1975. 利用陆地棉利用雄性不育系进行种内杂交的杂种优结铃性, Abstract of Plant Breeding, 45（6）: 4706（国外棉花科技, 1976, 1: 36）

K. Srinivasan. 1976. 陆地棉利用雄性不育系所进行的种内杂交的杂种优势和配合力, Abstract of Plant Breeding, 1973, 60（12）: 1545～1549（国外棉花科技, 2: 38～39）

N. E. Pavlovskaya. 1985. 一种测定棉籽杂种优势的方法．文摘杂志．3, 65: 286（棉花文摘♯870830）

N. E. Pavlovskaya. 1987. 棉花互交杂种优势的预测，国外农学—棉花，6：7～10

N. P. Mehta. 1987/1988. 亚洲棉的第一个种间杂种—G. Cot. DH－7，Cotton Development. 17，（3/4）

P. K. Agrawal. 1988. 利用 PAGE 识别棉花杂交种子. Seed Science and Technology. 16 （3）：563～569（棉花文摘＃910012）

P. Shepard. 1989. 利用化学杀雄提高杂交棉种子产量. Cotton Farming. （8/9）：22 （棉花文摘 900782）

R. P. Aher. 1986. 亚洲棉岱西棉的杂种优势. Current Res. Reporter，Mahatma Phule Agri. Univ. 2 （1）：45～48（棉花文摘＃890295）

R. S. Pathak & Parkash Kumar. 1978. 陆地棉杂种优势的研究，农业科技参考，7：17～19，译自 Theoretical and Applied Geretics，1976. 47 （1），45～49

S. S. Grakh. 1986. 中棉早熟高产的杂种优势. Indian Agri. Sc. J.，1985，55 （1）：10～12（国外棉花，3：6～8）

S. S. Mehetres. 1988. 棉花的雄性不育性. Agri. Rev.，9 （1）：7～17（棉花文摘＃890453）

T. Gunaseelan. 1988. 陆地棉野生种系的杂种优势和近交衰退，ISCI Journal. 13 （1）：5～10（棉花文摘＃900776）

V. V. Singh & M. G. Bhat. 1985. 棉花亲本好坏在杂种优势中的表现. 山西棉花. 2：54～56

W. R. Meredith. 1990. 棉花杂种二代的产量和纤维品质潜力. Proceedings of International Cotton Symposium. 69 （棉花文摘＃920386）

Yasin Mirza. 1985. 对用于巴基斯坦杂交棉生产中亲本的鉴定. Pakistan Cotton，29 （2）：63～76（棉花文摘＃860649）

Yu. Uzakkov. 1989. 种间杂种产量和早熟性的杂种优势. （CTFA，428；棉花文摘＃900025）

А. Дукзяненко. 1991. 印度杂交种的杂种优势. 植棉业，2：56～58（棉花文摘＃930038）

Н. Симонгулян. 1991. 杂交制种新方法. 植棉业，2：54～56

北京气象中心资料室. 1983. 中国地面气候资料. 北京：气象出版社，1～8

蔡于香. 1995. 杂交棉杂种优势利用新方法探讨. 中国棉花，（6）

操桂兰. 1992. 陆地棉种内杂种 $F_2$ 代不同叶型生产力的研究. 湖北农学院学报，12 （4）：15～21

曹诚英. 1933. 中印棉杂交势之研究. 中华棉产改进会月刊，87

产焰坤，郑曙峰等. 1998. 陆地棉品种间杂种优势及其主要性状的遗传分析. 中国棉花，（5）

陈长明，周曙霞，程鲁军. 1997. 三系杂交棉的研究进展，北京第二届中国国际农业科技年会，种子工程与农业发展：634～636

陈长明，周曙霞，程鲁军. 1999. 新疆条件下棉花三系杂交制种技术应用. 中国棉花，26 （7）：27～28

陈长明等. 1999. 新疆条件下三系杂交制种技术应用. 中国棉花，26 （7）27～46

陈顺理. 1975. 军海一号的选育与推广，2：19～21～29

陈顺理等.1987.世界海岛棉品质现状、发展趋向及塔里木海岛棉的育种目标,新疆农业科学,3:8~9

陈彦超,王勇,纪家华.1995.棉花杂交优势在滨州的推广应用.中国棉花,22(7):34

陈燕山.1962.从棉花杂交育种工作中取得的经验教训.新疆农业科学,3:92~94

陈于和,张天真等.1997.陆地棉显性无腺体品系杂种优势及配合力研究.棉花学报,9(6):299~303

陈志贤.1989.从棉花胚性细胞原生质体培养获得植株再生.植物学报,31(12):966~969

陈仲方,张治伟,王支凤.1989.陆地棉品种早熟性研究.江苏农业学报,5(3)12~19

陈仲方等.1981.棉花产量结构模式的研究及其在育种上应用的意义.作物学报,7(4):233~239

陈仲方等.1991.杂种棉研究及其应用.江苏农业学报,7(增刊):13~45

陈祖海,刘金兰.1994.陆地棉族系种质系与陆地棉品种间的杂种优势利用研究.棉花学报,6(3):151~154

成雄传,夏英武.1987.近年国外棉花遗传育种概述.国外农学-棉花,3.17~22

承泓良,何旭平,冷苏凤.2000.棉花开放花蕾性状的遗传及其在杂优利用中的应用.棉花学报,(1)

承泓良.1994.棉花杂种优势的利用(四).种子科技,(5)

承泓良等.1989.陆地棉杂交亲本选配规律的研究及杂交亲本遗传差异与杂种一代的表现.棉花育种基础研究论文集,40~44

承泓良等.1994.陆地棉早熟性遗传研究进展.棉花学报,6(1):9~15

崔读昌.1998.中国农业气候学.杭州:浙江科学技术出版社,1~20

崔洪志,郭三堆.1996.我国抗虫转基因棉花研究取得重大进展.中国农业科学,(1):93

崔瑞敏等.1994.杂交种冀棉18的选育.中国棉花,21(8):24~25

戴日春.1991.提高棉花海陆杂种一代铃重和产量的研究.种子世界,2:16~18

邓仲虎等.1995.杂交棉及其亲本光合特性的研究[J].华中农业大学学报,14(5):429~434

董培德.1985.新疆农作物育种工作概况.新疆农业科学院论文选集,10

董双林.1998.转Bt基因棉及其抗虫性研究与利用进展.棉花学报,10(2):57~63

冯福桢.1990.陆地棉雄性不育系昆虫传粉制种初报.中国棉花,17(5):16

冯象秦,冯峻之.2004.棉花杂优利用的几种主要形式.中国棉花,(2)

冯义军.1992.我国四个陆地棉核雄性不育系的配合力分析.种子,2:8~12

冯泽芳.1948.冯泽芳先生棉业论文选集.南京:中国棉业出版社

冯泽芳.1948.中国之棉区与棉种,冯泽芳先生棉业论文选集.南京:中国棉业出版社,124~131

高永成.1996.棉枯萎抗性的形成规律.西安:陕西科学技术出版社

顾本康,马存主编.1996.中国棉花抗病育种.南京:江苏科技出版社

关崇琴等.1984.陆地棉与亚洲棉杂交亲和性的研究.中国棉花,(5):34~37

中国棉花杂交种与杂种优势利用

郭长佐.1997.棉花抗枯萎病育种的遗传表现与应用.中国棉花,(10)

郭三堆,崔洪志,倪万潮等.1999.双价抗虫转基因棉花研究.中国农业科学,32(3):1～7

郭腾龙.1997.影响棉花杂交成铃因素的研究.江西棉花,(3)

郭香墨,谭联望,刘正德.2002.中棉所12的种质资源价值评估.中国棉花,29(12):12～14

郭振生.1992.棉花去雄授粉简易机械研制和杂交制种技术研究.河北农业大学学报,15(2)50～54(棉花文摘#920568)

过探先,周凤鸣.1928.棉作杂种势力之观察.中华农学会报,64～65:3～12

河北省藁城县农业局.1984.棉花杂交优势利用实践.中国棉花,4:13

贺西安,张爱君.2005.印度的棉花产业.中国棉花,32(11):5～7

胡竟良.1948.关于棉业史料.胡竟良先生植棉业论文集.南京:中国棉业出版社

胡绍安等.1989.野生棉种质转育及在育种中的应用.棉花学报,1:9～14

胡绍安等.1993.棉属野生种与栽培棉种间杂交新种质创造研究,棉花学报,5(2):7～13

华兴鼐.1963.海岛棉与陆地棉杂种一代优势利用研究.作物学报,2(1):1～26

华兴鼐.1963.陆海杂种优势利用研究.中国农业科学,(2):1～3

黄观武,曹鉴忠,苟云高等.1985.陆地棉强纤维雄性不育系的培育.棉花学报〔试刊〕,No,1:41～47

黄观武,苟云高,张东铭等.1989.棉花核不育保持系的选育.中国农业科学,22(6):13～17

黄观武,苟云高,张东铭等.1992.棉花核不育的二级繁殖及利用,西南农业学报,5(1):7～13

黄观武,苟云高等.1984.散粉系在杂交棉制种及亲本繁殖中的利用.中国棉花,Vol.11.No.3:12～15

黄观武,毛正轩,孙贞等.1994.棉花核雄性不育性完全保持的遗传分析,植物遗传理论与应用研讨会文集:81～88

黄观武,毛正轩,孙贞等.1994.棉花雄性不育新概念——MMS的研究和利用,新疆国际棉花学术讨论会论文集:87～91

黄观武,施尚泽,晏明等.1988.棉花核雄性不育性的蕾期识别.种子,No2:63～65

黄观武,施尚泽.1988.棉花核雄性不育杂交种——川杂4号.中国棉花,Vol.15,No.3:19～33

黄观武,张东铭,苟云高等.1982.对我国陆地棉雄性不育基因的初步分析.四川农业科技,No,2:1～4

黄观武,张东铭,黄荣先等.1988.四川杂交棉花的研究和利用.西南农业学报,Vol.1.No,1:23～30

黄观武,张东铭,李中泉等.1981.棉花隐性基因雄性不育在杂交种中的应用.中国农业科学,(1):5～11

黄观武.1985.棉花杂种优势在四川的应用和研究.四川作物,No.1:38～40

黄观武.1991.我国杂交棉花的研究和利用.四川棉花,1:6～12

黄观武.2001.彩色棉杂种优势利用的研究.中国棉花学会第十二次学术研讨会论文

黄观武等.1990.棉花核不育的二级繁殖及利用.中国棉花学会学术讨论会论文汇编，33

黄骏麒.1986.外源抗枯萎病棉DNA导入感病棉抗性转移.中国农业科学，（3）：32～36

黄双领等.2005.棉花三系配套的选育初报.中国棉花，12：10

黄祯茂.1988.短季棉在海南省选择效果的研究.中国棉花，（6）：19～20

黄滋康，崔读昌.2002.中国棉花生态区划.棉花学报，14（3）：185～190

黄滋康.1979.棉花品质育种.农业科技参考资料，6：16

黄滋康.1995.杂种棉科研工作进展与展望，单行本

黄滋康.1996.中国棉花品种及其系谱.北京：中国农业出版社

黄滋康.2007.中国棉花品种及其系谱（修订本）.北京：中国农业出版社

黄滋康等.1989.棉花，臧成耀主编，中国农业科技工作四十年.北京：中国科学技术出版社，136～141

黄滋康等.1989.我国棉花科学技术的进展.中国棉花，（5）：2～5

黄滋康总编.2003.中国农业科学院棉花研究所主编.中国棉花遗传育种学.济南：山东科学技术出版社

黄滋康组织编写.1983.中国农业科学院棉花研究所主编.中国棉花栽培学.上海：上海科学技术出版社

纪家华等.1996.陆地棉亲本和柱头外露系间杂种优势和配合力分析.棉花学报，8（2）：77～82

季道藩.1986.中国农业百科全书·作物卷.棉花分册.北京：农业出版社

季道藩.1988.海岛棉的起源和类型及其育种动态.中国棉花学会论文选编，63～64

季道藩.1991.棉花（中国农业百科全书·农作物·上卷）.北京：农业出版社，368～371

季君勉.1951.棉作（增订本）.上海：中华书局

贾占昌.1990.棉花雄性不育系104-7A的选育及三系配套.中国棉花，17（6）：11

姜保功，孔繁铃，张群远等.2000.建国以来黄淮棉区棉花品种的遗传改良Ⅱ纤维品质的改良.作物学报，26（5）：528～531

姜茹琴.1990.陆地棉与斯特提棉种间杂种后代的研究.棉花学报，2（1）：31～35

蒋梅巧等.2003.三系杂交棉制种实践及其关键技术.安徽农业科学.31（1）：96～97

捷尔·阿瓦萨.1964.诱导棉花的雄性不育，苏联植棉业，12，22～24（重庆）（国外科技参考资料选编.棉花雄性不育.1973，7：10～12）

金林，张天真.2001.棉花柱头外露材料在杂交制种中利用价值的研究.中国棉花，28（5）：29～30

靖深蓉，邢朝柱，袁有禄等.1998.棉花抗虫核不育系的培育研究.中国农业科学，31（4）：84～86

靖深蓉等.1987.棉花杂交组合杂种优势的利用.中国棉花，5：12～13

靖深蓉等.1991.杂交棉在中国的研究与利用.国际棉花学术讨论会文集：55～59

靖深蓉等.1994.棉花双隐性核雄性不育的利用研究.中国与中亚四国棉花学术会议论文

克．阿．维索茨金．1975. 种间杂种优势，植棉业，1：33（国外棉花科技，1979，1：35～36）

孔繁玲，姜保功，张群远等．2000. 建国以来我国黄淮棉区棉花品种的遗传改良，作物学报，26（2）：148～156

孔繁玲，尹承俏，于元杰．1994. 棉花转化体的筛选及其抗病性的遗传分析．麦棉分子育种研究．成都：四川科学技术出版社，195～209

赖鸣岗．1990. 1986—1987 年中美棉花品种联合试验，中国农科院棉花研究所报告，

李炳林等．1981. 陆地棉与瑟伯氏棉杂交的研究，中国棉花，（6）：6～9

李大跃，江先炎．1992. 杂种棉养分吸收光合物质生产特性的研究．作物学报，18（3）：196～204

李继军，李红铁，李保军．2002. 关于棉花杂种优势利用的探讨．中国棉花，（7）

李蒙恩等．1994. 棉花三系的选育与配套研究．新疆棉花论文集，107～113

李卫华，潘家驹，王顺华等．1990. 修饰回交法在改变棉花品种经济性状间负相关的研究，南京农业大学学报，13（4）

李文炳．1991. 亚洲国家棉花杂种优势的研究进展．山东农业科学，2：32～34

李熙远等．1996. 陆地棉品种间杂种 $F_2$ 代优势研究及经济农艺性状的通径分析．棉花学报，8（3）：131～137

李秀兰．1989. 棉花体细胞培养再生植株研究．中国棉花，（6）：13～14

李育强，曾昭荣，杨芳荃．1996. 棉花雌雄异熟系的利用研究．中国棉花，（1）

梁正兰等．1987. 棉属 10 个野生种与栽培种杂交成功并获得新种质资源．棉花育种基础研究论文集，65～71

梁正兰等主编．1999. 棉花远缘杂交的遗传与育种．北京：科学出版社，236～242

刘飞虎，梁雪妮，张寿文．1998. 棉花杂种优势及其利用途径．江西棉花，（1）

刘飞虎，梁雪妮．1999. 杂交棉产量优势及其成因分析．中国棉花，26（2）：11～13

刘海涛，郭香墨，夏敬源．2000. 抗虫杂交棉 $F_1$ 代与亲本 Bt 蛋白表达量及抗虫差异性研究，棉花学报，12（5）：261～263

刘继华，尹承俏，于凤英等．1994. 棉花纤维强度的形成机理与改良途径．中国农业科学，27（5）：10～16

刘继华，于凤英，尹承俏．1990. 陆地棉育种选择策略的分析，棉花学报，2（2）：38～44

刘金定，叶武威，刘国强．1996. 棉花抗逆性及其抗病虫鉴定技术．北京：中国农业科技出版社，1～20

刘金兰，聂以春等．1994. 棉花洞 A 型核雄性不育材料花粉发育的细胞形态学观察．棉花学报，6（2）：70～73

刘金兰等．1994. 棉花洞 A 型核雄性不育完全保持地 Mb 在不同地区气候条件下育性变化研究．棉花学报，6（1）：16～22

刘来福等．1984. 作物数量遗传．北京：农业出版社，250～262；370～379

刘少林，靖深蓉，邢朝柱等．1994. 棉花双隐性雄不育系 ms5ms6 半保持系的选育．棉花学报，（增刊）：85

刘少林．1992. 棉花显性无腺体胞质型散系育成．中国棉花，5：17～18

刘亚平，王干南．1995. 棉花杂种优势利用研究初报．江西棉花，（1）

刘意秋等.1997.影响蜜蜂授粉的因素综述.蜜蜂杂志,（4）

刘毓湘.1991.棉纺织加工技术革新与棉纤维品质性状要求的调整.棉花文摘,2：
　　5～9

柳世铭等.1988.低酚棉品质杂种优势利用的研究.中国棉花学会学术讨论会论文汇
　　编：89

卢振泽译.1985.杂种优势在种间和品种间杂交种中的表现.棉花科技情报,（1）：
　　29～31

罗家龙,夏武顺,吕金殿.1980.棉花品种资源对枯萎病抗性研究.中国农业科学,
　　（3）：41～46

马存,孙文姬,石磊岩等.1992.三大棉种对棉花主要病害抗性的研究.植物保护学
　　报,1：81～86

马育华.1984.植物育种的数量遗传学基础.南京：江苏科技出版社

马峙英,王省芬,张桂寅.1997.河北省棉花黄萎病菌致病性的研究.棉花学报,9
　　（1）：15～20

毛正轩,黄观武,孙贞等.1994.棉花核雄性不育性完全保持的遗传分析.中国科学,
　　24（7）：724～729

闵耕,杨烈明,赵红梅.1995.棉花杂交授粉性比例差异对杂种后代的影响.石河子
　　科技,（3）

莫俊.1980,1983,1987,1990.西北内陆棉区1～4轮陆地棉国家品种区域试验汇总

南充地区农科所.1972—1982.棉花雄性不育与杂优利用研究简报,单印本

聂荣邦.1987.陆地棉品种间杂种优势及其预测的研究,湖南棉花.2：37～45

聂荣邦.1990.陆地棉品种间杂交优势及其预测的研究.湖南农学院学报,16（2）：
　　124～132

聂以春,刘金兰,张献龙.1999.新合成的棉花遗传资源—异源四倍体（亚洲棉×司
　　笃克氏棉）初报.中国种业（3）

农业部.2007.2005年我国主要棉花栽培品种纤维品质抽样测试结果.中棉科技网

农业部种植业司.2007.中国棉花品质现状及其国际地位.中棉科技网

农业部种子管理局.1959.棉花优良品种.北京：农业出版社

潘家驹,张天真,蒯本科等.1994.棉花黄萎病抗性遗传研究.南京农业大学学报,
　　17（3）：8～18

潘家驹主编.1998.棉花育种学.北京：中国农业出版社：373～419

强学杰,徐宏伟,杨沛等.2002.抗虫杂交棉高效制种技术.中国棉花,29（5）：
　　44～45

邱金灿等.2000.论蜜蜂授粉与农业效益.养蜂科技.（6）

邱竞等.1990.棉花杂交种过氧化物酶同工酶和腺苷磷酸含量的研究.棉花学报,2
　　（2）：45～51

山东惠民地区农科所.1979.杂交棉花的制种技术.惠民农业科技,1：9～10

山东惠民地区农科所.1979.杂交棉花—渤优1号.惠民农业科技,1：6～8

陕西棉花所.1978.棉花抗枯黄萎病育种,遗传与育种,1：18～19

沈端庄等.1981.棉花抗黄萎病的鉴定与筛选.作物品种资源,1：6～7

沈其益主编.1992.棉花病害—基础研究与防治.北京：科学出版社

中国棉花杂交种与杂种优势利用

施尚泽．1994．四川棉花核不育杂交种利用研究进展与前景．中国棉花，21（3）：2～4

四川棉花所．1981．棉花核雄性不育研究的进展与回顾．（四川）棉花技术资料，1：1～8

孙逢吉．1948．棉作学（上下册）．南京：正中书局，修订二版，1970，台北：正中书局

孙济中，刘金兰．1994．棉花杂种优势的研究和利用．棉花学报，6（3）：135～139

孙君灵，杜雄明，周忠丽．2004．陆地棉不同群体主要性状的遗传力及杂种优势分析．华北农学报，（1）

孙善康．1989．棉花种子质量的控制．中国棉花，（3）：14～16

孙贞等．1994．棉花早熟海陆种间杂种生育特性的研究．中国棉花，21（10）：10～12

谭联望，刘正德．1990．中棉所12的选育及其性状研究．中国农业科学，23（3）：12～19

谭联望．1982．我国棉花抗枯黄萎病育种的进展．中国农业科学，15（3）：16～22

谭永久．1994．四川棉枯萎病研究与抗病品种的育成．中国棉花，21（1）：8～10

汤宾等．1994．棉花品种、抗性种质及其$F_2$杂种的遗传稳定性，中国棉花，21（2）：30

王道均．1989．棉花远缘杂交回交转育的研究．中国棉花，（3）：6～7

王德学．1989．陆地棉芽黄指示性状的杂种优势利用研究．南京农业大学学报，12（1）：1～8

王德彰．1957．华北的棉花品种．北京：财政经济出版社

王风鹤等．1991．蜜蜂授粉的研究与推广应用．蜜蜂杂志，（11）、（12）

王国印，李蒙恩．1993．陆地棉主要经济性状杂种优势表现及其规律研究．河北农业科学，（3）：3～5

王红梅，张献龙．2004．陆地棉黄萎病抗性遗传分析．棉花学报，（2）

王前忠，韩湘玲，曾祥光．1990．我国棉花品种类型区划、合理布局与产销平衡问题研究，全国农业区划委员会办公室

王淑民．1996．世界棉花育种科技水平进展与发展对策．棉花学报，8（1）：1～9

王淑民等．1998．棉花的天然抗生物质．世界农业，（8）：31～33

王顺华，潘家驹，闵留芳等．1985．修饰回交法培育棉花品种的初步研究．南京农业大学学报，（3）1～9

王顺华．1985．修饰回交法培育棉花品种的初步研究．南京农业大学学报，（3）：1～9

王武．2000．陆地棉品种间高优势组合筛选及其杂种优势遗传学基础研究（硕士论文）：24

王武刚．1997．转基因棉花对棉铃虫抗性鉴定及利用研究初报．中国农业科学，30（1）：7～12

王学德，李悦有．2002．细胞质雄性不育棉花的转基因恢复系的选育．中国农业科学，35（2）：137～141

王学德．1988．陆地棉品种间杂种一代的产量结构特点．中国棉花，15（5）：8～9

王学德．1989．陆地棉芽黄指标性状的杂种优势利用研究．南京农业大学学报，12（1）：1～8

王志华.1980.棉花杂种优势及其在生产中实际应用的可能性.苏联：棉花遗传育种和良种繁育学，140～144

王志忠等.1998.种间杂交与陆地棉品种间杂交杂种优势利用研究.棉花学报，10（3）：162～166

王忠义，赵敬霞.1992.棉花经济铃重选择分析.中国棉花，（1）：10～11

韦贞国，华清平.1987.中棉胞质和陆地棉核雄性不育系研究初报.中国棉花，14（2）：15～17

吴蔼民，顾本康，傅正擎等.1999.棉花品种（系）抗枯黄萎病性鉴定.作物品种资源，1：29～30

吴吉祥等.1995.陆地棉 $F_2$ 纤维品质性状杂种优势的遗传分析.棉花学报，7（4）：217～222

吴清欣.1989.无腺体海陆杂种优势初探.中国棉花，（4）：11

吴献忠，李庆基.1996.棉花黄萎菌毒素离体筛选再生植株的抗病性研究.棉花学报，8（2）：113

吴小月.1979.棉花杂种优势利用的研究进展.国外农业科技资料，棉花专刊，3～9

武耀廷，张天真，朱协飞.2002.陆地棉遗传距离与杂种 $F_1$、$F_2$ 产量及杂种优势的相关分析.中国农业科学，（1）

奚元龄.1936.亚洲棉异品种间杂交势之研究.中华农学会报，148：71～118

夏敬源，崔金杰，马丽华.1996.棉花抗虫性研究与利用.棉花学报，8（2）：57～64

夏敬源，崔金杰，马丽华.1999.转 Bt 基因抗虫棉在害虫综合治理中的作用研究.棉花学报，11（2）：57～64

项时康，余楠，胡育昌等.1999.论我国棉花质量现状.棉花学报，11（1）：1～10

项显林等.1984.对国外引进棉花品种适应性和遗传差异的研究.中国农业科学，3：29～36

项显林等.1986.亚洲棉性状分类的研究.棉花学报，2：46～54

项显林等.1990.棉花种质资源研究.中国农业科学院棉花研究所报告

肖松华等.1996.陆地棉芽黄品系和常规品种间杂种优势利用研究.棉花学报，8（2）：7～76

谢道昕，范云六，倪万潮.1991.苏云金芽孢杆菌（*Baicillus thuringensis*）杀虫晶体蛋白导入棉花获得转基因植株.中国科学，B辑（4）：367～373

新疆兵团农一师农科所.1965.海岛棉品种试验总结（1958－1963）.成果汇编（第一集）

新疆兵团农一师农业处.1990.阿克苏棉麻公司，长绒棉品种区域试验总结（1987－1989）.12

新疆生产建设兵团农业局.1984.农作物品种志

新疆维吾尔自治区种子公司.1984.新疆棉花品种图谱

邢朝柱，郭立平，苗成朵等.2005.棉花蜜蜂传粉杂交制种效果研究.棉花学报，17（4）：207～210

邢朝柱，靖深蓉，郭立平.1999.棉花抗虫（Bt）双隐性核雄性不育系——中抗 A.中国棉花，26（6）：27

邢朝柱，靖深蓉，袁有禄等.1993.陆地棉杂交种二代竞争优势研究.北京农业大学

学报，19（增）：88～91

邢朝柱．2004．中国棉花杂种优势利用概况和发展方向．中国棉花学会 2004 年会论文汇编：27～31

邢朝柱等．1993．棉花人工杂交制种方法的改进．中国棉花，11：16～17

邢朝柱等．2005．棉花蜜蜂传粉杂交制种效果研究．棉花学报，3

邢以华，靖深蓉等．1984．棉花杂种优势预测初步研究．中国棉花，（4）：11～13

邢以华，在杂种棉花生产中比马棉加强基因遗传和使用，R. H. Sheets，J. B. Weaver，Jr，1980 年美国生产会议论文集

邢振东．1984．新疆长绒棉株型育种与丰产优质．中国棉花学会论文选编，84～85

熊玉东等．1996．棉花多亲本杂交 $F_2$ 群体产量性状的效应分析．棉花学报，8（1）：21～26

徐立华．1996．陆地棉品种间杂种苏杂 16 棉铃发育动态研究．棉花学报，8（2）：83～87

徐秋华，张献龙．2002．我国棉花抗枯萎病品种的遗传多样性分析．中国农业科学，（3）

徐荣旗，刘俊芳等．1996．棉花杂种优势与几种生理生化指标的相关性．华北农学报，11（1）：76～80

徐县，王校栓等．1995．陆地棉亲本配合力及杂种优势分析．河北农业大学学报，18（1）：34～39

颜清上等．1990．国内外棉花高产优质多抗育种方法评述．棉花文摘，4：1～5

杨春安等．2006．棉花雄性核不育系 244A 的转育与初步利用．中国棉花，33（1）：14～15

杨芳荃，金林，余致茂．1997．杂交棉人工去雄制种技术研究．中国棉花，（3）

杨芳荃．1995．湖南省杂交棉的研究与利用．棉花学报，7（4）：206～208

杨福愉等．1979．用匀浆互补法测试杂种优势的研究（Ⅱ）．科学通报，24（1）：42～44

杨伟华，项时康，唐淑荣．2001．20 年来我国自育棉花品种纤维品质分析．棉花学报，13（6）：377～384

杨亚东，肖珍成，陈长明．1988．对美国胞质型棉花三系材料的配套研究．中国棉花学会第七次学术讨论会论文摘要汇编：94

杨亚东．1988．对美国胞质型棉花三系材料的配套研究．中国棉花学会第七次学术讨论会汇篇：94

杨亚东．1994．陆海三系杂交棉的配制及应用研究．新疆棉花论文集，102～105

杨赞林．1981．农作物杂种优势利用．合肥：安徽科学技术出版社，22～23

姚源松．2004．新疆棉花高产优质高效理论与实践．乌鲁木齐：新疆科学技术出版社，251～307

叶德备，吕家强，傅绵等．1963．棉花系统选种方法和丰产性能鉴定技术的探讨．中国农业科学，4：32～39

叶武威．1998．棉花种质资源耐盐性鉴定技术与应用．中国棉花，25（12）：41

印度全国棉花会议纪要，1983，Indian Cotton Development，1982，10；1，3～4（国外农学—棉花，4：1～4）

于绍杰．1986．我国棉花品种资源的收集、保存、研究和利用．广东省农业科学院经济作物研究所：1～43

余华．1986．N‑312对棉花杀雄效果的初步研究．湖南棉花，3～4：62～69

宇文璞．1989．棉花芽黄A雄性不育系．河北农业科技，1：6

宇文璞．1990．棉花不育系对温度反应研究初报．中国棉花，17（2）：19～20

袁钧．1990．棉花感病与抗病品种改良方法研究，中国棉花，（1）：8～9

袁钧．1996．晋A棉花质核不育材料的发现与观察．中国棉花，23（4）：6～7

袁有禄，1993，长柱头棉花杂交制种试验．中国棉花，5：10

袁有禄，张天真，郭旺珍，潘家驹，R.J.Kohel，熊宗伟，唐淑荣．2002．棉花纤维品质性状的遗传稳定性研究．棉花学报，14（2）：67～70

袁有禄，张天真，郭旺珍，沈新莲，John Yu，Russell J Kohel．2001．棉花高品质纤维性状QTLs的分子标记筛选及其定位．遗传学报，28（12）：1151～1161

袁有禄，张天真，郭旺珍．2002．陆地棉优异纤维品系的铃重和衣分的遗传及杂种优势分析（英文）．作物学报，（2）

袁有禄．1992．棉花杂种二代产量及纤维品质潜力．中国棉花，1：43～44（译自Crop Science，1990，（30）5：1045～1048）

袁有禄．2000．棉花优质纤维特性的遗传及分子标记研究（博士论文），60～61

袁振兴．1998．湘杂棉1号$F_2$利用价值的研究．湖南农业科学，2：12～13

曾慕衡，张云青，高永成．1995．棉枯萎抗性与接菌量关系的研究．西北农林科技大学学报（自然科学版），（4）

詹先合．1988．显性无腺体不育系研究初报．中国农业科学院棉花研究所报告

张从合，蒋家月，许荣华．1999．杂交棉种性的保持和提高．中国棉花，（6）

张凤鑫，蒋新河，梅选明等．1990．棉花综合育种的群体改良研究．西南农业大学学报，12（5）：451～456

张凤鑫．1987．在棉花育种中保持基因流动性的种质库建设的研究．西南农业大学学报（增刊），（3）：32～36

张凤鑫等．1987．棉花多逆抗性育种理论与实践的研究．西南农业大学学报，（增刊）：14～30

张凤鑫等．1995．陆地棉长柱头的遗传及其杂种优势利用研究．中国棉花学会第十次学术研讨会论文集：104～114

张金发，冯纯大．1994．陆地棉与海岛棉种间杂种产量品质优势的研究．棉花学报，6（3）：140～145

张金发，靖深蓉，1992．棉花陆海杂种优势研究进展．棉花文摘，3：3～6

张天真，冯义军，潘家驹．1992．我国发现的4个棉花核雄性不育系的遗传分析．棉花学报，4（1）：1～8

张天真，靖深蓉等．1998．杂种棉选育的理论与实践．北京：科学出版社

张天真，袁有禄，潘家驹．2002．棉花杂种优势的遗传育种研究．刘后利主编《作物育种学论丛》，北京：中国农业大学出版社，111～130．安徽杂交棉育种及产业化，1～23

张天真．1989．棉花的核不育及其在杂交制种中的应用．种子，1：1～5

张献龙．1988．棉属远缘杂种胚珠离体培养研究．中国农业科学，21（6）：53～58

张相琼，岳福良等．棉花抗虫核不育系抗 A3 的培育及蜜蜂传粉制种研究．中国棉花，
　　2003，30（1）：9～12

张相琼，张东铭，周宏俊．1998．棉花抗病核不育两用系的选育．西南农业学报，(3)

张相琼等．1994．试论早熟杂交棉的应用前景．中国农学通报，1：46～49

张香桂，钱大顺，周宝良．2002．杂种棉良种繁育体系探讨．江西棉花，(2)

赵丽芳．1996．棉属种间杂交新品种石远 321 的选育．中国棉花，23（11）：25

赵伦一．1978．陆地棉 16 种经济性状在不同选择强度下的遗传进度．遗传学报，5
　　(4) 315～321

浙江农业大学遗传教研组，海岛棉和陆地棉杂种优势的利用（专集）

郑泗军等．1989．陆地棉野生种系对枯萎病的抗性及其遗传的初步分析．作物品种资
　　源，2：20～22

郑泗军等．1989．陆地棉野生种系生物学特性的观察．浙江农业科学，1：27～30

中广网．2007．我国生物技术棉花种植面积已超 75%．中棉科技网

中国棉花 1996—2006（3）全部发表的棉花新品种、新杂交种品种说明

中国农业科学院棉花研究所．1986．赴印度考察团，印度棉花杂种优势利用考察报告，
　　国外农学—棉花

中国农业科学院植物保护研究所棉病组．1979．我国棉花枯黄萎病研究现况及今后研
　　究方向的商榷．棉花，3：34～38

中国农业科学院棉花研究所．1959．中国棉花栽培学．上海：上海科学技术出版社

中国农业科学院棉花研究所．1974．棉花育种和良种繁育．北京：农业出版社

中国农业科学院棉花研究所．1981．中国棉花品种志．北京：农业出版社

中国农业科学院棉花研究所．1983．中国棉花栽培学．上海：上海科学技术出版社

中国农业科学院棉花研究所等．1990．全国棉花品种资源目录

钟存哲，棉花雄性不育"一系两用"的研究应用及其展望，单印本

钟文南，1991．陆地棉×异常棉杂种的研究．棉花学报，3（1）：1～8

周宝良，钱思颖．1994．棉属野生种在棉花育种上的利用研究新进展．江苏农业科学，
　　(4)

周世象．1988．利用低酚棉做指标性状不去雄杂交制种方法探讨．湖南棉花．(1)：32

周雁声．1979．陆地棉品种间杂种一代优势及配合力研究初报．湖北农业科学，10：
　　17～21

周雁声．1985．棉花早熟丰产优质抗病性状的相关分析．棉花学报（试刊），1：63～
　　69

周雁声．1989．陆地棉丰产优质育种选择方法的遗传基础．湖北农业科学，（增刊1）：
　　24～28

周雁声等．1989．棉花主要经济性状遗传及育种方法研究的综合报告．湖北农业科学
　　（增刊），1：3～12

周兆华．1999．我国棉花黄萎病菌群体的遗传变异分析．中国农业科学，32（2）：
　　60～65

朱荷琴，宋晓轩，孙君灵．1999．棉花黄萎病安阳菌系致病类型变异研究．棉花学报，
　　11（6）：312～317

朱军等．1987．陆地棉产量性状的双列分析．浙江农业大学学报，13（3）：280～287

参 考 文 献

朱乾浩等.1994.低酚棉品种间杂种产量性状的遗传分析.棉花学报，6（4）：215～220

朱乾浩等.1994.低酚棉品种间杂种优势利用初报.中国棉花，21（7）：13～14

朱乾浩等.1995.陆地棉品种间杂种优势利用研究进展.棉花学报，7（1）：8～11

朱绍林，黄骏麒.1963.棉种退化的实质及提高良种种性的途径.中国棉花学会论文选集.北京：农业出版社：54～59

朱绍琳.1994.棉花高产育种的探讨.中国棉花，1（4）：11～13

朱伟，王德学.2006.鸡脚叶标记的三系杂交棉杂种优势的表现.棉花学报，18（3）：190～192

朱云国，王学德，赵佩欧.2002.棉花恢复系的恢复力与花药GST酶的活性.中国棉花学会2002年年会论文汇编：156～160

祝水金.1995.亚洲棉、比克棉和海岛棉种间杂种的合成及性状研究.棉花学报，7（3）：160～163

邹宗晴，潘友旺，吴国荣.1999.化学杂交剂Ⅰ号杀雄效果及其使用技术，中国棉花，（12）

# 编　后

　　黄滋康，1948 年大学毕业于江苏南通学院、师从郑学年教授，当年考入南京中央大学研究生院学习、师从冯泽芳教授，硕士学位。1950 年毕业后来北京华北农业科学研究所棉作室工作；1957 年成立中国农业科学院及棉花研究所后，一直在棉花研究所工作到退休。这次非常高兴能与四川农业科学院棉花研究所黄观武研究员一起编著本书《中国棉花杂交种与杂种优势利用》，由于经验与时间所限，书中不妥之处在所难免，希望广大读者不吝施教，随时提出宝贵意见。

　　在棉花书籍的编著方面，1969 年中国农业科学院棉花研究所党委书记李庆指定我与黄彬与 74 位撰稿人联系编写由中棉所主编、上海科学技术出版社出版的《中国棉花栽培学》，我编写其中的第 5 章"棉花的栽培种和品种"；1993 年主编由中国农业出版社出版的《中国棉花品种及其系谱》；2003 年与浙江大学季道藩与南京农业大学潘家驹两教授共同总编、山东科学技术出版社出版的《中国棉花遗传育种学》；2007 年主编由中国农业出版社出版的《中国棉花品种及其系谱》修订本作为向中国农业科学院棉花研究所建所五十周年的献礼。

　　黄观武，1961 年西南农学院农学系大学毕业，学士学位。曾先后工作于内蒙锡盟农业科学研究所和中国农业科学院草原研究所。1975 年调四川省农业科学院棉花研究所工作直至退休。研究方向主要为核雄性不育和杂种优势利用，多次受到国家、部省级的科技成果奖励，发表科技论文 50 余篇，并参加了由黄滋康等研究员主编的《中国棉花遗传育种学》、《中国棉花品种及其系谱》的编撰工作；这次也愉快地与黄滋康研究员再度合作共同编著《中国棉花杂交种与杂种优势利用》专著。希望本书对读者有所帮助，并能为促进有关科技领域的发展尽一点微薄之力。

**图书在版编目（CIP）数据**

中国棉花杂交种与杂种优势利用/黄滋康，黄观武主编．—北京：中国农业出版社，2008.6
ISBN　978-7-109-12646-6

Ⅰ．中…　Ⅱ．①黄…②黄…　Ⅲ．棉花－杂交育种－研究－中国　Ⅳ．S562.035.1

中国版本图书馆 CIP 数据核字（2008）第 063417 号

中国农业出版社出版
（北京市朝阳区农展馆北路 2 号）
（邮政编码 100125）
责任编辑　赵　刚　王琦瑢

中国农业出版社印刷厂印刷　　新华书店北京发行所发行
2008 年 11 月第 1 版　　2008 年 11 月北京第 1 次印刷

开本：787mm×1092mm　1/16　印张：14.5　插页：8
字数：248 千字　　印数：1～2 000 册
定价：48.00 元
（凡本版图书出现印刷、装订错误，请向出版社发行部调换）

ISBN 978-7-109-12646-6

9 787109 126466 >